Nick Baker

Fährten lesen und Spuren suchen

Das Handbuch

Haupt
NATUR

Nick Baker

Fährten lesen und Spuren suchen

Das Handbuch

3. Auflage

Haupt Verlag

Nick Baker ist ein bekannter englischer Biologe und Fernsehmoderator, unter anderem von *Die seltsamsten Kreaturen (Weird Creatures)*. Seine zahlreichen Publikationen reichen von Sach- und Kinderbüchern bis zu Zeitungs- und Zeitschriftenartikeln.

3. Auflage: 2026
2. Auflage: 2020
1. Auflage: 2014

ISBN 978-3-258-08453-4

Producing der deutschsprachigen Ausgabe: SAW Communications, Redaktionsbüro Dr. Sabine A. Werner, D-Mainz
Übersetzung aus dem Englischen: SAW Communications: Dr. Wolfgang Hensel
Satz der deutschsprachigen Ausgabe: SAW Communications: Katrin Pfeil
Umschlag der deutschsprachigen Ausgabe: René Tschirren, Haupt Verlag

Umschlagabbildungen
Vorne (von oben, im Gegenuhrzeigersinn): Frank Burek/Corbis; Kris Schmidt/Shutterstock; Ruth Peterkin/Shutterstock; Derek Middleton/FLPA. **Rücken**: Marc Dando. **Hinten** (von oben, im Gegenuhrzeigersinn): Emilian Robert Vicol/Pixabay/CC-BY-SA-0 1.0; mmlolek/flickr/CC-BY-SA-2.0; Camino a Gaia/Wikimedia Commons/CC-BY-SA-3.0; mountainpix/Shutterstock; Agnieszka Kwiecien/Wikimedia Commons/CC-BY-SA-3.0; Patryk Kosmider/Shutterstock; Gary K. Smith/FLPA; CreativeNature.nl/Shutterstock

Die englische Originalausgabe erschien 2013 bei Bloomsbury Publishing Plc unter dem Titel *The Nature Tracker's Handbook*
Deutschsprachige Ausgabe veröffentlicht nach Vereinbarung mit Bloomsbury Publishing Plc
Englische Originalausgabe: Copyright © 2013 Nick Baker
Illustrationen: Copyright © 2013 Marc Dando
Fotos: Copyright © 2013 bei den jeweiligen Fotografen; siehe S. 283–285
Gestaltung: Julie Dando, Fluke Art

MIX
Paper | Supporting responsible forestry
FSC™ C016779
FSC www.fsc.org

Gedruckt in Indien durch Replika Press Pvt. Ltd.

Um lange Transportwege zu vermeiden, hätten wir dieses Buch gerne in Europa gedruckt. Bei Lizenzausgaben wie diesem Buch entscheidet jedoch der Originalverlag über den Druckort. Der Haupt Verlag kompensiert mit einem freiwilligen Beitrag zum Klimaschutz die durch den Transport verursachten CO_2-Emissionen. Dabei unterstützt der Verlag ein Projekt zur nachhaltigen Forstbewirtschaftung in der Zentralschweiz. Wir verwenden FSC®-zertifiziertes Papier. FSC® sichert die Nutzung der Wälder gemäß sozialen, ökonomischen und ökologischen Kriterien.

Diese Publikation ist in der Deutschen Nationalbibliografie verzeichnet. Mehr Informationen dazu finden Sie unter http://dnb.dnb.de.

Der Haupt Verlag wird vom Bundesamt für Kultur für die Jahre 2021–2026 unterstützt.

Sie möchten nichts mehr verpassen? Folgen Sie uns auf unseren Social-Media-Kanälen und bleiben Sie via Newsletter auf dem neuesten Stand: www.haupt.ch/informiert

Wir verlegen mit Freude und großem Engagement unsere Bücher. Daher freuen wir uns immer über Anregungen zum Programm und schätzen Hinweise auf Fehler im Buch, sollten uns welche unterlaufen sein.

Haupt Verlag AG
Falkenplatz 14
CH-3012 Bern
herstellung@haupt.ch
www.haupt.ch

Verantwortlich in der EU (GPSR):
Brockhaus Kommissionsgeschäft GmbH
Kreidlerstr. 9
DE-70806 Kornwestheim
haupt@brocom.de

Inhalt

Einleitung

Aus welchem Grund sollte man Abdrücke im Staub suchen?

Vielleicht klingt es merkwürdig, aber beim Fährtenlesen geht es nicht um die Tiere, die Spuren hinterlassen haben. Überrascht? Vielleicht hatten Sie genau das erwartet: einer Fährte so lange zu folgen, bis Sie das Tier sehen. In der Tat ist aber der Weg – das Verfolgen der Fährte – das Ziel. Selbst ein erfahrener Fährtensucher bekommt den Verursacher der Fährte nur äußerst selten zu sehen.

Gleich zu Beginn muss ich bekennen, dass man so gut wie nie vollständige Fährten findet. In der Regel sind es einzelne Abdrücke, und auch das nur unter günstigen Bedingungen. Wer sich ernsthaft um Spurensuche bemüht, lernt neu zu lesen, aber in einem Buch, dessen Seiten herausgerissen und vom Wind zerstreut wurden.

Im weichen Sand bleiben Spuren, wie diese Vogelfährte, hervorragend erhalten.

Dem Jagdfieber folgen

Mit der Fährtensuche ist es ähnlich wie mit dem Lesenlernen: Es kommt weniger auf das Endergebnis als vielmehr auf den aufregenden Prozess des spontanen Entdeckens an. Selbst wenn Sie Ihre „Beute" nicht zu sehen bekommen, bieten die Spuren einen faszinierenden Einblick in die Lebensweise und das Verhalten des verfolgten Tieres.

In der Tat hinterlässt jedes Tier, das sich durch seinen Lebensraum bewegt, Spuren, seien sie auch noch so winzig und unscheinbar – etwa eine Duftspur oder ein verlorenes Schnurrhaar. Nehmen Sie sich einen Quadratmeter Ihres Gartens vor, beispielsweise die Hecke: Würmer kriechen durch die Wurzeln, Raupen fressen die Blätter, Mäuse knabbern an den Beeren, die Katze des Nachbarn untersucht die Mäusespuren, ein Igel gräbt ein Winterquartier zwischen den Wurzeln, vielleicht hat sich sogar nachts ein Dachs durch die Zweige gezwängt, der nach Futter suchte. Wenn Sie wissen, wonach Sie suchen müssen, erzählt die Hecke bereitwillig die Geschichten ihrer Bewohner.

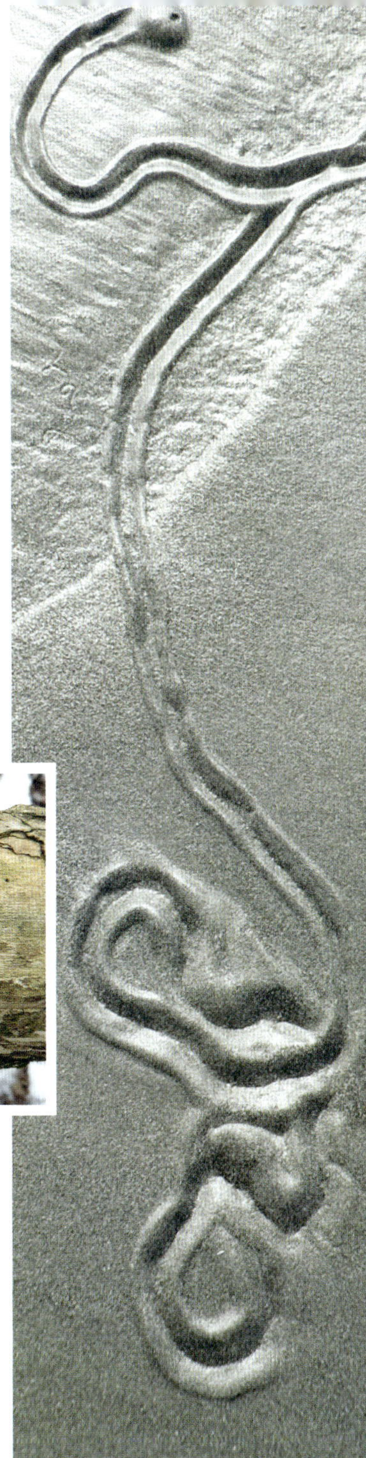

Oben: *Selbst winzige Kratzer erzählen eine Geschichte. Zahlreiche Krallenspuren verraten, dass regelmäßig ein Dachs über diesen Baumstamm klettert.*

Rechts: *Jedes Lebewesen, das sich bewegt, hinterlässt Spuren. Diese Spur im nassen Sand stammt von einer Schnecke.*

Manche Spuren sind so winzig, dass sie kaum zu entdecken sind – nur der Hauch einer Spur. Hier versagen die Möglichkeiten eines Buches. Andere sind nicht zu übersehen. Die Federn einer Blaumeise auf einem Baumstumpf verraten dem angehenden Naturdetektiv: Sperbermahlzeit.

Unsere Vorfahren waren fähige Fährtenleser. Sie mussten die Spuren der Tiere „lesen" können – es war eine Frage von einer Mahlzeit oder Hunger, Leben oder Tod.

Lange bevor Supermärkte unsere Ernährung sicherten (eine Tiefkühlpizza zu finden ist wirklich keine Leistung), musste man das Fleisch für seine nächste Mahlzeit selbst aufspüren. Außerdem war die „Mahlzeit" ständig in Bewegung, konnte wegrennen und sich verstecken. Unsere Ahnen mussten sich anstrengen! Wenn sie nicht verhungern wollten, mussten sie die kleinen Zeichen und verräterischen Indizien erkennen, die ein Beutetier hinterließ, und ihnen folgen. Manchmal stießen sie auf die deutliche Fährte eines Raubtieres, die vielleicht zum Rest eines gerissenen Tieres führte.

Seit damals hat sich vieles verändert, und man könnte argumentieren, dass nur ein Jäger Fährten zu lesen braucht, während alle anderen gut ohne die Fähigkeiten der Steinzeitjäger auskommen. Es gibt aber viele Formen von Jagd: Naturfotografen suchen nach den Spuren eines Tieres, das sie unbedingt fotografieren möchten. Sie interpretieren die Zeichen und legen sich für das perfekte Foto an der optimalen Stelle auf die Lauer – einfach irgendwo warten kann jeder. Professionelle oder angehende Naturfotografen, Naturforscher und Ökologen müssen aus der Unzahl der Spuren die richtigen Zeichen herauslesen und sich auf die Lauer legen, damit das gewünschte Foto oder der Film gelingen, sonst bleiben sie erfolglos.

Der Trichter des Fährtenlesers

In einem nordamerikanischen Buch, das ich jüngst gelesen habe, wird die Suche nach dem Verursacher einer Fährte als „Trichter des Fährtenlesers" beschrieben. Durch präzise Interpretation der gefundenen Indizien nach dem Ausschlussprinzip geschieht die Auswahl der Tierart. Die ersten Hinweise werden von der geografischen Lage und der Art des Lebensraumes gegeben.

Während einige Tiere als Generalisten praktisch überall vorkommen, sind andere auf einen speziellen Lebensraum angewiesen. Diese Kenntnis erleichtert die Spurensuche. Das rote Europäische Eichhörnchen kommt nur in der Bioregion Eurasien und der Ökoregion Nordeuropa vor. Seine bevorzugten Lebensräume sind die Nadelwälder des Nordens, die noch nicht von dem eingeschleppten Grauhörnchen erobert wurden. Letztere Art ist ökologisch dominant und verdrängt ihre Konkurrenten. Während man in einem nordeuropäischen Nadelwald mit einer gewissen Sicherheit auf ein rotes Eichhörnchen tippen kann, wird man an anderen Orten kaum Spuren dieser Art finden. Zu Beginn empfiehlt es sich, die jeweilige Verbreitung in einem Naturführer nachzuschlagen, doch mit der Zeit sind die Informationen wahrscheinlich direkt aus dem Gedächtnis präsent.

Ein wichtiger Bestandteil der Spurensuche ist das Gespür dafür, welche Tiere in einem Lebensraum oder einer Bioregion vorkommen. Im Schlamm einer Flussmündung findet man garantiert keine Eichhörnchenfährte.

Die Natur verstehen

Es ist völlig natürlich zu fragen: „Von wem stammt diese Fährte?" Ich glaube, dass vielen von uns die Verbindung mit der Natur abhandengekommen ist. Mit den vielen Aspekten der Natur wieder vertraut zu werden und unsere natürliche Fähigkeit als Fährtenleser zu entdecken bereichert unsere Persönlichkeit. Letztlich müssen wir zurück zu den Anfängen: Beim Fährtenlesen geht es zwar nicht mehr um Leben und Tod, aber es bringt uns der Natur wieder etwas näher.

Das Handbuch richtig benutzen

Dieses Buch ist ein Leitfaden zum Training unserer Sinne. Ein Fährtenleser lernt, wieder zu sehen, und achtet auf die winzigen Veränderungen in der Natur: auf einen abgeknickten Grashalm oder eine Fährte im Tau. Wer solche und andere Zeichen erkennt, kann daraus ableiten, von welchen Tieren sie stammen (auch Kot ist dann nichts anderes als eine Spur).

Die meisten Bücher dieser Art beschränken sich auf statische Indizien, ich möchte auch das Verhalten der Tiere ins Bild rücken. Anstatt nur darauf hinzuweisen, dass sich an einer bestimmten Stelle die Geschwindigkeit erhöht hat, möchte ich Ihnen nicht nur die Fährte sondern auch das Tier zeigen. So wird deutlich, wie die spezifischen Abdrücke entstanden.

Neulich habe ich erklärt, wie kleine Tiere eine Haselnuss öffnen. Ein Zuschauer fragte, warum eine Haselmaus dabei sehr präzise vorgeht, während Eichhörnchen regelmäßig Chaos anrichten. Zur Erklärung habe ich demonstriert, wie die Tiere die Haselnuss halten und ihre Zähne einsetzen, um an den Kern zu gelangen. Nun war jedem meiner Zuhörer vollkommen klar, wie die Spuren entstehen – so möchte ich auch hier vorgehen.

Anders als in einem üblichen Naturführer sind nicht Säugetiere in einem Kapitel oder Vögel in einem anderen Kapitel zusammengefasst. Ich hoffe, dass mein neuer Ansatz benutzerfreundlicher ist: Das Buch ist einfach nach der Art der Spuren, die man in der Natur vorfindet, in Kapitel gegliedert.

Das Geheimnis eines guten Fährtenlesers ist die Fähigkeit, sich in das Verhalten eines Tieres hineinzudenken. Wobei könnte das unbekannte Tier die Spuren hinterlassen haben – wie hier ein Hase im schnellen Lauf, oder war es ein gehendes oder ein fressendes Tier?

Stellen Sie sich vor, Sie finden Kot auf dem Rasen. Um zu erkennen, welches Tier dafür verantwortlich ist, ist Expertenwissen notwendig. Stattdessen gehe ich davon aus, dass meine Leser in der Spurensuche und deren Interpretation völlige Anfänger sind. Schlagen Sie also das Kapitel mit dem Titel „Fladen, Köttel und Haufen" auf. Auch das übrige Buch ist diesem Ansatz folgend in thematische Kapitel gegliedert: Futterplätze, Nester und Löcher mit Tipps, welches Tier hier seine Spuren hinterlassen haben könnte. Also, gehen Sie auf Spurensuche als spannendes Naturerlebnis.

Was man mitbringen sollte

Angenehm bei der Spurensuche ist, dass man (fast) keine Spezialausrüstung braucht – das Wichtigste sind die eigenen Sinne, insbesondere die Augen. Ein cleverer Naturdetektiv sollte allerdings einige hilfreiche Dinge in der Tasche oder im Rucksack mit sich führen.

Alles, was ein Fährtenleser braucht, ist überall erhältlich, preiswert und passt in einen kleinen Rucksack.

Praktische Hilfsmittel

Notizbuch und Bleistift

Die beiden sind meine nützlichsten Hilfsmittel. Bleistifte sind draußen besser als Kulis: Sie frieren in der Kälte nicht ein, und, wenn das Papier nass wird, verläuft keine Tinte. Mit diesen einfachen Hilfsmitteln können Sie jedes Detail eines Fundortes notieren oder eine Skizze machen – kein Indiz geht verloren. Wenn Sie alle Befunde sorgfältig notieren, wird das Notizbuch im Laufe der Zeit zum nützlichen Handbuch, in dem Ihre Erfahrungen festgehalten sind.

Natürlich könnten Sie Informationen auf ein Handy sprechen oder mit der Digitalkamera fotografieren, aber mit Notizen, Skizzen und Messungen in einem Notizbuch bleiben die Informationen viel besser im Gedächtnis. Benutzen Sie einen wasserfesten Stift.

Bandmaß oder Lineal

Ein Zentimetermaß ist hilfreich, um die Fußabdrücke und Schrittlängen vermessen zu können. Sie sind oft entscheidend, um die Tierart zu bestimmen. Außerdem können sie für ein Foto neben die Spur gelegt werden. An späterer Stelle im Buch finden Sie mehr über Kameras und Fotos.

Fußabdrücke und Spuren werden ausgemessen und Fotos mit einem Maßstab (kleines Lineal oder Maßband) aufgenommen. Die absolute Größe ist entscheidend für die Bestimmung.

Druckverschlussbeutel

Verschließbare Beutel (Ziploc®) sind in vielen Größen erhältlich. Jeder Naturliebhaber sollte stets einige dieser Beutel dabeihaben, man weiß nie, wann man sie brauchen kann. Auch Probenröhrchen sind unverzichtbar. Darin werden alle möglichen Proben gesammelt, wie Federn, Kot, Gewölle oder Knochen. Ohne Beutel und Röhrchen würden sich unappetitliche Proben in den Tiefen der Tasche verlieren, was besonders für Fährtenleser unangenehm ist, die in derselben Tasche ihre Verpflegung transportieren.

In Druckverschlussbeuteln und Röhrchen werden Proben aller Art, wie Kot, Gewölle, Haare und Federn, gesammelt. Legen Sie stets einen Zettel mit Datum, Fundort und anderen nützlichen Informationen dazu.

Eine Qualitätslupe hat ihren Preis, aber eine 10-fach vergrößernde Lupe ist unverzichtbar, wenn Sie die Details von Haarfarben, Kratzern oder Zahnabdrücken erkennen wollen. Tragen Sie die Lupe an einer Schnur um den Hals.

Etiketten

Wer sofort Datum, Fundort und Beschreibung notiert, erspart sich später die Raterei.

Lupe

Ohne dieses kleine, einfache Hilfsmittel kommt kein Naturliebhaber aus. Hängen Sie sich die Lupe um den Hals, oder stecken Sie sie in die Tasche – Sie werden sie brauchen. Mit der Lupe sehen Sie die Raupe, die Gänge in ein Blatt gefressen hat, erkennen auf einer Nuss die winzigen Kratzer von den Krallen einer Wühlmaus oder die Hakenstrahlen einer Feder.

Ich bevorzuge eine Klapplupe mit 8- oder 10-facher Vergrößerung, weil die Hülle das Glas schützt. Investieren Sie etwas mehr Geld in eine gute Lupe, deren Achse sich schrauben lässt, denn diese lockert sich mit der Zeit. Wenn Sie der Gedanke abschreckt, dem Kothaufen eines Fleischfressers oder dem Kadaver einer Spitzmaus zu nahe zu kommen, entscheiden Sie sich für eine „klassische" Lupe mit Stiel, und seien Sie ein Sherlock Holmes in der Natur.

Pinzette

Damit werden kleine, zarte Objekte und alles andere aufgehoben, was Sie nicht berühren möchten. Geeignete Pinzetten gibt es in Kosmetikabteilungen, in Apotheken oder über das Internet.

Hölzerne Schaschlikspieße und Schnur

Statt der Spieße können sie auch Lutscherstiele nehmen. Sie helfen dabei, Fährten deutlich sichtbar zu machen und auszumessen (Details siehe unten).

Es gibt ein paar unappetitliche Dinge, die man nicht gerne mit den Fingern anfasst – dafür ist die Pinzette erforderlich.

Schnur und Schaschlikspieße aus Holz helfen dabei, einen Fundort einzugrenzen oder eine Fährte zu markieren.

Mit einer Kamera lassen sich alle Spuren einfach und schnell dokumentieren. Denken Sie auch an die Kamera im Handy.

Kamera

Mit einer Digitalkamera lassen sich alle Spuren schnell und präzise an Ort und Stelle dokumentieren. Die Fotosammlung wird außerdem zu Ihrem Bildarchiv für die Zukunft. Glücklicherweise müssen Sie heute keine Filme mehr entwickeln lassen, und Sie müssen nicht darüber nachdenken, was die Angestellten im Fotolabor von jemandem halten, der auf Stacheldraht aufgespießte Wühlmäuse – die Speisekammer eines Neuntöters – oder den glänzenden Kot eines Dachses – mit Kotkäfern ein durchaus attraktiver Anblick – fotografiert. Fotos sind selbst dann nützlich, wenn Sie von einer Fährte einen Gipsabguss machen. Entscheiden Sie sich für eine Kamera mit guter Makroeinstellung, um kleine Motive und Details zu dokumentieren (mehr auf S. 19–21).

Taschenlampe

Ich habe immer eine kleine, leichte LED-Taschenlampe dabei, die nützlich ist, wenn man von der Dunkelheit überrascht wird. Sie leuchtet auch dunkle Stellen aus, liefert Gegenlicht für Blätter und anderes und hebt als Seitenlicht detailliert die Konturen von Fußspuren hervor, wenn das natürliche Licht zu diffus ist.

Auch Kriminaltechniker, die einen Tatort untersuchen, haben sie immer dabei: Taschenlampen heben kleinste Details hervor, die man sonst leicht übersehen könnte, und konzentrieren die Aufmerksamkeit auf den Punkt. Damit bemerkt man auch unscheinbare Details.

Oben links: *Zubehör, um Gipsabgüsse zu machen. Abgüsse machen Spaß und bilden ein Archiv.*

Oben rechts: *Solche Wildkameras sind eine nützliche Bereicherung der Ausrüstung eines Fährtenlesers.*

Unten: *Ein Fährtenstock besteht aus einem Stock und Gummibändern. Damit können auch Anfänger einer Fährte folgen, sie vermessen und verstehen.*

Gips für Abdrücke

Dieser Punkt wird unten noch ausführlich behandelt (siehe S. 32), Sie brauchen trockenen Gips, ein Gefäß zum Anrühren, eine Flasche Wasser und Material für den Rahmen.

Fährtenstock

Dieses einfache, aber nützliche Hilfsmittel besteht nur aus einem Stock und Gummibändern und ist auch für Anfänger sehr hilfreich. Der eigentliche Trick besteht darin, wie der Stock benutzt wird – auf S. 41 wird er erklärt.

Wildkamera

Solche automatisch ausgelösten Kameras werden zunehmend preiswerter, man bekommt sie bereits für vergleichsweise wenig Geld. Traditionelle Fährtensucher lehnen sie zwar ab, aber ich finde sie sehr nützlich und habe über die Jahre mehrere Modelle ausprobiert. Sie bestätigen Vermutungen, lokalisieren Wildwechsel und zeichnen auf, welche Tierarten in einem Revier vorkommen. Videomodelle, die auch Bewegung aufzeichnen, dokumentieren sogar, was die Tiere treiben. Wildkameras gehören zur Ausstattung eines modernen Fährtenlesers.

Feuchte Reinigungstücher

Obwohl Erfrischungstücher nicht unbedingt zum Image des Naturmenschen zu passen scheinen, sind sie ebenso sinnvoll wie eine kleine Flasche mit Desinfektionsmittel. Dies verhindert, dass gefährliche Bakterien von der Hand auf Ihre Verpflegung gelangen.

Rücksicht und Umsicht

Gelegentlich verläuft eine Fährte auf privatem Grund. Es zeugt von Respekt vor dem Eigentümer, vor der Landschaft, auch vor den Tieren, deren Spur Sie verfolgen, wenn Sie einige elementare Verhaltensregeln einhalten. Sollten Sie abgegrenzten Privatbesitz betreten wollen, bitten Sie den Eigentümer vorher um Erlaubnis.

Eine wichtige Regel für unterwegs: Gatter werden so hinterlassen, wie Sie sie vorgefunden haben.

Rücksicht auf die Natur

Ich möchte Sie nicht schon mit Regeln und Einschränkungen langweilen, bevor das Buch richtig angefangen hat, aber es erscheint mir wichtig, Sie mit ein paar Grundlagen vertraut zu machen, die aber eigentlich dem gesunden Menschenverstand entsprechen.

Nehmen Sie bei Ihren Streifzügen Rücksicht auf die Natur. Schließen Sie Gatter und bitten Sie den Grundbesitzer um Erlaubnis, wenn Sie abseits der Wege auf Spurensuche gehen möchten.

Eine Reihe von Tierarten ist selten oder steht sogar unter Naturschutz. Erkundigen Sie sich nach den entsprechenden Arten in ihrer Gegend, und klären Sie vorab, was in diesem Zusammenhang erlaubt ist und was nicht. Das betrifft auch die Lebensräume der Tiere, ihre Nester, Ruheplätze oder Baue. Es kann gegebenenfalls sogar illegal sein, Hinterlassenschaften dieser Tiere – Nester, Eierschalen, Knochen und andere Teile – aus der Natur zu entfernen. Informationen finden Sie im Internet, bei örtlichen Naturschutzorganisationen oder deren Dachverbänden.

Ihre Gesundheit

Wir verfügen alle über einen sehr guten natürlichen Instinkt, der uns davon abhält, solche Kothaufen zu berühren, außer man kann sich hinterher sehr sorgfältig die Hände waschen.

Ich erinnere mich noch genau an den Ärger mit meinen Großeltern, als ich als Kind mit einem Stock im frischen Kot eines Dachses herumwühlte und dann erklärte, er habe Brombeeren gefressen. Eine derartige Untersuchung liefert zwar sehr nützliche Einsichten in das Verhalten eines Tieres, entspricht aber nicht unbedingt der Vorstellung, die andere von normalem Verhalten haben. Es gibt aber durchaus auch objektive Argumente, die Sie von Leichtsinn abhalten sollten.

Der Kot von Tieren kann gefährliche Krankheitskeime enthalten: die der Toxocariasis bei vielen Säugetieren, insbesondere Hunden und Katzen, die der Ornithose bei Vögeln, Salmonellen und *E. coli* bei fast allen Tieren und Histoplasmose bei Fledermäusen und Nagetieren, um nur einige zu nennen. Auch die Kadaver toter Tiere können Keime enthalten. Hinzu kommt, dass manchmal vergiftete Tiere als Köder ausgelegt werden, um Raubtiere zu töten, andere wurden versehentlich oder illegal getötet. Da manche Gifte durch die Haut eindringen, sollten Sie verdächtige Objekte niemals mit bloßen Händen anfassen. Tragen Sie lieber Gummihandschuhe wie diese gut aussehenden Detektive in den CSI-Fernsehserien und eventuell auch einen Mundschutz. Waschen Sie die Hände, wenn Sie Kot oder Tierkadaver angefasst haben.

Untersuchen Sie tierischen Kot auf Armlänge und mit einem Stock. Wenn Sie unbedingt näher gehen wollen, wenden Sie das Gesicht so weit wie möglich ab und halten Sie den Atem an. Manchmal ist der Geruchssinn aber hilfreich, beispielsweise um die Markierung eines Otters -- riecht angenehm wie eine Sommerwiese – von der eines Nerzes – dessen Geruch ist alles andere als angenehm – zu unterscheiden. Wenden Sie ihren gesunden Menschenverstand an, vergessen Sie die Nase, um Hunde- von Fuchskot zu unterscheiden. Das Risiko einer Ansteckung durch Spulwürmer (Toxocariasis) wäre beim Fuchs viel zu groß.

Hightech-Hilfsmittel

Nachdem sie stundenlang draußen nach Spuren gesucht und sie ausgewertet haben, träumen die meisten Fährtenleser davon, ihre Annahmen zu verifizieren und die Tiere in Aktion zu sehen. Mithilfe dieser Hightech-Geräte ist das nun möglich.

Ich halte sehr viel von Wildkameras, weil sie die Lücke zwischen dem Verursacher und dem Leser einer Fährte schließen. Je gründlicher Sie vorher die Hinweise analysiert haben, desto besser werden wahrscheinlich die Fotos – Wildkameras sind Ihre Augen und Ohren in der Nacht.

Wildkameras

Solche handlichen Geräte wurden ursprünglich auf dem nordamerikanischen Markt für Jäger entwickelt. Inzwischen gehören diese Kameras aber immer häufiger auch zur Ausrüstung von Feldforschern und Naturfreunden. Sie unterscheiden sich in Preis, Qualität und Eigenschaften, werden aber alle automatisch ausgelöst.

Sie bestehen aus einer kleinen Kamera mit winziger Linse und speichern die Informationen auf einem Chip. Die meisten sind mit passiven Infrarotsensoren (PIR) ausgerüstet, ähnliche wie Sicherheitsleuchten, die sich bei Bewegungen oder Temperaturänderungen einschalten. Dazu kommen LED Rot oder Infrarotlampen, sodass selbst in dunkler Nacht Fotos möglich sind.

Die kompakten Geräte werden mit Batteriestrom betrieben. Die meisten lassen sich an Monitore und ans Stromnetz anschließen und nehmen Einzelfotos oder Bewegungen auf, einige können beides und zusätzlich Tonaufnahmen machen.

Manche Fährtenleser lehnen Wildkameras ab, weil sie angeblich faul machen, doch meines Erachtens bereichern sie den Einblick in die Welt der Tiere. Natürlich kann jeder eine Betriebsanleitung lesen und die Kamera aufstellen, aber nur als Fährtenleser erwirbt man die nötige Erfahrung, um genau den richtigen Standort zu finden und verlässlich zu guten Aufnahmen zu kommen. Selbstverständlich gehört ein wenig Glück dazu, aber nach meiner Erfahrung liefert eine Wildkamera, die an der optimalen Stelle platziert wird, einfach bessere Bilder. Denken Sie beim Aufstellen daran, die Kamera zu sichern, damit niemand sie mitsamt der tollen Bilder darin einfach mitnimmt.

Wenn sich kein geeigneter Baum oder Felsen findet, an dem Sie die Kamera fixieren können, benutzen Sie einen mitgebrachten Pfosten. Dieses Modell in einer „bärensicheren" Kiste ist zur Sicherheit verschlossen.

Im Wesentlichen bestehen Wildkameras aus einer Digitalkamera, einem Bewegungs- und Wärmesensor und einem SD-Karten-Schlitz, auch die Batterien sind in der Box untergebracht.

Die Wildkamera ist ein nützliches Hilfsmittel, um den Verursacher einer Fährte zu bestimmen. Tiere, wie dieses Reh, sind scheu und bei Tag schwer zu fotografieren, doch nachts bewegen sie sich unbefangen vor der Wildkamera.

Inzwischen verlasse ich mich weitgehend auf meine Wildkameras. Ich habe sie an den Ratten ausprobiert, die unter meinem Hühnerstall leben, dann waren ein Fuchsbau und der Dachs in meiner Nähe an der Reihe. Würde es auch gelingen, einen Fischotter unter einer Bücke zu erwischen? Lässt sich das Tier identifizieren, das Kothaufen auf meinem Rasen hinterlässt, oder der Vogel, der den Abfall vor dem Dachsbau offenbar sehr gründlich untersucht hat?

Wildkameras zeichnen das Geschehen auf, wenn niemand zusieht. Sie sind auch nützlich, wenn man die eigenen Fähigkeiten als Fährtenleser verbessern will: Wer lernt, die Indizien richtig auszuwerten, findet nicht nur den optimalen Standort für die Kamera, sondern die Bilder bestätigen bereits bestehende Vermutungen oder klären Irrtümer auf. Ein Tier im Bild zu sehen, das man durch Analyse der Spuren bereits zu kennen glaubt, ist ein weiterer Bonus. Die Untersuchung der Spuren in Verbindung mit dem sinnvollen Einsatz moderner Technik vertieft die Einsicht in das Leben der Tiere. „Hand werk" und Technik ergänzen einander.

Trittsiegel und Fährten

Jedes Tier mit Füßen hinterlässt einzelne Trittsiegel (Fußabdrücke), die sich unter geeigneten Bedingungen zu einer Fährte aufreihen. Zum Fährtenlesen gehört aber mehr, als die Fuß- oder Krallenabdrücke eines Tieres zu erkennen und ihnen zu folgen. Selbst einfache Fußabdrücke im weichen Boden verraten uns auch einiges über das Verhalten eines Tieres. Gut sichtbare Trittsiegel sind ein ausgezeichneter Einstieg in das Fährtenlesen.

Dieser Pfad stammt von einem Dachs, der regelmäßig die Pflanzen niedertritt. Solche Pfade – Wildwechsel – verbinden verschiedene Dachsbaue oder führen zu Futterplätzen. Dachspfade können auch unter Zäunen hindurch oder über Straßen führen. Die Dachse markieren ihre nächtlichen Wege mit ihrem Duft.

Fußabdrücke finden

Tiere hinterlassen gut sichtbare Fußabdrücke und Fährten nur auf geeignetem Untergrund – frischer Schnee oder das Watt bei Ebbe bieten ideale Bedingungen. Gute Voraussetzungen bietet auch weicher Untergrund, wie das Ufer eines Teiches, Sees oder Flusses, selbst der Rand einer Pfütze reicht aus.

Schnee

Meine Lieblingsbedingung für die Spurensuche ist frisch gefallener Schnee. Im Schnee fallen die unterschiedlichen Fährten sofort auf, und man findet meist mehrere, gut erkennbare Gangarten und Abdruckmuster. Gute Fährten weisen zusätzliche Merkmale auf: Stellen, an denen das Tier uriniert, sich erleichtert oder gekratzt hat.

Rechts: *Nach leichtem Schneefall bei Frost zeichnen sich Fährten besonders gut ab. Im frischen Schnee sieht man überall Tierfährten.*

Ganz rechts: *Ein geübter Fährtenleser erkennt den „Verursacher" bereits am Muster und dem Rhythmus der Abdrücke im Schnee.*

Frisch gefallener Pulverschnee auf einer festen, ebenen Oberfläche, wie Wegen, Straßen oder Eis, bietet optimale Bedingungen für die Spurensuche. Jeder Abdruck zeichnet sich scharf ab, vor allem, wenn der Schnee leicht angeschmolzen ist. Tiefschnee verfälscht die Größe des Abdrucks, im Frost bilden sich Kristalle, die leicht vom Wind verweht werden. Im Schnee hinterlassen selbst zierliche Tiere große Löcher; gehen Sie auf die Knie, und untersuchen Sie den Grund des Loches. Dort zeichnet sich der eigentliche Abdruck ab.

Schlamm

In feinem, festem Schlamm bleiben nicht nur Pfoten- und Krallenabdrücke, sondern auch viele weitere Details erhalten. Zwischen den Zehenabdrücken dieses Wolfes zeichnen sich sogar die Spuren von Haaren ab.

Schlamm ist nicht gleich Schlamm. Mein Favorit ist glatter, fester Schlamm aus feinen Partikeln, etwa in Form von Schlick in Flussmündungen und an Meeresküsten, wo man alle möglichen Abdrücke und Fährten findet. Auch die Ufer von Teichen und Flüssen sind vielversprechend. Es lohnt sich besonders im Schlamm unter Brücken zu suchen, wo viele Tiere vorbeikommen und die Spuren vor Regen geschützt sind. Gute Abdrücke sind auch vor dem Eingang von Löchern und Höhlen zu erwarten.

Oben rechts: *Feiner, feuchter und etwas schlammiger Sand ist sehr gut. Allerdings bleibt nur ein enges Zeitfenster: Die Fährten verschwinden, wenn der Sand austrocknet und der Wind die Spuren verweht.*

Sand

Als Robinson Crusoe auf dem Sandstrand seiner Insel die Fährte eines Menschen entdeckte, muss es sich um feuchten, glatten und weichen Sand gehandelt haben – eine häufige Situation am Meer. Im feuchten Sand unterhalb der Flutlinie können sich hervorragende Trittsiegel einprägen, vor allem wenn die Tiere direkt an der Wasserlinie nach Futter suchen. Allerdings wird das Zeitfenster ihrer Erhaltung von den Gezeiten bestimmt.

Fußabdrücke bestimmen

Die meisten Menschen wollen zuerst wissen, welches Tier eine Fährte im weichen Boden hinterlassen hat. Die nächsten Fragen lauten dann: Was hat das Tier hier gemacht, und wohin wollte es?

Rechts: *Hier ist ein Hund aufgeregt bis zum Wasser gerannt – man scheint die Geschwindigkeit zu erahnen. Der Sand ist aufgeworfen, und die Abdrücke haben sich in Vierergruppen zwischen den Sprüngen eingeprägt.*

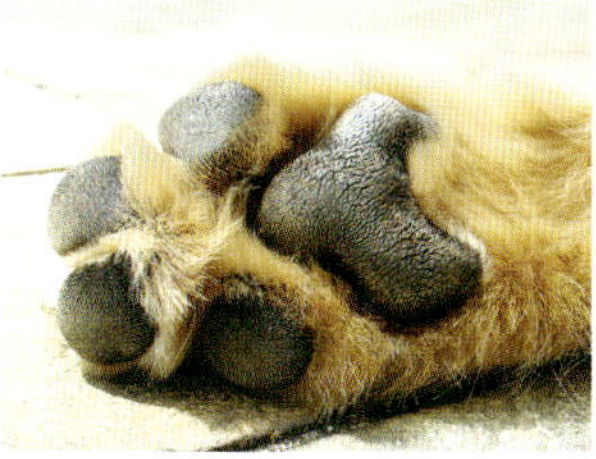

Links und unten: *Füße sind unterschiedlich gebaut. Ein guter Fährtenleser muss lernen, wie die Füße den Boden berühren und welche Teile beim Druck auf weichen Boden ihre Abdrücke hinterlassen.*

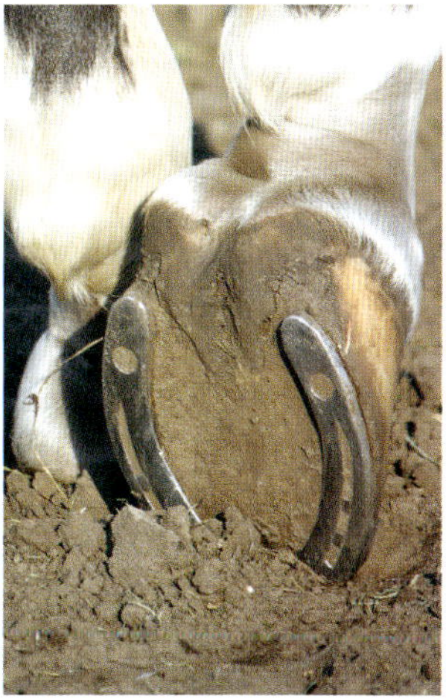

Typen von Fußabdrücken

Bei Fußabdrücken denken wir in der Regel zuerst an Katzen, Hunde und andere Säugetiere. Viele hinterlassen hübsche, blütenkelchartige Trittsiegel ihres Ballens mit gut sichtbaren Zehen, vielleicht sogar mit Krallen. Auch die Trittsiegel vieler anderer Säugetiere zeigen dieses Grundmuster, von den großen Tierarten bis hin zu den viel kleineren, unscheinbaren, oft übersehenen Abdrücken von Mäusen und Spitzmäusen. Paarhufer, wie Rehe, Schafe und Schweine, hinterlassen die Abdrücke ihrer beiden Klauen und Unpaarhufer wie Pferde einen einzigen Hufabdruck. Letztlich gibt es also drei Grundtypen von Fußabdrücken : Trittsiegel mit Ballen, mit zwei Klauen und mit einem Huf.

Säugetierfüße

Wer draußen in der Natur Fußabdrücke und Fährten bestimmen möchte, braucht ein Grundwissen über die Biologie von Tierfüßen. Als sich vor 200 Millionen Jahren die ersten Säugetiere aus den Reptilien entwickelten, übernahmen sie deren archetypischen Bau der Füße und Hände, die Fünffingrigkeit oder Pentadaktylie (von griech. *penta*, fünf, und *dactylos*, Finger).

Die großen, flachen Füße eines Bären sind typische Beispiele für einen plantigraden Sohlengänger.

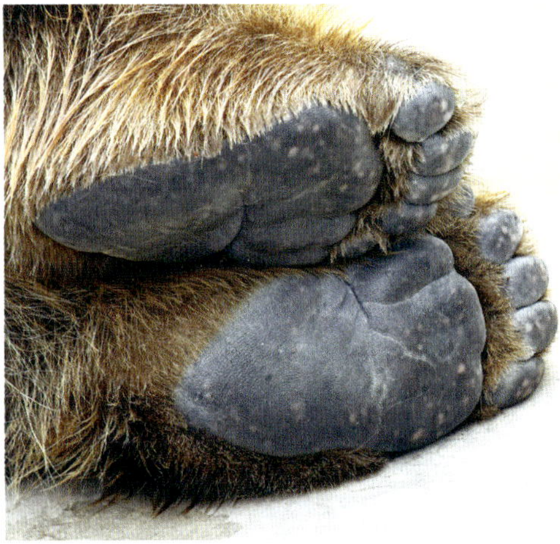

Biologen zählen die Finger konventionell von eins bis fünf ab, beginnend mit dem kürzesten (inneren) Finger (entspricht unserem Daumen). Wenn Sie die Hand flach auf einen Tisch drücken, erhalten Sie das Laufbild der ursprünglichen Säugetiere: Fingerglieder (Phalangen), Mittelhandknochen (Metacarpale) und Handwurzelknochen (Carpale) drücken nebeneinander flach auf den Boden. Die entsprechenden Knochen der Hinterfüße heißen Zehenknochen (Phalangen), Mittelfußknochen (Metatarsale) und Fußwurzelknochen (Tarsale). Sohlengänger mit **plantigradem** Fuß treten mit der flachen Sohle auf.

Bären, Spitzmäuse, Marderartige, dazu gehören räuberische Tierarten, wie beispielsweise Dachse, Wiesel, Otter oder Marder, Igel und natürlich auch der Mensch, sind Sohlengänger. Sie bewegen sich vergleichsweise ineffizient und relativ langsam. Ein Sohlengänger muss bei jedem Schritt einen relativ großen Widerstand überwinden, weil der Fuß mit großer Oberfläche aufliegt und er alle Zehenknochen umbiegen muss.

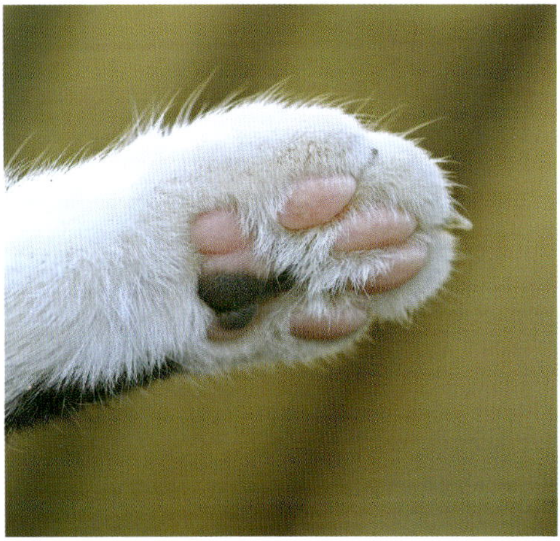

*Katzen laufen auf den Zehenspitzen, sie sind Zehengänger mit **digitigradem** Fuß. Die Krallen von Mitgliedern der Katzenfamilie drücken sich fast nie in den Untergrund ein.*

Mit der Evolution der schnellen Raubtiere unter den Säugetieren änderte sich die Anatomie der Füße, danach auch bei den Beutetieren, die nun schneller rennen mussten: Die Fußoberfläche wurde nach und nach kleiner, bis die Tiere nur noch mit den Zehenspitzen auftraten.

Zehengänger treten nur mit Fingern und Zehen auf. Biegen Sie Ihre Handfläche nach oben, bis nur noch die Finger aufliegen, dann nehmen Ihre Hände die Haltung ein, in der Hunde oder Katzen im Stehen oder beim Laufen den Boden berühren.

Mit der Entstehung des Zehengangs in der Evolution verlagerte sich der Körperschwerpunkt von hinten nach vorn, die Beinknochen streckten sich, und die Zahl der Zehen mit Funktion nahm ab. Der erste Zeh ist bei Hunden und Katzen bis auf einen winzigen Rest, die „Wolfskralle", zurückgebildet und berührt den Boden nicht mehr. Daher weisen die Trittsiegel eines Zehengängers nur noch vier Zehenabdrücke auf.

Unten: *Rentiere treten nur mit den Spitzen von zwei Zehen auf. Ihre unguligraden Füße sind perfekt an schnellen Lauf angepasst.*

Bei den Huftieren ist der Bau der Füße noch stärker verändert: Sie treten nur noch mit den Zehenspitzen auf und sind Spitzengänger mit **unguligraden** Füßen. Bei Rehen und anderen Paarhufern berühren nur noch die Klauen tragenden Zehen drei und vier den Boden. Dank des geringeren Widerstandes können sie schneller laufen. Bei manchen Spitzengängern, wie den Wildschweinen, drücken sich in weichem Boden zusätzlich die kürzeren Zehen zwei und fünf, die Afterklauen, ab.

Bei den Pferden – sie sind am besten an schnellen Lauf angepasst – ist der Fuß schließlich auf eine einzige Zehe – die dritte – mit Huf reduziert. Die Abdrücke ihrer Hufe tragenden Zehenspitzen sind unverwechselbar.

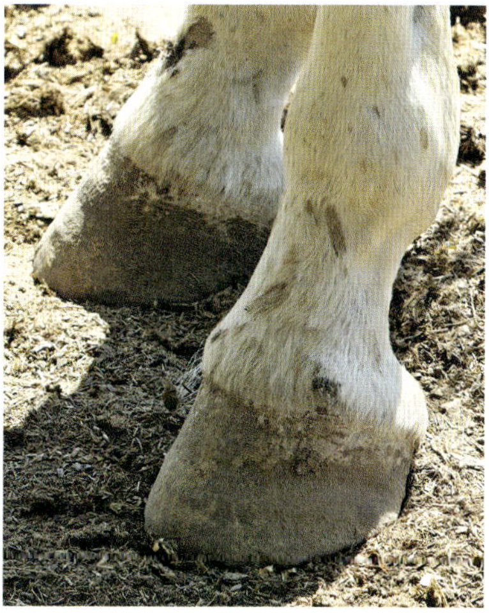

Ganz unten: Weniger als eine Zehe ist nicht möglich: Die Füße von Pferden bestehen aus nur einer Zehe – sie sind somit extrem reduziert und hoch spezialisiert.

Die Chancen, auf das Trittsiegel eines Greifvogels zu stoßen, sind gering. Das Foto zeigt die beiden Füße („Fänge“) eines Adlers mit der charakteristischen Anordnung der Zehen: Drei weisen nach vorn, eine nach hinten.

Vogelfüße

Vogelfüße sind bei Weitem nicht so vielfältig geformt wie Säugetierfüße. Den Vorteil leichter Erkennbarkeit erkauft der Fährtenleser mit einem Nachteil: Die Unterscheidung von Vogelarten nach den Trittsiegeln ist eine echte Herausforderung.

Alle Vogelfüße sind Abwandlungen des digitigraden Typus. Vögel laufen auf den Zehen. Kein Vogel hat mehr als vier Zehen, ein fünfter Finger ist völlig zurückgebildet. Eine Ausnahme stellen nur einige Hühnervögel dar: Bei ihnen ist ein fünfter Finger als Sporn erhalten und sitzt höher am Fuß, der Daumen ist nach hinten gerückt.

Bei den Hühnervögeln, wie Fasanen, Rebhühnern und Hühnern, sind die Füße nach einem einfachen Grundmuster gebaut.

Da Vögel weder Hand- noch Fersenpolster aufweisen, lassen sich ihre Trittsiegel eindeutig von den Säugetierabdrücken unterscheiden. Welche Vogelart eine Fährte verursacht hat, unterscheiden Fährtensucher nach der Länge der Zehen, ihrer Anordnung und dem Muster der Abdrücke, das der hüpfende, springende, watschelnde, schlurfende oder schreitende Vogel hinterlassen hat.

Es gibt viele ausgezeichnete Bestimmungsbücher für Vögel, in denen Familien und Arten mit ihren Fährten vorgestellt werden. Ich möchte Sie hier nur auf die richtige Spur setzen, damit Sie gezielt die richtigen Fragen stellen lernen. Bei der Mehrzahl der Vögel weisen drei Zehen nach vorn, und eine – der Daumen – nach hinten.

Diese Anordnung der Zehen wird **anisodaktyl** genannt, sehen Sie sich dazu einen Hühnerfuß an. Sie ist bei allen Vögeln mit Klammerfuß zu finden – von Finken bis zum Fasan. Dieses Muster wird weiter untergliedert, etwa in **palmate** oder Schwimmhautzehen bei Enten, Gänsen, Schwänen, Möwen, Seeschwalben und vielen Wasservögeln mit Schwimmhäuten zwischen der zweiten, dritten und vierten Zehe. Bei den **totipalmaten** Füßen, wie sie unter anderem Tölpel, Scharben oder Kormorane haben, sind die Zehen völlig, bei den **semipalmaten**, wie etwa beim Weißstirnregenpfeifer, nur teilweise durch Schwimmhäute verbunden. Bei den **lobaten** oder

Oben: *Bei Wasservögeln drücken sich die Details der Schwimmhäute ab. Auch die Formen, Längen und Winkel der Zehen helfen bei der Bestimmung.*

1 *Die einander zugewandten, fächerförmigen Füße eines Kormorans.*
2 *Blässhühner haben Schwimmlappenzehen, die Abdrücke der Zehensäume bleiben nur unter sehr guten Bedingungen erhalten.*
3 *Spechte (auch Eulen und Kuckucke) hinterlassen selten einen Abdruck. Zwei ihre Zehen weisen nach vorn, zwei nach hinten.*
4 *Bei den Watvögeln ist die hintere Zehe häufig reduziert, die drei vorderen sind gleich groß, mit etwa gleichem Abstand voneinander.*

Schwimmlappenzehen, über die Taucher, Blässhuhn und Thorshühnchen verfügen, sind die Zehen nur gesäumt.

Bei den **zygodaktylen** Füßen, der zweithäufigsten Anordnung, weisen zwei der vier Zehen nach vorn, zwei nach hinten – die vierte ist neben die erste Zehe nach hinten gerückt. Diese zum Umklammern geeigneten Füße haben einige Eulen, Spechte und Kuckucke.

Die Größe eines Tieres

Machen Sie sich beim Betrachten einer Fährte Notizen, und messen Sie alle Trittsiegel genau aus. Wenn Sie sich zu diesem Zweck bücken, fallen Ihnen vermutlich weitere Details auf. Zeichnen Sie den Abdruck ab, oder machen Sie ein Foto zusammen mit einem Lineal oder einem Größenmaßstab.

Oben: *Fotografieren Sie ein Lineal als nützlichen Maßstab mit. Die Größe dieses Trittsiegels verrät, dass es von einem Damhirsch stammt.*

Unten: *Wenn Sie gerade kein Lineal zur Hand haben, bringen Sie stattdessen einen Maßstab aufs Foto, den Sie dabeihaben: Münzen, ein Taschenmesser oder, wie hier, die Spitze Ihres Fußes.*

Fußformen

Bei Säugetieren, die mit dem Ballen auftreten, werden Breite und Länge des Abdrucks gemessen: von der Spitze der längsten Zehe bis zum hinteren Ende des Ballens. Nägel oder Krallen werden gewöhnlich nicht mitgemessen, vermerken Sie aber deren Länge im Notizbuch. Dann messen Sie den größten Breitenabstand. Das hört sich einfach an, ist aber bei Ratten oder Spitzmäusen, deren Fährten sich im Schlamm überkreuzen, eine enorme Herausforderung!

Länge

Breite

Bei Paarhufern misst man die Länge von der Spitze einer Klaue bis zum Ende der Ferse, die Breite wird über beide Klauen hinweg gemessen. Dazu kommen der Abstand der Klauen an der Spitze des Fußes und die Länge des Fersenballens, wenn der Abdruck gut genug ist.

Die Abdrücke von Vogelfüßen werden ebenfalls ohne Krallen gemessen. Die Länge der dritten (mittleren) Zehe, der Krallen und die Winkel zwischen den Zehen helfen bei der Bestimmung. Da die direkte Winkelmessung schwierig ist, nehmen Sie dafür ein Foto, eine Durchzeichnung oder einen Gipsabguss zur Hilfe (siehe S. 32/33).

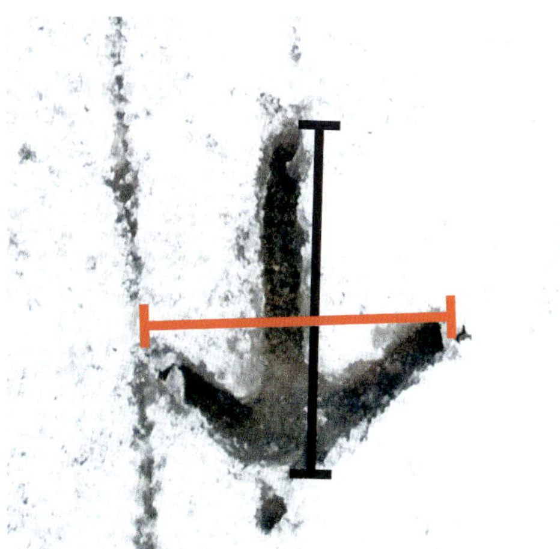

GIPSABGÜSSE HERSTELLEN

Ich halte Gipsabgüsse für die beste Methode, um Trittsiegel aufzuzeichnen. Damit entsteht im Laufe der Zeit eine Vergleichssammlung für die Bestimmung von Arten, was sich gerade dann als sehr praktisch erweist, wenn Zeichnen nicht Ihre starke Seite ist. Jeder Abguss erinnert Sie an ein Tier, das Sie vielleicht niemals zu sehen bekommen. Sie brauchen:

- eine ausreichende Menge Verband- oder Hartgips
- eine Plastikschüssel zum Anrühren
- einen Löffel zum Umrühren
- eine Wasserflasche, je nach Situation voll oder leer
- feste Pappe, einen aus einer Plastikflasche geformten Ring oder einen anderen Rahmen
- Büroklammern
- ein Messer
- Seife
- Gummihandschuhe

Vorsicht beim Umgang mit dem heißen Gips! Verbrennen Sie sich nicht die Finger.

Den Rahmen aufstellen

Drücken Sie einen mit Büroklammern fixierten Papp- oder ausgeschnittenen Plastikring um den Abdruck, dieser nimmt den flüssigen Gips auf. Entfernen Sie Steine und Ästchen, und drücken Sie den Ring fest in den Boden. Um ganz sicher zu gehen, dass der Ring dicht ist, hebe ich ihn hoch, ziehe den Kreis mit dem Messer nach und drücke den Ring tief in den Boden.

Den Gips anrühren

Schütten Sie den Verbandgips in die Schüssel, gießen Sie das Wasser dazu und verrühren Sie beides. Die Masse sollte die Konsistenz von dünnem Pfannkuchenteig haben, gegebenenfalls müssen Sie Wasser oder Gips nachfüllen. Mit einem Seifenflöckchen im Wasser wird der Gips elastischer. Hartgips ist eine viel härtere Form von Gips („Zahngips"). Seine Oberfläche ist homogener und lässt sich leichter säubern.

Gießen Sie den Gips vorsichtig in den Rahmen. Nicht aus großer Höhe gießen, sonst werden Luftblasen eingeschlossen, und das Trittsiegel könnte angegriffen werden. Klopfen Sie vorsichtig mit Finger oder Löffel an den Rahmen, um die eingeschlossenen Luftblasen auszutreiben.

Den Abdruck anheben

Lassen Sie den Gips 10 bis 15 Minuten aushärten. Dabei erwärmt sich der Gips, wehalb man keine Spuren im Schnee eingipsen kann. Der Gips ist ausgehärtet, sobald er sich wieder kühl anfühlt. Heben Sie den Abguss vorsichtig an. Sollte er sich nicht lösen, grabe ich ihn mitsamt der Erde darunter aus.

Der letzte Schliff

Lassen Sie den Gips vollständig aushärten. Bürsten Sie alle unten anhaftenden Erdreste ab, und machen Sie die Oberfläche mit einer feuchten Bürste völlig sauber. Sie halten nun einen perfekten Abguss des Trittsiegels in der Hand – allerdings als Positiv. Wickeln Sie den Gipsblock in Zeitungspapier oder Luftfolie ein, damit er beim Transport nicht leidet.

Das Negativ herausarbeiten

Wenn das Gipspositiv getrocknet ist, pinseln Sie die Oberfläche mit Vaseline® ein. Sie muss in alle Risse eindringen. Legen Sie einen Rahmen darum, und machen Sie einen zweiten Gipsabguss. Warten Sie ab, bis der Gips trocken ist, und trennen Sie das entstandene Negativ – das originale Trittsiegel – und das Positiv vorsichtig mit dem Messer. Manchmal trennen sie sich nicht sauber ab, weil die Vaselineschicht unterbrochen war, oder ein Teil des Positivs bleibt bei tiefen Abdrücken im Negativ zurück. So etwas ist frustrierend, aber mit zunehmender Erfahrung wissen Sie, welche Abdrücke sich lohnen und welche nicht.

Es geht so einfach wie Durchpausen: Zeichen Sie die Umrisse genau ab, dann haben Sie alle Informationen, die Sie brauchen – und Platz für Notizen.

Abdrücke durchpausen

Diese Technik habe ich in Indien gelernt, um die Merkmale einzelner Tiger individuell zu erfassen. Sie ist genial einfach, schnell, sauber und verschafft ihnen eine Übersicht über die Tiere in ihrer Region. Der kritische Punkt ist die genaue Darstellung – machen Sie sicherheitshalber ein Foto. Für eine wiederverwendbare Ausrüstung brauchen Sie ein Stück Plexiglasfolie aus dem Baumarkt und abwaschbare Stifte oder dünne Wachsmalstifte. Eine andere Lösung sind Overheadfolien und wasserfeste Folienstifte beziehungsweise Fineliner.

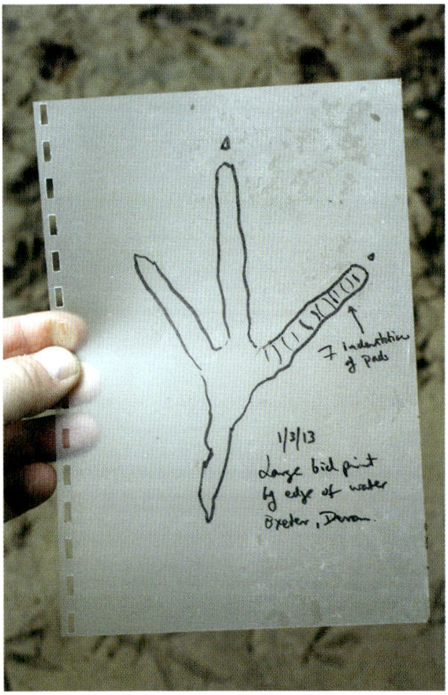

Legen Sie die Folie auf die Spur, und zeichnen Sie mit dem Stift die äußeren Konturen und andere Merkmale durch. Wenn die Folie groß genug ist, passen wahrscheinlich mehrere Trittsiegel darauf – etwa zwei Vogeltrittsiegel oder vier Trittsiegel der meisten anderen Tiere. Fotokopieren oder scannen Sie die Zeichnung zum Speichern im Computer. Dann kann die Folie gesäubert und erneut verwendet werden, oder die Overheadfolien wandern direkt ins Fährtenarchiv.

Ein Fährtenbett

Wenn die natürlichen Bedingungen für saubere Abdrücke zu schlecht sind, können Sie ihre Chancen mit einem Trick verbessern. Ich wende ihn an, seit ich als junger Naturforscher die zahlreichen Spuren im Abfallhaufen vor dem Eingang eines Dachsbaus untersuchte. Ich wollte wissen, ob es Junge in der Dachsfamilie gab, konnte aber keine Abdrücke unterscheiden. Also rechte ich den Sand vor dem Bau sorgfältig glatt und kam am nächsten Morgen zurück: Jetzt waren alle Abdrücke deutlich zu erkennen.

In der Tat lebten Dachsjunge im Bau, und ich hatte gelernt, das Beste aus einer Wildbeobachtung zu machen. Wer wie ich ständig auf der Suche nach perfekten Trittsiegeln für seine Sammlung ist, sollte ruhig mit Fährtenbetten experimentieren: Suchen Sie eine gut geeignete Stelle mit feinkörnigem Boden, möglichst nicht in der direkten Sonne. Entfernen Sie Steine, Stöcke, Blätter und andere Objekte von der Oberfläche, lockern Sie die Erde mit einer Grabgabel, einer Hacke oder einem Rechen auf, und gießen Sie Wasser darüber, bis die Oberfläche glatt und schlammig ist. Dieser Trick funktioniert noch besser, wenn Sie schlammige Pfützen suchen und den Rand befeuchten und glätten. Je länger und breiter Sie das Fährtenbett anlegen, desto besser stehen Ihre Chancen auf gute Trittsiegel, vielleicht sogar auf messbare Fährten. Mit einem geeigneten Köder verbessern Sie ihre Chancen zusätzlich.

Wenn die Bedingungen keine sauberen Abdrücke zulassen, dann verändern Sie die Situation mit einem Fährtenbett zu Ihren Gunsten: Entfernen Sie die Blätter, glätten Sie den Boden, und sammeln Sie Steine von der sauberen Oberfläche ab.

Mischen Sie das Schlammbett für gute Trittsiegel von kleinen, leichten Tieren, wie Singvögeln, Reptilien oder kleinen Säugetieren, in einem Tablett an, und stellen Sie es an einem geeigneten Standort auf. Ich locke die Tiere mit Ködern an und decke das Tablett ab – so wird der Regen abgehalten, und die Tiere fühlen sich sicherer.

KADAVER VERWERTEN

Irgendwann werden Sie ein totes Tier finden. Es hört sich zwar eklig an, aber betrachten Sie den Kadaver als Geschenk, und messen Sie die Füße als Referenz für später genau aus. Gehen Sie vorsichtig vor, und beachten Sie die Hygieneregeln (siehe S. 18). Sie können vom Fuß eines toten Tieres auch einen perfekten Abdruck machen. Vergessen Sie aber nie, dass es bei Tierarten individuelle Geschlechtsunterschiede gibt.

Keine Krallen, rundliche Zehen und ein vollständiger Ballen – dies stammt eindeutig von eine Katze.

Der große Abdruck mit vier langen Zehen mit Krallen stammt von einem Vertreter der Familie der Hundeartigen – Haushund, Wolf oder Fuchs.

Hund oder Katze?

Die häufigsten Trittsiegel stammen von Hunden und Katzen. Immerhin leben diese domestizierten Wildtiere bei vielen von uns als Haustiere. So halten Sie die beiden Arten auseinander:

Suchen Sie in den Trittsiegeln zuerst nach Krallenabdrücken. Außer auf sehr steilen Hängen stammen Trittsiegel mit Krallen von Mitgliedern der Hundefamilie. Katzen fahren ihre Krallen nur aus, wenn sie eine Beute schlagen. Normalerweise sind ihre Krallen in Hautfalten geborgen, damit sie sich nicht abnutzen. Hunde sind Hetzjäger, die ihre Beute mit Bissen töten. Bei rennenden Hunden wirken die Krallen wie Spikes und zeichnen sich daher im Untergrund ab.

Ein weiteres Kennzeichen ist der Hand-/Fußballen: Hunde heben die Füße und treten mit den Zehenspitzen auf. Daher fehlt im Abdruck die hintere Rundung des Ballens, der Abdruck ist nach innen gekrümmt, konkav. Bei Katzen ist der Ballenabdruck hinten konvex und wirkt vorne unregelmäßig.

Die endgültige Unterscheidung ergibt sich durch die Anordnung der Zehen: Beim Hund stehen die beiden mittleren Zehen eng zusammen, die Abdrücke der beiden äußeren sind jeweils fast dreieckig. Katzen hinterlassen dagegen vier gleichförmige und etwa gleich große Abdrücke ihrer Zehen.

Fuchs oder Hund?

Worin unterscheiden sich die Fußabdrücke eines Hundes von denen eines Fuchses?

Sowohl die domestizierte als auch die wilde Tierart leben in unserer Umgebung. Es ist also möglich, in einem Park, auf schneebedeckter Straße, auf einem Waldweg oder am Strand auf die Fährte einer der beiden zu stoßen.

Hübsch, ordentlich und oval, die Ballen der hinteren Zehen liegen weit hinter den vorderen. Das Fuchs-Trittsiegel wirkt schlanker und strukturierter als das eines Hundes.

Erstaunlicherweise ist der Unterschied sehr deutlich, das war eine meiner ersten Erfahrungen als Fährtenleser. Bei Füchsen ist der Abdruck des Fußballens in etwa so groß wie eine Zehe, und eine gedachte Linie direkt hinter den beiden vorderen Zehen durchschneidet nicht die Ballen der äußeren Zehen. Das gesamte Trittsiegel ist relativ klein und passt in ein 5 cm langes und 4,5 cm breites Oval.

Die Trittsiegel der unterschiedlichen Hunderassen variieren stark. Sie können deutlich über 5 cm lang, aber auch wesentlich kürzer sein, wodurch sie mit den Abdrücken von Fuchsjungen verwechselt werden können. Hundepfoten hinterlassen meist ein breiteres Trittsiegel, das nur selten zierlich und oval aussieht. Der unregelmäßige Fußballen ist größer als die Zehenballen. Zwischen den vorderen und den äußeren Zehenballen lässt sich keine gerade Linie ziehen.

Beim Fuchs ist der Abstand zwischen vorderen und hinteren Zehenballen deutlich größer als bei Hunden.

Katze

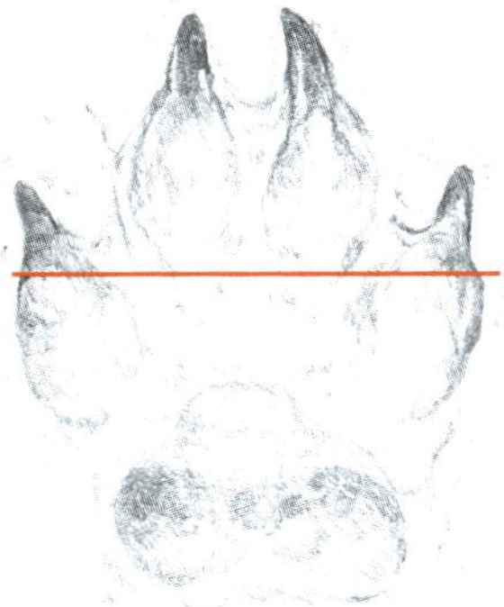

Hund

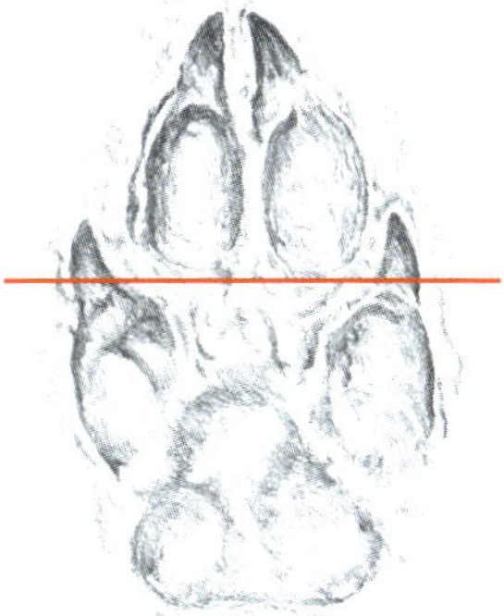

Fuchs

Fährten auf der Spur

Manchmal verrät ein einzelnes Trittsiegel allein nicht zweifelsfrei, welches Tier es in den Boden gedrückt hat. Dann hilft das Muster der Fährte mit seinen unterschiedlichen Faktoren: Wie viele Füße berühren gleichzeitig den Boden, die allgemeine Anatomie des Tieres, Gelände, Typus und wahrscheinliche Geschwindigkeit der Bewegung. Einer Fährte zu folgen und daraus das Verhalten des Tieres abzulesen benötigt Scharfsinn und Übung.

Hier sind zwar kaum einzelne Abdrücke zu erkennen, doch Art und Muster der Fährte sprechen für einen Wildwechsel von Rehen.

Ein langsam gehendes Tier, wie dieses Wildschwein, hinterlässt eine völlig andere Fährte als ein rennendes Tier. Beim Rennen sind die Abdrücke näher beieinander und nähern sich der Mittellinie einer Fährte.

Das Muster der Fährte: Säugetiere

Vierbeinige Säugetiere hinterlassen unterschiedliche Muster, die sich mit etwas Übung leicht erschließen. Die wichtigsten Gangarten sind Gehen, Traben oder Rennen, Galoppieren, Schreiten oder Hüpfen. Beobachten Sie gehende Tiere, vor allem den Bewegungsablauf der Füße, und achten Sie darauf, wie lange ihre Füße den Boden nicht berühren – diese Faktoren bestimmen das Muster einer Fährte.

Ich stelle mir zunächst vor, wie sich das entsprechende Tier bewegt haben könnte, eine Fähigkeit, die man durch Erfahrung erwirbt. Ein guter Fährtenleser sieht die Bewegung vor sich – diese Fähigkeit ist schwer zu beschreiben. Ich hoffe, dass die Abbildungen Sie zum Sherlock Holmes der Naturdetektive machen.

Gehen

Tiere, die sich sehr langsam bewegen, grasen vielleicht beim Gehen und bewegen jeweils nur ein Bein – ihre Schrittlänge ist kurz. Die Abdrücke von Tierarten, die ihre Schritte überdecken – die Hinterfüße treten in den Abdruck der Vorderfüße –, sind beim Gehen gut zu erkennen. Insektenfresser und andere Säugetiere mit kurzen Beinen lassen ihren Bauch beim entspannten Gehen manchmal über den Boden schleifen. Auch diese Schleifspur kann beim Bestimmen der Art helfen.

Manchmal zeichnet sich im Schnee auch die Ferse eines Dachses ab. Achten Sie auf die längeren Krallen an den Vorderbeinen.

Wildschweine meiden Menschen und rennen weg, wenn sie sie bemerken. Ihre Abdrücke zeichnen sich in Gruppen ab.

Das Schrittmuster sich langsam bewegender Kaninchen und Hasen unterscheidet sich auffällig von dem bei schnellem Lauf (im Bild), das Tier hat sich von links nach rechts bewegt.

Traben und Rennen

Bei Tieren, die sich schnell bewegen, ändert sich die Fährte: Die Schrittlänge nimmt zu, und die Abdrücke liegen weiter auseinander, Schleifspuren fallen weitgehend weg. Vor allem bewegen sich nun alle vier Beine in einem definierten Rhythmus: Beim Kreuzgang bewegen sich die einander diagonal gegenüberliegenden Beine gleichzeitig nach vorn – etwa das linke Hinter- und das rechte Vorderbein. Rennende Tiere haben die Tendenz, mit den Hinterfüßen die Spuren der Vorderbeine zu überdecken. Bei Tierarten, bei denen das der Fall ist, nimmt auch die Abdruckschärfe beim Rennen ab. Hierbei tritt jeder Fuß mit höherem Druck auf, die Zehen spreizen sich auseinander und gleiten häufiger aus.

Bei diesem Damhirsch im Galopp berührt kein Fuß den Boden. Die Fährte besteht aus Abdrücken in Vierergruppen – durch gleichzeitiges Landen und Abstoßen – in großem Abstand voneinander.

Galopp

Galopp ist die schnellste Gangart. Hierbei berührt regelmäßig kein Bein des rennenden Tieres den Boden, wodurch eine große Lücke in der Fährte entsteht. Bei der dann folgenden „Landung" ergeben sich vier Fußabdrücke, die sich nicht überdecken.

Es gibt aber nicht nur einige unterschiedliche Arten der Fortbewegung und Fährtenmuster, sondern auch verschiedene Messmethoden. Achten Sie darauf, die Schrittlänge und Breite der Fährte an den „echten" Trittsiegeln zu messen und nicht an den Schleifspuren, die in Schlamm, Sand und Schnee entstanden sind.

Bei galoppierenden Tieren nehmen die Schrittlänge und der Abstand der Abdrücke voneinander zu.

Beim Kreuzgang und Passgang entspricht die Schrittlänge dem Abstand zwischen der Spitze der Zehe/Kralle eines Abdruckes und dem nächsten. Bei 3–4- und 4–4-Gangarten wird die Schrittlänge von der Zehe bis zur Ferse gemessen, bei Abdrücken in der Gruppe jeweils von der Ferse zur Zehe.

DER FÄHRTENSTOCK

Sie werden überrascht sein, wie hilfreich dieses äußerst einfache, billige Hilfsmittel beim Messen von Fährten ist. Sie können sich einen geraden Stock jeweils frisch schneiden und Markierungen mit Messer, wasserfestem Filzstift oder farbigen Gummibändern anbringen oder einen speziellen Stock herstellen und im Rucksack mitnehmen.

Messung von Tierfährten

Für die Bestimmung einer Tierart brauchen Sie die Länge des Trittsiegels und die Schrittlänge. Welche Messmethode Sie verwenden, spielt keine Rolle, Sie müssen nur einheitlich vorgehen. Ich messe gewöhnlich ab dem Fersenabdruck. Da dort ein großes Gewicht auf dem Boden lastet, zeichnet sich die Grenze schärfer ab.

LF linker Vorderfuß
RF rechter Vorderfuß
LH linker Hinterfuß
RH rechter Hinterfuß

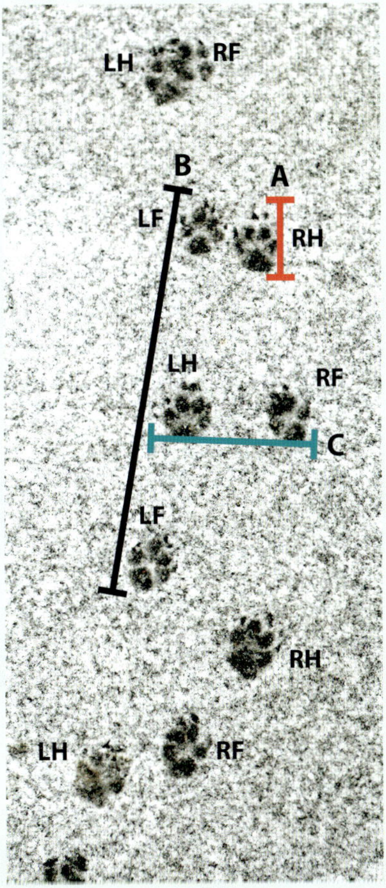

A = Länge des Trittsiegels

Legen Sie das Ende des Fährtenstockes an der Ferse des ersten Abdrucks an, und schieben Sie ein Gummiband bis zur Spitze der Zehen auf den Stock.

B = Schrittlänge

Hier wird dieser Abstand von der Zehenspitze des ersten Trittsiegels bis zur Ferse desselben Fußes gemessen. Legen Sie den Fährtenstock vorne an die Zehenspitze des ersten Vorderfußes an, und schieben Sie das Gummiband auf dem Stock bis zu der Stelle, wo die Ferse desselben Vorderfußes wieder den Boden berührt.

Um das Gummiband an die richtige Stelle zu verschieben, müssen Sie nahe an den Boden. Dabei fallen Ihnen auch kleinste Veränderungen ins Auge, was praktisch ist, wenn etwa der nächste Abdruck schwer zu sehen ist. Hat das Tier die Gangart und damit auch die Schrittlänge verändert. Mit zunehmenden Erfahrungen als Fährtenleser kommen Sie auch ohne Fährtenstock aus.

C = Querabstand

Das ist der Abstand von der Außenkante eines Trittsiegels bis zur Außenkante des Abdrucks gegenüber.

Oben und links: Tauben setzen ihre Füße beiderseits einer gedachten Linie in der Mitte der Fährte auf, sie drehen ihre Zehen häufig zur Mitte.

Vögel

Vogelfährten sind etwas einfacher zu lesen als Säugetierfährten. Vögel haben nur zwei Füße und weniger Gangvariationen. Bodenvögel, wie Fasane, Rebhühner, Wat- und Wasservögel, bewegen sich schreitend. Vögel, die mehr Zeit auf Bäumen oder Sträuchern verbringen, sind anatomisch schlechter an das Laufen oder gar Rennen angepasst – sie bewegen sich hüpfend. Manche Vögel, wie die Rabenvögel (Corvidae) und Stare, können gehen und hüpfen.

Gute Beispiele für schreitende Vögel sind Möwen und Tauben, die sich so ordentlich bewegen, wie das für Vögel eben möglich ist: Sie setzen die Füße Schritt für Schritt voreinander – beiderseits einer imaginären Linie zwischen den beiden Füßen. Bei den einzelnen Vogelarten ist der Abstand zu dieser gedachten Linie unterschiedlich groß. Taubenbeine stehen weiter auseinander als Möwenbeine, sodass der Abstand zur Mittellinie größer wird. Watschelnde Vögel mit Schwimmhäuten, wie Enten und Gänse, die ihre Zehen nach innen richten, hinterlassen charakteristische Fährten.

Die scheinbar plumpen, rundlichen Hühnervögel bewegen sich sehr elegant. Achten Sie beim nächsten Mal darauf, wie sorgfältig

Die deutlich sichtbaren Schwimmhäute verraten den Wasservogel. Die Größe und die nach innen gerichteten Zehen sprechen für die Fährte einer Gans.

Immer einen Fuß vor den anderen: Dieser Fasan setzt den Fuß fast genau vor dem stehenden Fuß auf den Boden.

Fasane hinterlassen eine besonders ordentliche Fährte: Die Abdrücke von linkem und rechtem Fuß bilden eine Linie sehr nahe der Mittellinie der Fährte.

Hühner ihre Füße auf eine Linie setzen. Gelegentlich überdecken sich die Abdrücke dieser Linie sogar. Dies ist ein gutes Beispiel für Vögel mit linienhafter Fährte. Hüpfende Vögel setzen mit beiden Füßen gleichzeitig auf und hinterlassen paarweise Abdrücke nebeneinander.

Wenn laufende Vögel ihre Geschwindigkeit erhöhen, nimmt wie bei den Säugetieren die Schrittlänge zu, und die Fährte wirkt „unordentlicher". Sie rutschen aus und hinterlassen Schleifspuren, wo ihre Zehen über den Boden kratzen. Schwere Vogelarten machen deutlichere Schleifspuren und wühlen den Boden auf.

Gehen Sie zur Bestimmung so nahe wie möglich an die Spuren heran, und untersuchen Sie Formen, Hinweise auf Texturen und Krallen. Messen Sie die einzelnen Trittsiegel, Winkel der Zehen, Schrittlänge und die Breite der Fährte genau aus.

Säugetiere mit Pfoten oder Tatzen

Die drei Hauptgruppen von Säugetierfüßen – Pfoten oder Tatzen mit Ballen, Paarhufe und Hufe – lassen sich jeweils nach der Form der Abdrücke und ihrer Größe weiter untergliedern.

Kleine Säugetiere, wie Mäuse, Wühlmäuse und Spitzmäuse, sind so leicht, dass sich ihre Trittsiegel nur unter äußerst günstigen Bedingungen abzeichnen.

Die Abdrücke der zierlichen Füße kleiner Säugetiere mit ihren langen, weit ausgebreiteten Zehen erinnern mich an kleine Sternchen.

Nagetiere und Spitzmäuse

Die zu diesen Gruppen gehörenden Tierarten sind alle sehr leicht und hinterlassen, zierlich, hingekratzte, fast sternförmige Trittsiegel, die Zehen weisen nach vorn und zur Seite. Die Abdrücke sind eigentlich nur auf feinkörnigem Untergrund zu sehen, und vielfach geht die Bestimmung nicht weiter als bis zur Kategorie Nagetier oder Insektenfresser. Obwohl Nagetiere fünf Zehen haben, sind vorn gewöhnlich nur vier Zehenabdrücke zu erkennen, mit Ausnahme wirklich exzellenter Trittsiegel. Alle Arten haben Krallen, die zum spinnenartigen Aussehen der Abdrücke beitragen. Spitzmäuse haben einen viel längeren Daumen, er sitzt tiefer und zeichnet sich fast immer ab.

Hoppelnde – technisch gesehen galoppierende – Nagetiere landen normalerweise mit den Hinter- vor den Vorderbeinen, es gibt aber Unterschiede. Große Vertreter der Gruppe, wie Biber oder Stachelschweine, bewegen sich regelmäßig schreitend im Kreuzgang, die Hinterbeine werden abwechselnd neben das gegenüberliegende Vorderbein gesetzt. Spitzmäuse bewegen sich in einer Art Trab und treten mit den Hinterbeinen in die Abdrücke der Vorderbeine bei je nach Art 3–5 cm Schrittlänge.

Auch Biber sind Nagetiere. Als große, schwere Tiere bewegen sie sich, anders als andere europäische Nagetiere, im Kreuzgang. Auf dieselbe Weise gehen Murmeltiere und Stachelschweine.

Kleine hoppelnde Nagetiere setzen die größeren Hinterfüße etwas vor den Vorderfüßen auf.

Eichhörnchen bewegen sich schreitend und hoppelnd wie typische Nagetiere, sind aber deutlich größer als die kleineren Arten. Ihre Trittsiegel sind in der Regel kompakter und wirken weniger hingekratzt.

Die Trittsiegel von Eichhörnchen sind nicht so sternförmig wie bei den kleineren Arten. Ihre Hinterfüße hinterlassen einen Abdruck fast wie eine winzige menschliche Hand. Der Fußumriss ist deutlich zu sehen, die drei mittleren Zehen sind etwa gleich lang.

Diese Dreiergruppen stammen von einem Kaninchen, das sich von der Position der Kamera wegbewegte. Der lange Abdruck stammt von den beiden Vorderpfoten (dicht zusammen). Die Hinterbeine schwingen an den Vorderbeinen vorbei und hinterlassen zwei Abdrücke.

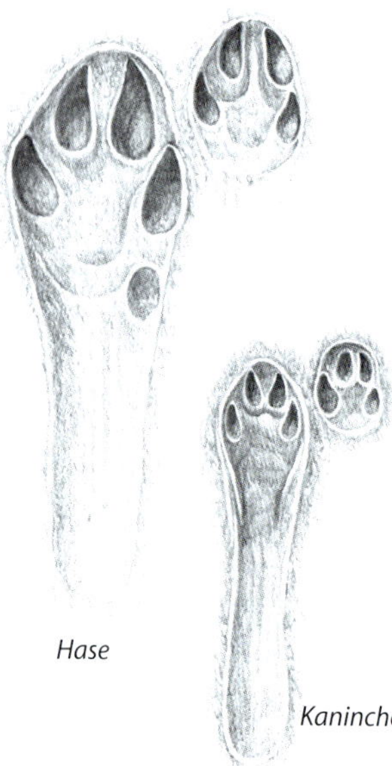

Kaninchen und Hasen hinterlassen sehr ähnliche Abdrücke. Die Füße von Hasen sind etwas größer, und ihre Schrittlänge ist sehr viel weiter.

Kaninchen und Hasen

Die Vorderfüße hinterlassen einen kleinen, ovalen Abdruck mit scharfer Spitze. Auf festem Untergrund und im schnellen Lauf sieht der Abdruck der Hinterfüße ähnlich aus, ist aber etwas größer. Auf weichem Boden und bei langsamer Bewegung drücken sich die Hinterfüße dagegen in ganzer Länge ab. Eine Streichholzschachtel ist hilfreich für die Unterscheidung der Arten: Das Trittsiegel eines Kaninchens ist schmaler als die Breite der Schachtel, ca. 3,5 cm, ein Hasenabdruck genauso breit wie die Schachtel. Die Trittsiegel können an den Rändern weich und unscharf sein, weil auf den Fußsohlen dichte, nach vorn gerichtete Haare wachsen. Die langen Krallen sind aber immer gut sichtbar. Der erste Finger ist etwas zurückgesetzt und zeichnet sich nur selten ab. Daher bestehen die meisten Trittsiegel aus drei Zehen und dem Ballenabdruck.

Technisch gesehen, bewegen sich hoppelnde Tiere im Galopp: Die längeren Hinterbeine landen nebeneinander vor den Vorderbeinen. Im schnellen Lauf landen die beiden Vorderbeine direkt voreinander und bilden einen gemeinsamen Abdruck. Je höher die Geschwindigkeit wird, desto größer ist der Abstand zwischen Vorder- und Hinterbeinen. Daher ist die Bewegungsrichtung anders, als der erste Blick vermuten lässt. Der „Pfeil" aus den vier Fußabdrücken zeigt in die Richtung, aus der Hase oder Kaninchen kommen.

Feldhase: Vorderfuß 5 × 3 cm, Hinterfuß 6–15 × 3,5 cm

Schneehase: Vorderfuß 5 × 5 cm, Hinterfuß 5–13 × 3,5 cm, die Abdrücke sehen oft größer aus, weil die Füße sich spreizen.

Kaninchen: Vorderfuß 2,5 × 1,5 cm, Hinterfuß 4 × 2,5 cm

Katzen

Ob Tiger oder Kätzchen, alle Trittsiegel der Katzenfamilie passen in ein quer liegendes, rundliches Oval. Die Vorder- sind etwas größer als die Hinterpfoten. Gehende Katzen hinterlassen vier Zehenpolster, niemals Krallenabdrücke. Krallen zeichnen sich nur ab, wenn eine Katze ausgleitet und mit den Krallen besseren Halt sucht.

Anhand der Trittsiegel lässt sich eine Wild- nicht von einer Hauskatze unterscheiden – beide hinterlassen 3,5 × 3 cm große Abdrücke. Der Fußabdruck eines Luchses sieht zwar genauso aus, ist aber mit 7,5 × 8,5–9,5 cm deutlich größer. Bei ihm sind die äußeren Zehen etwas größer, Trittsiegel von Hauskatzen wirken gleichförmiger, weil alle Zehen dieselbe Größe haben. Ginsterkatzen hinterlassen Krallenabdrücke, achten Sie im Lebensraum dieser Art darauf. Siehe auch den Vergleich Hunde und Katzen auf S. 36.

Das Muster der Fährte ist so, wie man es von einem gelassenen, konzentrierten Raubtier erwartet: Katzen bewegen sich im Kreuzgang, die Hinterpfoten treten in die Spuren der Vorderpfoten, reichen aber etwas darüber hinaus. Auf weichem Boden ist die Abdeckung fast perfekt. Langsame Katzen gehen breitbeinig, im Trab setzen sie Vorder- und Hinterbeine jedoch fast auf eine Linie. Springende Katzen hinterlassen unterschiedliche Muster, meist setzen sie die Hinter- vor die Vorderpfoten.

Hauskatzen haben eine Schrittlänge von etwa 30 cm, im Trab sind es 35–40 cm. Eine Fuchsfährte kann ähnlich aussehen, vor allem wenn die Trittsiegel verwischt sind, doch Füchse sind an einer 45 cm langen Schrittlänge zu erkennen.

Gemächlich gehende Luchse haben eine Schrittlänge von 40 cm, die im schnellen Lauf auf bis zu 250 cm zunimmt.

Der Luchs ist die größte Katze in der in diesem Buch berücksichtigten Region. Man trifft allerdings viel eher auf Spuren von wilden oder Hauskatzen. Die Trittsiegel sind sehr ähnlich, unterscheiden sich aber in der Größe und in der Schrittlänge.

Die weichen, rundlichen Ballen einer Katze. Die Krallen zeichnen sich nicht ab; sie sind nur zu sehen, wenn Katzen Beute schlagen oder auf sehr glattem Untergrund gehen.

Wilde Hunde

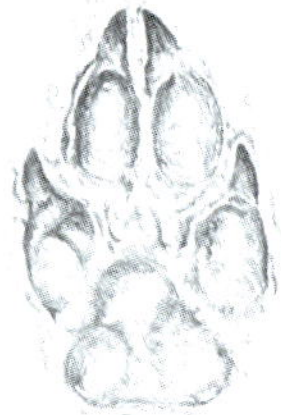

Rotfuchs

Der **Rotfuchs** ist die häufigste Wildhundart in Europa, seine Abdrücke und Fährten sollte man wiedererkennen. Es sind kleine, typisch hundeartige Abdrücke von 5 × 4,5 cm Größe. In der Regel bestehen sie aus vier Zehen mit gut sichtbaren Krallenabdrücken. Bei besonders guten Trittsiegeln sind sogar die Haare zwischen den Ballen zu erkennen. Siehe auch den Vergleich Hund, Fuchs und Katze auf S. 36/37.

Füchse bewegen sich normalerweise in einem lebhaften Trab und hinterlassen dabei eine linienhafte Fährte. Sie setzen die Pfoten meist in die eigenen Abdrücke beiderseits einer gedachten Linie. Im Unterschied zu Hunden, deren Fährten hin und her verlaufen, laufen Füchse zielstrebiger.

Ein trabender Fuchs hat 45 cm Schrittlänge, bei Sprüngen im Tiefschnee liegen die Vierergruppen der Pfoten 60–90 cm auseinander.

Der **Polarfuchs** hinterlässt eine Fährte, die der des Rotfuchses sehr ähnlich ist, doch seine Abdrücke sind stärker gespreizt und weiter voneinander entfernt. Die einander überdeckenden Abdrücke scheinen unterschiedlich groß zu sein, was aber kaum auffällt. Beim Gehen hat er 40 cm Schrittlänge, beim Trab 80 cm und bei Sprüngen 70–80 cm. Er macht merklich kleinere Schritte als der Rotfuchs.

Polarfuchs

Füchse hinterlassen eine sehr ordentliche, zielgerichtete Fährte. Die ovalen Trittsiegel stehen abwechselnd und weichen nur geringfügig von einer Mittelinie ab.

Der **Marderhund** hat, anders als ein Fuchs, unterschiedlich große Vorder- und Hinterpfoten – die kleineren Hinterpfoten messen 4,5 × 3,5 cm. Beim Gehen beträgt die Schrittlänge 25 cm, beim schnelleren Springen entstehen etwa 50 cm voneinander entfernte Vierergruppen.

Marderhund

Der **Wolf** ist die größte Art der Hundefamilie. Auf seine Fährte zu stoßen ist ein Highlight für jeden Fährtenleser und sorgt für Schmetterlinge im Bauch. Der größte Unterschied zum Abdruck eines großen Hundes ist die Form: Wolfspfoten sind strukturierter und schlanker, und Wölfe bewegen sich ähnlich zielgerichtet wie die anderen Wildhundarten.

Im 10 × 7,5 bis 11 × 9,5 cm großen Trittsiegel fallen der große, dreilappige Ballen und die stumpfen Krallen an den Spitzen der vier Zehen auf. Die Abdrücke der Vorderpfoten sind etwas größer als die der Hinterpfoten.

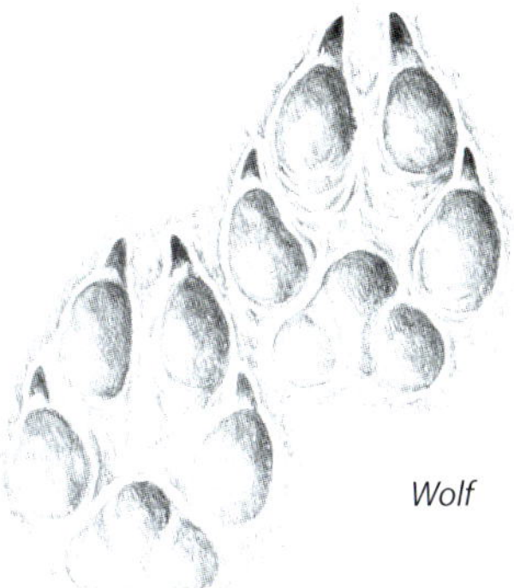

Wolf

Am häufigsten werden Fährten von Wölfen im Trab oder leichtem Galopp gefunden. Die Tiere setzen ihre Pfoten mit gleichmäßigem Abstand auf, bei einer Schrittlänge von 80–90 cm, im schnellen Lauf oder Sprung von bis zu 150 cm.

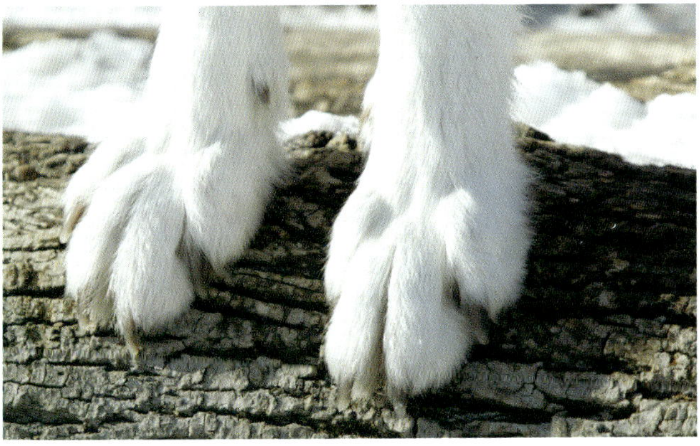

langsamer Lauf *schneller Lauf*

Im schnellen Lauf oder bei Sprüngen im Schnee nimmt die Schrittlänge des Fuchses zu. Die Abdrücke liegen dann weiter auseinander.

Marderartige

Die Arten der Marderfamilie unterscheiden sich deutlich in Größe und Aussehen, von den winzigen Wieseln bis zum Vielfraß. Es sind Sohlengänger, die mit dem ganzen Fuß auftreten, nicht nur mit den Zehen. Ich möchte sie hier in zwei Gruppen gliedern.

Die größeren Arten, wie Dachs und Vielfraß, machen rechteckige, breite und kompakte Abdrücke, während die kleineren Hermeline, Wiesel und Marder zierlichere, aber immer noch kompakte Trittsiegel hinterlassen. Die kleinen, aktiven Raubtiere haben lange, schlanke Körper mit großem Beinabstand und bewegen sich charakteristisch: Sie „schlurfen" und hinterlassen eine Fährte, in der sich, je nach Art, Vorder- und Hinterfüße teilweise überdecken oder auch direkt hintereinander abdrücken. Die meisten Arten bewegen sich hüpfend oder springend und hinterlassen meist vier eng zusammenstehende Abdrücke mit großem Abstand zwischen den Vierergruppen. In weichem oder tiefem Untergrund, wie Schnee, überdeckt einer der Hinterfüße den Abdruck des Vorderfußes, sodass eine scheinbar dreibeinige Fährte entsteht. Bei völliger Überdeckung der Abdrücke zieht sich eine paarweise Fährte wie Stiche durch die Landschaft. Wegen der relativ kurzen Beine und der tief liegenden Körper ziehen sie in tiefem Schnee oft eine Furche – die Abdrücke sitzen am Grund dieser Furche.

Die Fährte der **Dachse** lässt sich vermutlich am leichtesten von denen aller mittelgroßen Säugetiere bestimmen: Alle fünf Zehen sind mit den Krallen deutlich erkennbar. Die Trittsiegel der Hinterfüße sind 6 × 5 cm, die der Vorderfüße 6 × 5,5 cm groß – gemessen mit den Krallen. Der große Ballen hinter den Zehen ist breit und rundlich-nierenförmig, die Abdrücke der Zehen sind davor in einem flachen Bogen angeordnet.

Dachse trotten und hinterlassen eine auffallende Fährte von sich teilweise überdeckenden Abdrücken mit deutlichem Querabstand. Die Fußsohlen sind leicht nach innen gerichtet, die Schrittlänge beträgt nur 15 cm. Trabende Dachse hinterlassen eine ähnliche Fährte, allerdings mit größerer Schrittlänge.

Dachsfährten sind von allen Arten der Marderartigen am häufigsten zu finden. Alle Zehen sind sichtbar und zeigen nach vorn, beim Gehen tritt der Hinter- über den Vorderfuß.

Dachs

Im Galopp bewegt der Dachs sich hüpfend und hinterlässt, wie die anderen Mitglieder seiner Familie, Abdrücke in Vierergruppen mit 40 cm Abstand.

Der Baummarder hinterlässt eine Fährte aus Abdrücken in Vierergruppen – seine Hinterbeine landen im nächsten Sprung neben den Abdrücken der Vorderpfoten.

Hermelin, Marder, Iltis und Mauswiesel haben spinnenartige Trittsiegel, ein Daumen ist nur bei sehr guten Spuren zu sehen. Die Vorderpfoten hinterlassen größere und stärker abgerundete Abdrücke als die Hinterpfoten. Insgesamt sind Fährten selten und meist im Schnee zu finden. Eine Unterscheidung zwischen den Arten ist kaum möglich, lediglich das Mauswiesel hat deutlich kleinere Abdrücke und eine geringere Schrittlänge.

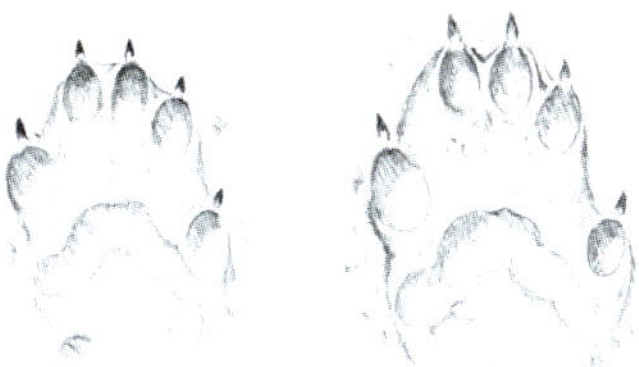

Baummarder

Die Chancen stehen gut, im Uferschlick und Schlamm, vor allem unter Brücken, Fährten von **Fischotter und Nerz** zu entdecken. Die Abdrücke von Nerzen gleichen denen der Iltisse und domestizierten Frettchen. Die Trittsiegel von Fischottern sind fast doppelt so groß, und unter guten Bedingungen sind die Schwimmhäute zwischen den Zehen zu sehen.

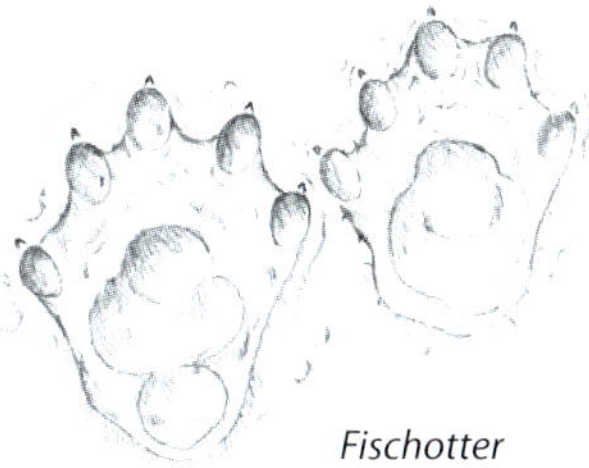

Fischotter

Die Fährten von Fischottern finden Sie an Fluss- und Teichufern, wo die Tiere das Wasser verlassen und umherlaufen. Bis sich ein Tier in den charakteristischen Sprüngen mit Abdrücken in Vierergruppen bewegt, muss es Geschwindigkeit aufnehmen.

Größe der Trittsiegel und Schrittlängen einiger europäischer Säugetiere

Art	Größe der Trittsiegel	Schrittlänge
Vielfraß *(Gulo gulo)*	14–18 × 10–13 cm	Gehen 15–60 cm, Trab 35–50 cm, Galopp 90 cm
Dachs *(Meles meles)*	vorne 6 × 5,5 cm hinten 6 × 5 cm	Gehen 15–20 cm, Springen 40 cm
Fischotter *(Lutra lutra)*	vorne 6,5 × 7 cm hinten 6 × 9 cm	Gehen 35 cm, Galopp 50 cm, Springen 80 cm
Baummarder *(Martes martes)*	vorne 4 × 3,7 cm hinten 4,5 × 3,5 cm	Gehen 50 cm, Springen 60–90 cm
Steinmarder *(Martes foina)*	vorne 4 × 3,7 cm hinten 4,5 × 3,5 cm	Gehen 30 cm, Springen 40–60 cm
Amerikanischer Nerz *(Neovison vison)*	vorne 3,5 × 3 cm hinten 4 × 4,5 cm	Gehen 25 cm, Springen 30 × 40 cm
Iltis *(Mustela putorius)*	vorne 3,5 × 3 cm hinten 4 × 4,5 cm	Gehen 25 cm, Springen 60 cm
Hermelin *(Mustela erminea)*	vorne 2 × 1,5 cm hinten 3,5 × 1,5 cm	Galopp 20 cm, Springen 30–50 cm
Mauswiesel *(Mustela nivalis)*	1,4 × 1 cm	Galopp 25 cm, Springen 25–30 cm

Ein Fuchs jagt einen Nerz, dabei entstehen zwei Fährten im Schnee.

Ausnahmen

Einige Tierarten hinterlassen Trittsiegel und Fährten, die sich nicht in die oben beschrieben Gruppen einordnen lassen. Dabei handelt es sich entweder um hoch spezialisierte Tierarten, oder sie stellen Ausnahmen in der Region dar.

Igel sind Insektenfresser, die häufig vorkommen. Sie hinterlassen Fußabdrücke, die denen einer Spitzmaus nicht unähnlich sind, wenn auch größer. Viele Merkmale ihrer Trittsiegel gelten auch für Spitzmäuse: fünf Zehen, die jeweils mit einer kleinen, spitzen Kralle enden, der Daumen wird nur auf geeignetem Untergrund abgebildet. Vorder- und Hinterpfoten haben etwa die gleiche Größe. Da die Abdrücke der Hinterfüße weniger gespreizt sind und die Zehen nach vorn zeigen, wirken sie größer als die Abdrücke der Vorderpfoten.

Im schlendernden Passgang beträgt der Querabstand der Abdrücke mehr als 6 cm. Die Zehen weisen leicht nach innen, die Schrittlänge beträgt 2–3 cm. Im Lauf überdecken sich die Abdrücke immer stärker. Bei voller Geschwindigkeit tritt ein Igel mit den Hinter- sogar etwas über die Vorderpfoten hinaus.

Fährten von **Maulwürfen** sind selten und dann sehr rätselhaft. Ich habe überhaupt erst eine Maulwurffährte gesehen, als Hochwasser die Maulwürfe aus ihrem üblichen Lebensraum vertrieben hatte. Sie schleifen mit dem Bauch über den Boden, doch die Anordnung und das Auszählen der Trittsiegel ist schwierig. Ihre Vorderbeine sind Grabwerkzeuge, die im Schultergelenk nur wenig Bewegungsfreiheit haben. Daher setzen sie ihre Vorderfüße mit der Vorderkante auf und drücken eine Reihe bogenförmiger Abdrücke in den Boden, an denen die winzigen Löcher der fünf langen Krallen besonders auffallen. Die Hinterfüße haben fünf lange, dünne, nach vorn weisende Zehen. Maulwürfe machen mit den Vorderbeinen oft mehrere kleine Schritte, bevor die Hinterbeine nachgezogen werden.

Links: *Da Igel in der Nähe von Menschen leben, kann man ihre Fährten ziemlich häufig sehen. Sie sind so charakteristisch, dass Sie sich das Bild einprägen sollten.*

Ich habe erst eine gute Maulwurfsfährte entdeckt – im feuchten, weichen Schlamm eines überfluteten Feldes, wo die Vorderfüße merkwürdige Abdrücke hinterlassen hatten.

Oben (beide): Seehunde schleifen ihren Körper über den Boden. Sie hinterlassen eine flache Rinne, beiderseits mit Abdrücken der Vorderflossen.

Die hoch spezialisierten **Fledermäuse** verbringen die meiste Zeit in der Luft und hinterlassen keine Fährten. Gelegentlich findet man jedoch Abdrücke an ihrem Schlafplatz oder neben einer Pfütze. Achten Sie auf die paarweise angeordneten Hinterfüße, sie weisen meist von der Mittellinie weg und werden von diversen Kratzern und Rillen begleitet, die von den Flügeln stammen. Der Daumen drückt sich punktförmig an einer Stelle ein.

Da **Seehunde** mit ihrem Körper über den Boden schleifen, hinterlassen sie eindeutige Fährten, die an die Raupenspuren von Panzern oder Baggern erinnern. Außerdem sind ihre unverwechselbaren Fährten auf Flussmündungen, sandige oder Wattküsten beschränkt. Ihr Körper, der auf Hydrodynamik, Schwimm- und Steuerbewegungen im Wasser optimiert ist, macht sie an Land unbeholfen. Da sie ihren massigen Körper nicht anheben können, müssen sie ihn hauptsächlich mit den Vorderflossen über den Boden ziehen. Dabei hinterlassen Seehunde eine breite, flache Rinne, beiderseits davon drücken sich paarweise die beiden Flossen ab.

Bären hinterlassen die größten Trittsiegel in Nordeuropa – sie zu erkennen ist keine Kunst. Die Fährten der beiden europäischen Bärenarten – Braun- und Eisbär – lassen sich eindeutig zuordnen. Außerdem kommen sie in unterschiedlichen Lebensräumen vor. Eisbären sind die größten Landraubtiere der Erde mit Trittsiegeln von über 30 × 20 cm. Der Europäische Braunbär hat Trittsiegel von 23–30 × 17 cm. Bären bewegen sich mit einer Schrittlänge von bis zu 150 cm in schlingerndem Passgang. Die Zehen sind nach innen gerichtet, und die Abdrücke überdecken sich nicht, außer beim Rennen.

Braunbären machen die größten Fußabdrücke in Europa, kein anderes Tier prägt bis zu 30 cm lange Trittsiegel in den Boden.

Paarhufige Säugetiere

Da ein Fährtensucher meistens auf die Abdrücke der harten Teile eines Fußes angewiesen ist, sind die Fährten von Paarhufern, die von Klauen oder Schalen gebildet werden, einfacher zu bestimmen.

Hirschwild zieht meist auf den gewohnten Routen zu den Weideplätzen. Diesen Wildwechsel haben Damhirsche getrampelt.

Rotwild

Rotwild hinterlässt eine saubere Fährte, die Trittsiegel drücken sich mit kurzem Abstand beiderseits einer Mittellinie ein.

Elche sind die größten Vertreter der Paarhufer. Sie leben in Nordeuropa und hinterlassen riesige Trittsiegel: Die Klauen eines großen Elchbullen sind länger als 15 cm – mit der Afterklaue bis zu 26 cm lang – und sehr markant. Verwechselt werden können sie allenfalls mit den Fußabdrücken von Hausrindern. Während jedoch die Trittsiegel von Rindern eher rundlich aussehen, wirken Elchabdrücke fast rechteckig. Im Unterschied zu Rindern zeichnen sich bei Elchen manchmal die Afterklauen ab. Die Zehenpolster reichen bis zu den Spitzen der Klauen.

Im schnellen Lauf oder an Hängen spreizen sich die Klauen, sodass der rechteckige Eindruck verloren geht. Die Klauen von Jungtieren sind etwas rundlicher geformt.

Die Schrittlänge mit sich teilweise überdeckenden Abdrücken beträgt beim Gehen 90–100 cm. Im Trab nimmt sie auf 150 cm zu, es gibt keine Überdeckung mehr. Im schnellen Lauf vergrößert sie sich auf etwa 300 cm, die Füße drücken sich in separaten Gruppen ab.

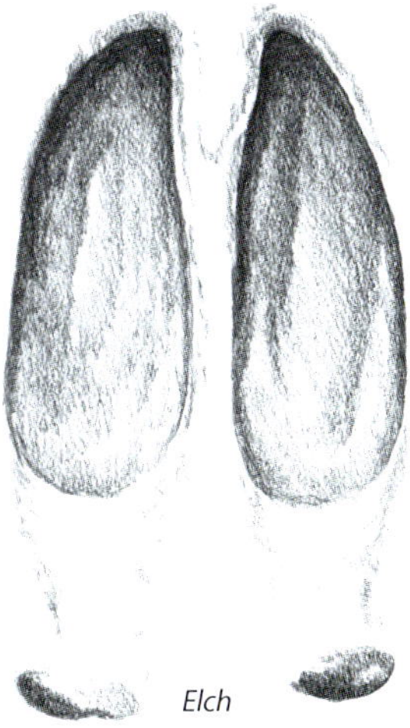

Elche hinterlassen die größten Trittsiegel aller europäischen Huftiere. Da die Klauen (Zehen) häufig gespreizt sind, sehen die Abdrücke sogar noch größer aus.

Rentiere leben ausschließlich im hohen Norden, wo sie auch als Nutztiere gehalten werden. Ihre Trittsiegel sind etwa 14 cm lang, die Afterklauen sind immer sichtbar. Da Rentiere ihre Hufe wie Schneeschuhe einsetzen, wirken ihre Abdrücke im Vergleich mit denen anderer Paarhufer groß und flach. Die Abdrücke der Klauen sind außen konvex und innen konkav gebogen, die Spitzen der Klauen sind rundlich und gewölbt – der Umriss erscheint groß und rund.

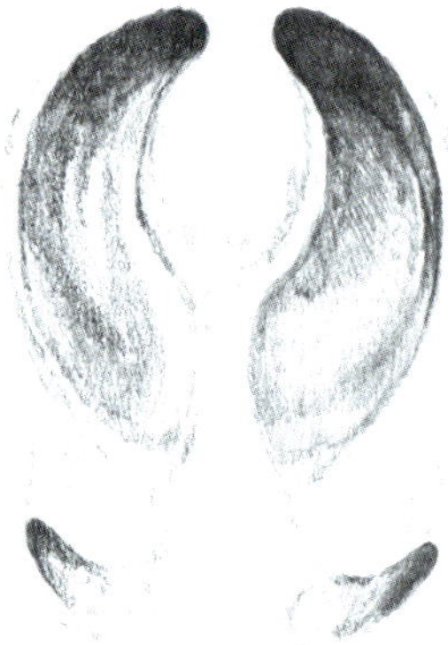

Rentier

Gehende Rentiere haben eine Schrittlänge von 50–60 cm, sie setzen die Hinterfüße in die Abdrücke der Vorderfüße. Im Trab wird die Schrittlänge kürzer, und die Überdeckung geht verloren. Im Galopp drücken sich die Füße als Vierergruppen mit 200 cm Abstand ab.

Die Trittsiegel von **Rothirschen** sind 7,8 × 6 cm groß. Sie haben breite, außen gebogene, innen gerade Schalen. Die dicke äußere Schalenwand ist kräftig ausgebildet, die fleischigen Abdrücke der Ballen meist gut zu sehen. Die Afterklauen drücken sich nur im Schnee und in tiefem Schlamm ein.

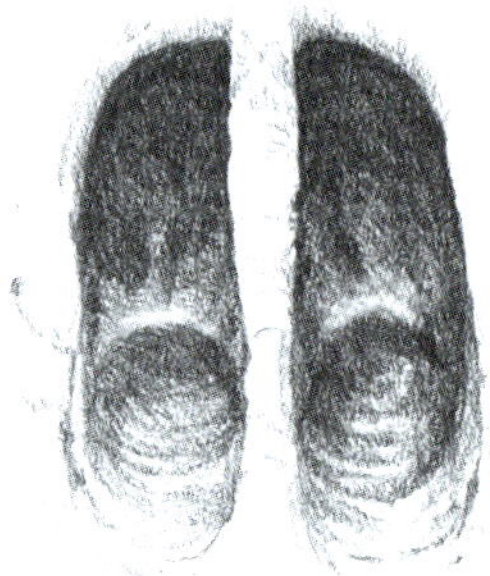

Rothirsch

Im Unterschied zu anderen Arten spreizen sich die Schalen nicht.

Beim Gehen mit einer Schrittlänge von 80–150 cm drücken sich die Füße mit geringem Abstand von der Mittellinie ein und überdecken sich in unregelmäßigen Abständen. Im Trab nimmt die Schrittlänge auf 200–300 cm zu, die Abdrücke streuen stärker und überdecken sich nicht mehr.

Wie von einem leichtfüßigen Tier nicht anders zu erwarten, hinterlassen gehende Rothirsche saubere und gerade Fährten, die Abdrücke überdecken sich teilweise und sind kaum gespreizt.

Sikahirsche machen etwa 6 cm große Trittsiegel, die mit runder Außenseite und zugespitzten Schalen an eine Tulpe erinnern. Vorn sind die inneren Wände konkav gewölbt. Häufig drücken sich nur die dicken äußeren Schalenwände als Schlitz in den Boden, sodass die Trittsiegel sehr dünn und gespreizt wirken. Die sehr eng nebeneinander liegenden Afterklauen sind nur in tiefem oder rutschigem Untergrund zu sehen.

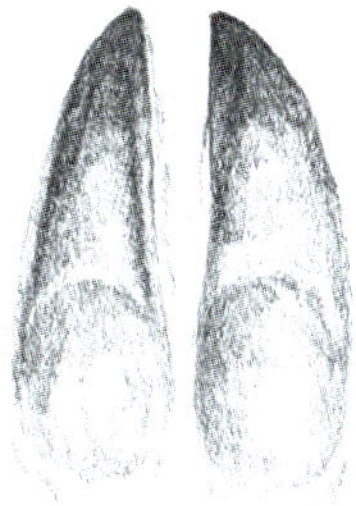

Sikahirsch

Die Fährte gleicht der anderer Hirscharten: Es gibt einen geringen Querabstand und eine fast perfekte Überdeckung der Abdrücke. Die Schrittlänge beträgt beim Gehen 100 cm, im Trab überdecken sich die Füße nicht mehr und treten paarweise auf.

Ausgewachsene **Damhirsche** hinterlassen 6,5 × 4 cm große Trittsiegel. Meistens sind die einzelnen Schalen sehr deutlich zu erkennen. Die Schalen drücken sich „wackelig" ab, und die Außenwand tendiert zu konkaver Form, die inneren Schalenwände sind auf ganzer Länge gerade bis leicht konvex. Die Schalen laufen spitz zu und sind leicht hakenförmig. Afterklauen sind nur gelegentlich, in tiefem Untergrund oder an Hängen, sehr klein und dicht nebeneinander zu sehen. Bei rutschenden, springenden und rennenden Tieren spreizen sich die Schalen, die Zehenpolster sind gut zu erkennen.

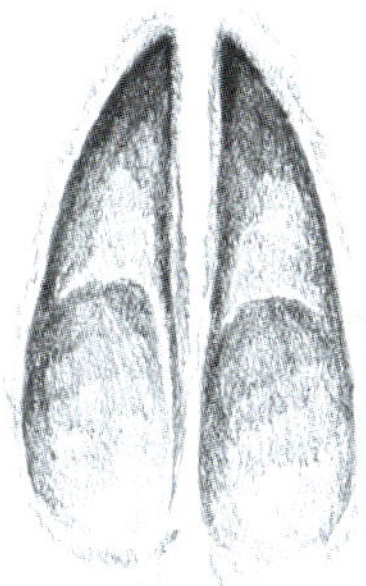

Damhirsch

In der Fährte liegen die Abdrücke nahe der Mittellinie, Hinter- und Vorderfüße überdecken sich fast perfekt. Beim Gehen beträgt die Schrittweite 60 cm, im Trab ziehen sich die Abdrücke auseinander und liegen dann paarweise nebeneinander. Im Galopp sind es Vierergruppen im Abstand von etwa 100 cm.

Rehe hinterlassen kleine Abdrücke von 5 × 4 cm Größe, die sehr schmalen Schalen laufen vorne spitz zu. Die äußere Schalenwand ist deutlich konvex, und die beiden Schalen streben vorne auseinander, sodass ein fast herzförmiges Trittsiegel entsteht. Die innere Schalenwand ist hinten konvex und vorn konkav. Die Zehenballen sind gut

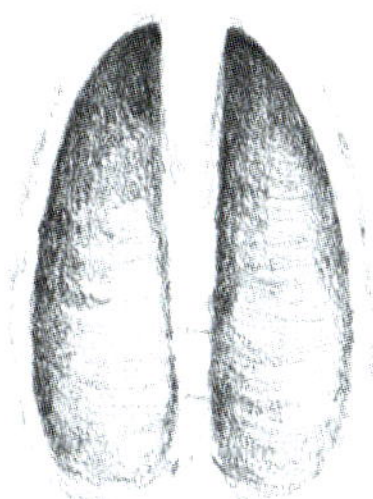

Reh

Damhirsche wurden nach Europa eingeführt, haben sich dann aber natürlich weiterverbreitet. Ihre Spuren lassen sich von anderen Hirscharten nur anhand der Größe der Trittsiegel und der Schrittlänge unterscheiden, es bedarf der Messung.

Hirsche halten an Gewohnheiten fest und benutzen stets den einfachsten Weg zwischen Weide- und Ruheplätzen – hier über eine Böschung. Wenn Sie genauer hinsehen, können Sie einzelne Schalenabdrücke unterscheiden.

Auf Wiesen werden die Pflanzen ständig niedergetreten und leiden unter zahllosen Fußtritten.

sichtbar, in weichem Boden auch die Afterklauen, dort spreizen sich die Schalen auseinander. Die Schrittlänge beträgt beim Gehen 40 cm, im Trab 60 cm und im Sprung 200 cm.

Damhirsche wurden nach Europa eingeführt, haben sich dann aber weiterverbreitet. Ihre Spuren lassen sich von anderen Hirscharten nur anhand der Größe der Trittsiegel und der Schrittlänge unterscheiden.

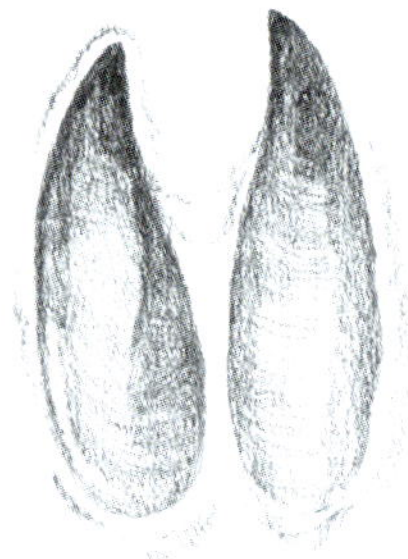

Chinesisches Wasserreh

Das **Chinesische Wasserreh** setzt 3–4 cm große, saubere, spitze Trittsiegel. Die inneren Schalenwände sind parallel bis leicht konvex. Der relativ große Abstand zwischen den Schalen sorgt für vergleichsweise breite Abdrücke.

Die Fährte ist typisch für Hirsche, die Schrittlänge beträgt beim Gehen 30–40 cm. Im Trab wird sie größer, und Abdrücke überdecken sich nicht länger. Im schnellen Lauf drücken sich Vierergruppe im Abstand von 100 cm ab.

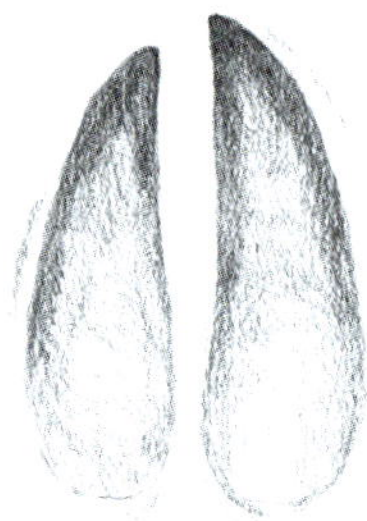

Muntjak

Die Schalen eines **Muntjaks** sind weniger als 2,5–3 cm lang und die innere ist meist kleiner als die äußere. Die Abdrücke sind schmal und die äußeren Schalenwände schwach konvex. Die inneren Wände laufen zur Spitze hin konkav zu. Afterklauen drücken sich nur an rutschigen Stellen, in tiefem Boden und an Böschungen ab. Die Schrittlänge beträgt beim Gehen 25–30 cm, im Trab spreizen sich die Schalen. Im Lauf nimmt die Schrittlänge auf über 100 cm zu.

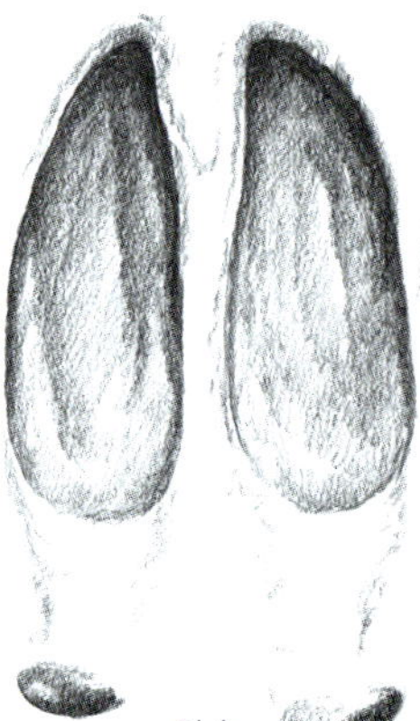

Elch

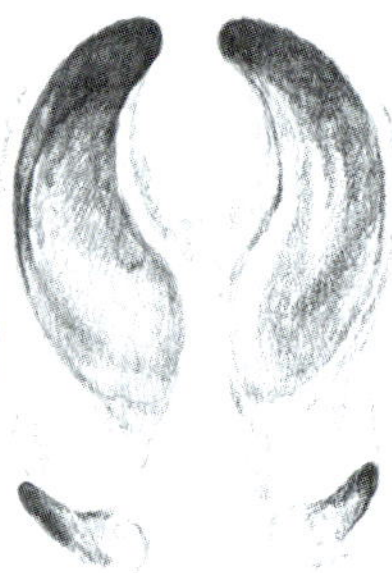

Rentier

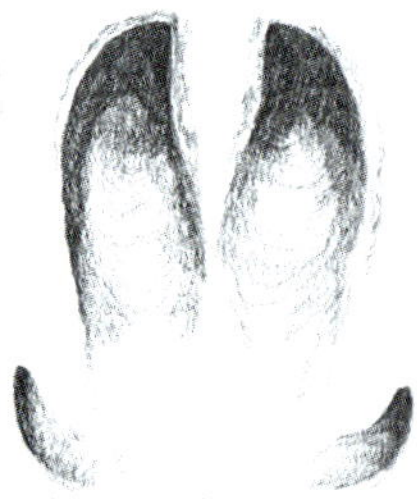

Wildschwein

Wildschweine

Ausgewachsene Tiere hinterlassen ein mit Afterklauen bis zu 12 cm langes und, gemessen über die Afterklauen, über 13 cm breites Trittsiegel. Im Unterschied zu den ähnlichen Abdrücken des Rotwildes drücken sich die Afterklauen immer ein, und bei ihnen ist der Abdruck am breitesten – der wichtigste Unterschied zu anderen Paarhufern. Die Schalen sind sehr breit und abgerundet, die äußere Wand ist konvex und die innere zur Spitze hin konkav. Da die Füße von Wildschweinen sehr flach sind, findet man regelmäßig auch zwischen den Schalen und Afterklauen deutliche Abdrücke der Fußsohlen.

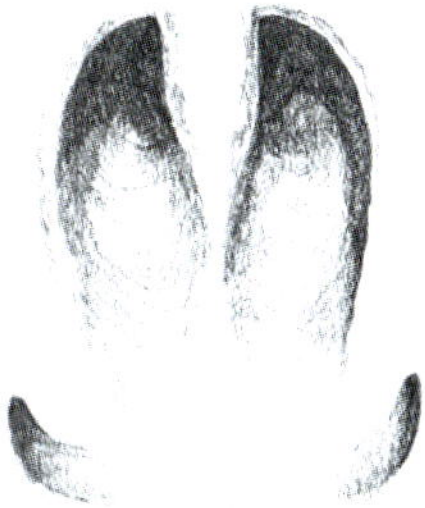

Wildschwein

Beim Gehen decken die Abdrücke der Hinterfüße die der Vorderfüße nahezu vollständig ab, nur die beiden Afterklauenpaare sind erkennbar. Die Füße sind leicht nach außen gerichtet, liegen aber eng beieinander beiderseits einer Mittellinie. Die Schrittlänge beträgt 40 cm, im Galopp drücken sich je vier Abdrücke mit einem Abstand von 70–80 cm ab.

Domestizierte Tiere

Die Menschen haben schon vor langer Zeit Schafe, Ziegen, Rinder und andere Tiere domestiziert. In einigen Regionen findet man ihre Abdrücke neben den Trittsiegeln wilder Paarhufer. Das kann für Verwirrung sorgen, und man muss – ähnlich wie bei Katzen und Hunde bei den Tieren mit Ballen – von vornherein ihre Spuren von denen der „wilden" Fährten trennen.

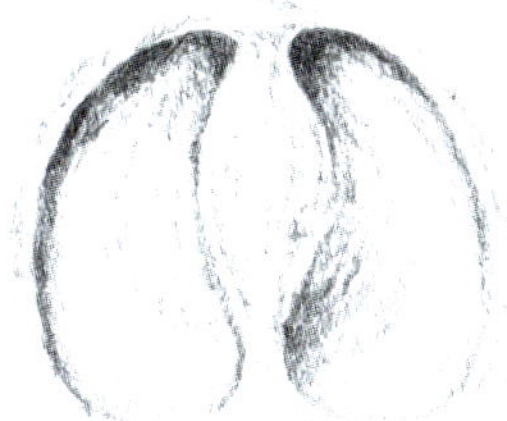

Rind

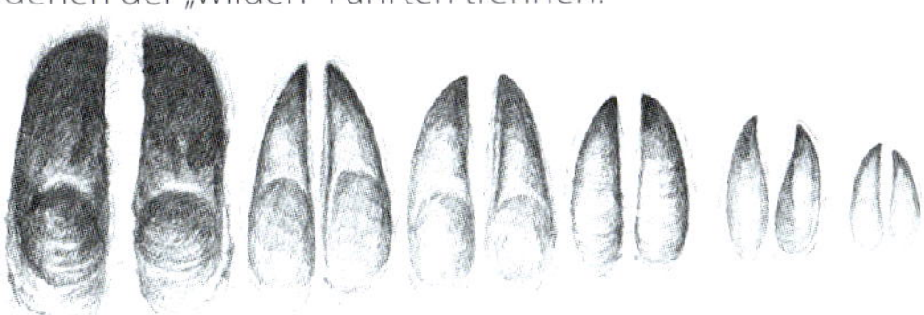

Rothirsch *Damhirsch* *Sikahirsch* *Reh* *Chinesisches Wasserreh* *Muntjak*

Wildschweine kommen in Wäldern nicht selten vor und sind in einigen Regionen sogar zahlreich vorhanden. Sie hinterlassen große Fußabdrücke und gehören zu den wenigen Paarhufern, deren Afterklauen in gut erhaltenen Fährten regelmäßig zu erkennen sind.

Prüfen Sie gegebenenfalls, ob eine Fährte von Haustieren stammen könnte. Rinder stellen eigentlich kein Problem dar, Schafe und Ziegen werden aber leicht mit Hirschen verwechselt.

Rinder hinterlassen mit etwa 10 cm Länge und Breite ausgesprochen große Trittsiegel, die Größen können allerdings stark variieren. Die Klauen der Hufe sind außen rund. Die innere Wand ist auf fast der ganzen Länge gerade, erst im Spitzenabschnitt wird sie abrupt konkav. Afterklauen zeigen sich nur an steilen Hängen oder wenn Kühe ausrutschen. Die Fährte ist breit mit großem Querabstand zwischen den Abdrücken, die Hufe überdecken sich nicht. Das einzige Wildtier Europas, das ähnliche Fährten macht, ist der Wisent, das runde Abdrücke mit tränenförmigen Klauen hinterlässt.

Fährte einer Kuh

Schafe hinterlassen 6 × 4,5 cm große Abdrücke. Da die Klauen vorn und hinten deutlich sichtbar abgerundet sind, unterscheiden sie sich von denen kleiner und mittelgroßer Hirschartiger. Mich erinnern Schafhufe immer an zwei längliche Nieren mit konkaven Innenwänden, die durch einen schmalen Spalt getrennt sind. Die Fährte ist schmal, die Abdrücke weichen kaum von einer Mittellinie ab und überdecken sich beim Gehen mit einer Schrittlänge von 70 cm. Im Trab sind einzelne, von der Mittellinie entferntere Abdrücke zu sehen, die Klauen spreizen sich, und die Schrittlänge nimmt zu.

Fährte eines Schafes

Die Abdrücke von Ziegen sehen ähnlich aus. Ihre Klauen sind aber stumpfer und vorne schmaler als hinten. Der Abstand zwischen den Klauenspitzen ist relativ groß, selbst wenn die Hufe nicht gespreizt sind. Ich finde es schwierig, die Trittsiegel von Haus- und Wildziegen zu unterscheiden, man muss die Umstände und andere Zeichen bei der Beurteilung einbeziehen.

Ziege

Unpaarhufige Säugetiere

Die Fährten von Pferden und Ponys zu bestimmen ist nicht besonders schwierig. Es kann allerdings interessant sein, die Gangart zu erkennen und zu analysieren, was die Tiere gerade machten, wie sie sich bewegten und ob sie beschlagen waren.

Im Geltungsbereich dieses Buches leben keine völlig wilden Unpaarhufer, allenfalls Herden von halbwilden Tieren.

Die pferdeartigen Trittsiegel sind unverwechselbar. Jeder dürfte die gebogene Form eines Pferde-, Pony- oder Eselhufes trotz sehr unterschiedlicher Größen unmittelbar erkennen. Der Abdruck nicht beschlagener Tiere besteht aus einer bogenförmigen Front und einer tiefen Kerbe am Ende. Bei beschlagenen Tieren zeichnet sich immer das Hufeisen ab.

Diese Abdrücke zeigen die Unterseite eines unbeschlagenen Eselhufes. Unbeschlagene Pferde und Ponys machen ähnliche Abdrücke.

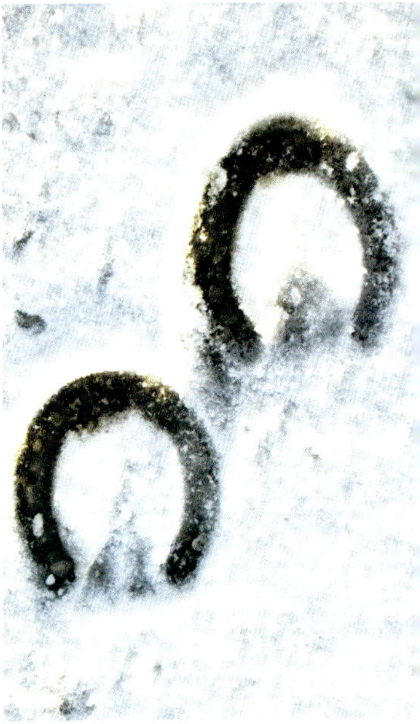

Mit Hufeisen beschlagene Hufe sind eindeutig zu erkennen.

Reptilien und Amphibien

Die „Herpetofauna" umfasst alle Amphibien und Reptilien. Der Begriff geht auf das griechische Wort *herpeton* (kriechendes Tier) zurück. Sofern die Tierart Beine besitzt, sitzen sie seitlich am Körper. Da sie das Körpergewicht nicht voll unterstützen, bewegen sich Reptilien und Amphibien nicht so effizient wie Säugetiere, Zehen und Füße gleiten eher aus. Häufig ist in einer Fährte die Schleifspur des Bauches zu sehen und bei Eidechsen und Molchen auch Spuren des Schwanzes.

Im sandigen Boden von Heiden, Dünen oder Stränden zeichnen sich gelegentlich die Fährten von Eidechsen ab. Die dünne, leicht geschwungene Linie stammt vom schwingenden Schwanz, beiderseits davon sind die im Kreuzgang gesetzten Tritte der Füße zu sehen.

Frösche und Kröten

Die Füße von Fröschen, Kröten und Eidechsen sind mit Höckern bedeckt. Diese haben die gleiche Aufgabe wie die Ballen der Säugetiere und Vögel, sind aber nur selten im Detail zu erkennen. Gelegentlich erkennt man Schleifspuren der langen, weit auseinander stehenden Zehen. Auf den ersten Blick erinnern die Abdrücke einer laufenden Kröte an die eines Vogels, doch beim genauen Hinsehen sind es keine echten „Abdrücke", sondern nur Schleifspuren der Zehen. Die äußeren Abdrücke und solche mit Warzen stammen gewöhnlich von den Hinter-, die in der Mitte von den Vorderfüßen.

Kreuzkröten halten sich zwischen Dünen auf, mit etwas Glück stößt man auf ihre Fußspuren, deren Form an Tintenspritzer erinnert. Die Zehen erzeugen die „fließenden" Formen, sie werden zu den Zehenspitzen hin breiter.

Hüpfende Frösche oder Kröten drücken sich stärker mit den Hinterbeinen ein, die kleineren Dellen stammen von den Vorderfüßen. Ausgewachsene Grasfrösche und Erdkröten hinterlassen 2–2,8 cm lange Fußabdrücke. Die Fährte gleicht in ihrer Gesamtheit der einer hüpfenden Maus oder eines Kaninchens, ist allerdings deutlich kleiner.

Froschfährten findet man selten, beispielsweise an Tümpeln in den Dünen oder auf feinem Schlick. Beim Hüpfen und Landen spritzt der Untergrund zur Seite, dann sind ihre Abdrücke sehr unsauber. Die Fährten laufender Kröten sehen aus wie Eidechsenfährten ohne Schwanzlinie.

Molche

Die Trittsiegel von Molchen unterscheiden sich nicht wesentlich von Frosch- und Krötenabdrücken, sind aber viel kleiner. Ein Kammmolch hinterlässt mit 8 mm bereits einen großen Abdruck, die meisten sind viel kleiner.

Da Molche im Unterschied zu Fröschen und Kröten einen Schwanz besitzen, den sie hin- und herschwingen, ziehen sie eine schmale Rinne in den Boden, fast wie eine Schlange. Die paarigen Fußabdrücke rechts und links überdecken sich nicht.

Eidechsen

Eidechsenschwänze sind nicht so biegsam wie Molchschwänze, was einen charakteristischen Unterschiede zwischen den Fährten hervorruft. Eidechsen ziehen ihren Schwanz in sauberer, fast gerader Linie über den Boden. Beiderseits davon sind normalerweise die Fußabdrücke als parallele Reihen von Dellen zu sehen. Die Anordnung der Zehen prägt sich dagegen nur auf sehr feinem Staub ein. Die Trittsiegel sehen aus wie Reihen von Kerben von meist nur vier der fünf Zehen.

Molche hinterlassen selten Fährten, allenfalls auf glattem Schlamm.

Schlangen und beinlose Echsen

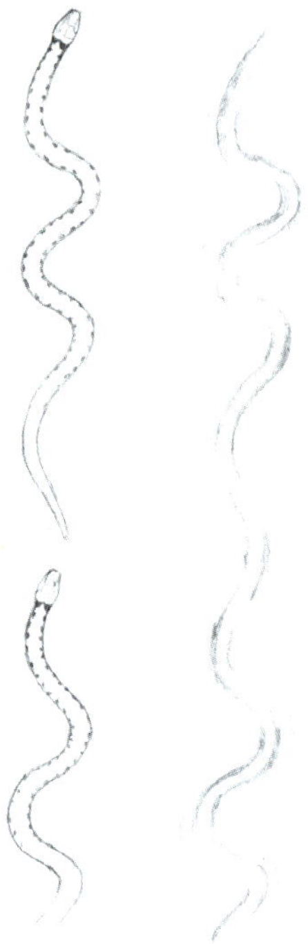

Schlangen und beinlose Echsen bewegen sich auf dieselbe Art und Weise. Charakteristisch sind seitliche Schlängelbewegungen, bei denen die Erde zu kleinen Wülsten gegen die Bewegungsrichtung zusammengeschoben wird.

Einige Tiere hinterlassen zwar Fährten, aber keine Trittsiegel. Beinlose Echsen, wie die Blindschleiche, bewegen sich ähnlich wie Schlangen. Ich habe noch nie eine Fährte entdeckt, die ich eindeutig einer Blindschleiche zuordnen konnte, aber ich habe gesehen, dass sie sich schlängelnd bewegen. Schlangen bewegen sich in drei unterschiedlichen Bewegungsmustern voran – jedes hinterlässt eine charakteristische Fährte auf dem Boden. Viele Schlangen wechseln je nach den herrschenden Bodenverhältnissen zwischen den Bewegungsmustern.

Beim **Schlängeln,** dieser auch Undulation genannten besonders typischen Bewegung vieler Schlangen, biegen die Tiere ihren Körper in eine S-Kurve, beginnend am Kopf. Sie drücken mit den Schuppen gegen natürliche Widerlager am Boden – Steine oder Zweige – und schieben ihren gebogenen Körper nach vorn. Dabei drückt der Schlangenkörper lockeres Material zu einem Wulst zusammen. Diese Wülste bilden die charakteristische wellige Fährte, die Bewegungsrichtung weist von den Erdwülsten weg.

Das **Ziehharmonika-Kriechen** ist ein Bewegungsmuster, mit dem Schlangen sandige Hänge überwinden. Ich habe Kreuzottern und Ringelnattern dabei beobachtet: Sie krümmen ihren Körper in enge Querfalten und strecken den Kopfabschnitt nach vorn, während sie sich mit den Querfalten hinten abdrücken. Dann krümmen sie den mittleren Teil des Körpers in die Höhe, ziehen ihr Hinterende nach und wiederholen den Bewegungsablauf. Dabei wird der Boden merkwürdig flachgedrückt und der Sand zu glatten, gebogenen Wülsten zusammengeschoben.

Raupenbewegung wenden Schlangen an, wenn sie sich auf einem ebenen Untergrund fortbewegen und dabei einer mehr oder weniger geraden Linie folgen. Dann kontrahieren sich die Muskelgruppen in Wellen über ihren Körper – die Bauchschuppen krallen sich regelrecht im Boden fest. Dabei hinterlassen Schlangen eine mehr oder weniger gerade Linie, von Zeit zu Zeit unterbrochen von ein paar Schlängelbewegungen.

Blindschleichen kriechen wie Schlangen in offenem Gelände in der charakteristischen Schlängelbewegung.

Geisterfährten

Es gibt in der Tat Fährten ohne eigentliche Abdrücke. Sie sind zwar gut sichtbar, aber meist kurzlebig. Ein guter Fährtensucher sollte folglich mit offenen Augen auch auf kleinste Anzeichen achten.

Manchmal zeigt sich eine Fährte nur als Linie durch den Bewuchs. Ohne weitere Hinweise ist es schwer, das Tier zu identifizieren, von dem die Fährte stammt.

Tiere, die über eine taufeuchte Wiese laufen, streifen die Tautropfen vom Gras – die Fährte zeichnet sich dadurch ab.

Matt im Glanz

Manche Fährten erscheinen tatsächlich matt, sie treten nur zu ganz bestimmten Tageszeiten und unter speziellen Wetterbedingungen auf. Wenn die Sonne früh morgens auf eine Wiese mit nächtlichem Tau scheint, zeigt sich die Fährte als matter Streifen im glitzernden Gras. Ein Tier, das über die feuchte Wiese lief, hat die Tautropfen von den Grashalmen geschüttelt oder gestreift und damit eine vergängliche Fährte hinterlassen. Das Gleiche passiert auch bei Raureif. Die Herausforderung besteht darin, den Verursacher der Geisterfährte zu bestimmen.

Ein guter Fährtenleser erkennt auch Geisterfährten: Das Tier hat die Pflanzen, meist Gräser, so verschoben, dass sie das Licht anders reflektieren als der übrige Bewuchs.

Manche Tiere treten die Blätter auf dem Boden beiseite. Während solche Fährten im Wald kaum sichtbar sind, hinterlässt dieses Reh deutlich erkennbar Erde und Blätter auf der Straße.

Man kann anfangs allenfalls auf die Breite des Tieres schließen. Ich folge solchen Spuren, bis ich weitere Indizien finde: einen Fußabdruck auf weicherem Boden, Fellreste an einer Hecke oder einen Kothaufen auf der Fährte.

Ein anderer Effekt tritt an hellen Tagen auf, wenn die Landschaft flach und gleichförmig aussieht. Ein Tier, das jetzt über eine Wiese läuft, kann die Grashalme in einem anderen Winkel aufstellen, sodass sie das Sonnenlicht reflektieren – ebenfalls eine Geisterfährte. Achten Sie im Wald auf „verschobene" Blätter. Tiere, die über das Herbstlaub gehen, drücken die Blätter nicht nur mit jedem Tritt nach unten, sondern verschieben sie auch leicht horizontal, wenn sie die Füße nach vorn bewegen.

Ausgetretene Pfade

Manchmal benutzen Tiere eine Wegstrecke so regelmäßig, dass sich ihre Fährten als breiter Wildwechsel dauerhaft einprägen. Das Foto zeigt einen typischen Wildwechsel von Damhirschen zwischen Ruhe- und Weideplatz.

Manche Wildwechsel werden so intensiv genutzt, dass die Füße der Tiere einen Pfad in den Boden geprägt haben. Sollten Sie auf einen solchen Pfad stoßen, folgen Sie ihm und suchen Sie nach weiteren Hinweisen. Das kann beispielsweise eine Hecke sein, die von Dachsen oder anderen Tieren regelmäßig und häufig durchquert wurde, bis die Zweige glatt gescheuert waren, oder eine steile Böschung, die abgetragen wurde. In der Umgebung solcher Stellen tauchen stets weitere Indizien auf, wie Kratzspuren von Krallen, aber auch Haare, die an Sträuchern oder Zäunen abgerissen wurden. Wenn Sie ihre Handfläche befeuchten und vorsichtig auf den Boden drücken, bleiben daran weitere Haare haften. Durchquert der Pfad dichtes Gestrüpp oder führt sogar unter einem tiefen Ast durch, deutet die Größe des Durchgangs auf den Verursacher – Rehe werden sich kaum unter einem weniger als 50 cm hohen Ast durchquetschen.

Manchmal ist es schwierig, die regelmäßigen Benutzer eines Pfades zu identifizieren, denn alle Tiere folgen gerne dem schnellsten und leichtesten Weg zwischen zwei Punkten. Daher werden dauerhafte Wildwechsel von vielen Tierarten, aber auch von Menschen gerne angenommen.

Dachse treten mit ihren breiten Füßen rasch einen deutlich sichtbaren stabilen Pfad aus.

Wer hat hier gefressen?

Ein Futterplatz kann sich durch einen Kadaver, eine zerbrochene Feder, abgefressene Blätter, aber auch durch Knochen oder zerbissene Zapfen verraten. Ein Fährtenleser muss erkennen, ob ein Gegenstand angeknabbert oder zerkaut wurde. In diesem Kapitel stelle ich die Indizien vor, mit denen sich ein Tier verrät.

Diesen Ginsterstrauch haben Ponys verwüstet. Er wurde eingedrückt, und Zweige wurden abgebissen. Leider sind die Indizien nicht immer so eindeutig.

Bäume und Sträucher

Pflanzenfresser hinterlassen die bei weitem häufigsten Fraßspuren. Wenn diese eine ganze Landschaft prägen, sind sie aber häufig erst aus einiger Entfernung zu erkennen.

Achten Sie in wildreichen Regionen auf die Fraßlinien. Sie liefern Hinweise auf die Tierart und die Größe der Population.

Fraßlinien

Große Populationen von Blattfressern bedienen sich an der vorhandenen Vegetation, so hoch sie hinaufreichen können – bis zur sogenannten Fraßlinie. Ein dichter Hirschbestand wird in einem Wald praktisch jeden Zweig und jedes Blatt bis zu einer bestimmten Höhe über dem Boden abweiden. Auch der Unterwuchs wird vollständig abgeweidet, sodass schließlich nur die nackten, dicken Stämme und jene beblätterten Zweige übrig bleiben, die außer Reichweite der hungrigen Hirsche wachsen. Dieses Phänomen lässt sich besonders gut an Stämmen mit Efeu beobachten, denn Hirsche lieben die dunkelgrünen, glänzenden Blätter. Nicht alle Fraßlinien fallen sofort ins Auge, da viele Tiere

Hier wurden alle erreichbaren zarten Blätter und Knospen abgefressen – so hoch die Tiere eben reichen konnten.

kleiner sind als die menschliche Augenhöhe. Gehen Sie deshalb in einigem Abstand von den Bäumen in die Knie.

Jeder Pflanzenfresser kann entsprechend seiner Größe eine Fraßlinie erzeugen. Bei Kaninchen und Hasen liegt sie in 40–50 cm Höhe, beim kleinen Muntjak etwa bei 100 cm, dann folgen Rehe, Damhirsche und Sikahirsche, die bis zu 150 cm hoch reichen. Rothirsche bringen es bis auf 200 cm. Wenn Pferde und Ponys ihre langen Hälse strecken, schaffen sie noch höhere Fraßlinien. Manchmal werden Sie im selben Lebensraum sogar mehr als eine Fraßlinie entdecken.

Die unaufhörlich mümmelnden Kaninchen können ganze Landschaften prägen – denken Sie an Küstenebenen oder große Grasflächen. Vor allem in der Nähe ihrer Baue halten sie das Gras sehr kurz – jedes Raubtier ist so weithin sichtbar. Durch das ständige Abweiden wird das Gras zu neuem Wuchs angeregt, frisches Grün ist nährstoffreicher als alte Grasbüschel. In einigen Regionen Großbritanniens, wo das Muntjak eingeführt wurde, ist dessen Population so stark angestiegen, dass es weite Flächen des atlantischen Hasenglöckchens vernichtet hat.

Oben: *Efeu ist ein begehrtes Winterfutter. Obwohl man in diesem Wald nie ein Reh zu Gesicht bekommt, wurde der Efeu überall bis zur genau gleichen Höhe abgefressen.*

Unten: *Kaninchen sind unermüdliche Grasfresser und können das Aussehen ganzer Landstriche verändern – erstaunlich für ein relativ kleines Tier.*

Aus der Entfernung fallen in manchen Wäldern scheinbar jüngst abgestorbene Bäume auf. Wenn man sie im Frühling und Sommer untersucht, wird deutlich, dass nicht der ganze Baum, sondern nur die Krone abgestorben ist. Im Leitgewebe (Xylem und Phloem) werden Wasser und Nährstoffe transportiert, auch das Wachstumsgewebe (Kambium) ist nährstoffreich. Diese Nahrungsquelle haben Eichhörnchen als besonders anpassungsfähige Nagetiere für sich entdeckt. Wenn sie das Leitgewebe anknabbern, sterben die Blätter ab. In Großbritannien haben insbesondere die eingeführten Grauhörnchen ihre Vorliebe für das Kambium von Baumarten mit dünner Rinde Ahorn und Buchen, aber auch jungen Eichen, bevor ihre Rinde zu dick wird entdeckt. Die Eichhörnchen schälen die Baumrinde mit ihren Nagezähnen ab und fressen das süße, saftige Gewebe darunter. Diese unglückliche Vorliebe für Baumsäfte hat die Grauhörnchen sehr unbeliebt gemacht, in der Forstindustrie verursachen sie jedes Jahr Millionenschäden.

Eichhörnchen, insbesondere die eingeführten Grauhörnchen, schädigen Bäume und den Wald. Sie schälen die Rinde ab, um an das nahrhafte, weiche Gewebe darunter zu gelangen.

Abgebissene Zweige

Ein Zweig, den ein Reh abgebissen hat, sieht völlig anders aus als ein Zweig, der im Vorbeigehen abgebrochen oder mit einer Astschere abgeschnitten wurde. Bei Hirschen drücken die Schneidezähne des Unterkiefers gegen den knöchernen Gaumen, die oberen Schneidezähne fehlen. Ein Reh nimmt den Zweig ins Maul, beißt von unten zu und reißt den Zweig vorsichtig ab. Damit ist an der Bissstelle neben dem sauberen Schnitt der Schneidezähne unten am Zweig immer auch ausgefranstes Holz zu sehen. Die Höhe der Abrissstelle verrät ungefähr, welche Hirschart das Gehölz abgeweidet hat, obwohl es natürlich zwischen den Arten Überschneidungen gibt. Die Hirsche aller Arten weiden am liebsten die Zweige in Kopfhöhe ab, möglichst ohne sich bücken oder recken zu müssen.

Da Hirsche nur im Unterkiefer Schneidezähne haben, hinterlassen sie charakteristische Bissspuren.

Die Zweige am Boden stammen von weidenden Hirschen. Sie haben sich weit nach oben gereckt und die langen, dünnen Zweige der Hecke abgerissen.

Unten: *Kaninchen haben Schneidezähne im Ober- und Unterkiefer, die gegeneinander arbeiten. Die Bissstelle ist so glatt wie mit einer Astschere abgeschnitten.*

Kaninchen und **Hasen** geben sich meist mit Blättern und Knospen zufrieden, stellen sich aber auch mal auf die Hinterbeine, um einen Zweig zu erreichen. Neben der Höhe ist die Art des Schnittes charakteristisch: Kaninchen und Hasen tragen, anders als Hirsche, Schneidezähne im Ober- und Unterkiefer. Sie arbeiten wie die Klingen einer Schere gegeneinander und hinterlassen eine sehr saubere Schnittfläche ohne raue oder zerfaserte Stellen.

Rechts: *Um Hasen und Kaninchen zu unterscheiden, muss man nicht unbedingt die Bissstelle untersuchen. Kaninchen fressen näher am Boden als Hasen.*

SCHÄLEN

Dieser Umweltvandalismus wird von männlichen Hirschen, also den Geweihträgern, verübt – lediglich bei den Rentieren tragen auch Weibchen ein Geweih. Das Geweih wird als Demonstration der Kraft präsentiert und dient den Testosteron-gesteuerten Männchen in der alljährlichen Brunft als Waffe bei Rangkämpfen um die Kühe. Geweihe werden jedes Jahr abgeworfen und wachsen – in der Regel größer – wieder nach.

Sobald das alte Geweih abgeworfen ist, wächst das neue, überzogen von einer samtigen, weichen Hautschicht, dem Bast, nach. Nach Abschluss des Wachstums trocknet der nährende Bast aus und löst sich in Fetzen ab. Wenn die Tiere versuchen, den Bast an einem geeigneten Baum oder Strauch abzustreifen, schälen sie nicht nur die Baumrinde und weiches Gewebe in langen Streifen ab, sondern reißen auch Zweige ab und knicken Äste um.

Das Schälen kommt vor allem im Herbst vor, wenn die meisten Hirscharten in der Brunft sind, bei Rehen schon im Frühling und Sommer – ihre Brunft beginnt früher. Dabei streifen sie nicht nur den Bast vom Geweih, sondern verreiben auch ihren Duft auf den Zweigen und markieren ihr Revier als Warnung für die anderen Böcke.

Die kleineren Muntjaks schälen näher am Boden und tun dies meist mit ihren verlängerten Eckzähnen. Sie sind das ganze Jahr über fruchtbar und schälen daher auch zu jeder Zeit, in der Regel jedoch nur dünne Triebe.

Die Höhe der Schälspuren hilft dabei, die verantwortliche Art zu bestimmen, suchen Sie im Zweifelsfall aber auch nach anderen Indizien.

Manchmal wird der Stamm nach dem Schälen noch angeknabbert. Die Spuren an diesem Bäumchen stammen von einem Reh.

Der Übeltäter in Aktion: Ein Rehbock überträgt seinen persönlichen Duft aus den Duftdrüsen am Kopf und über den Augen auf den Zweig.

Hirschschäden – Höhe über dem Boden

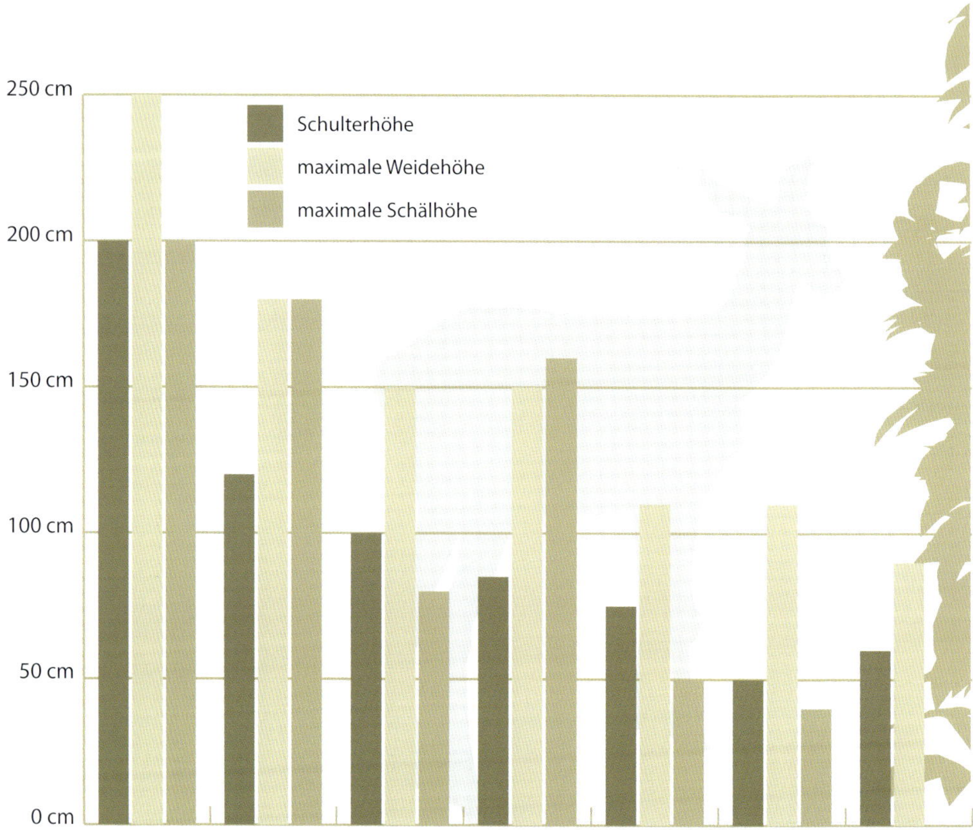

Elche	Rothirsche	Damhirsche	Sikahirsche	Rehe	Muntjaks	Chinesische Wasserrehe
richten beim Schälen enorme Schäden an – manchmal werfen sie den kompletten Baum um.	schälen im Spätsommer/Herbst.	sind neben Rehen die häufigsten Verursacher von Schäden durch Schälen (Spätsommer/Herbst).	schälen im Spätsommer/Herbst.	schälen im Frühling und Sommer.	schälen mit den Stoßzähnen, sehr tief am Gehölz und ganzjährig.	schälen nicht.

Das Balkendiagramm gibt an, wie hoch die einzelnen Arten reichen, die den Pflanzen mit Zähnen und Geweih schaden. Die maximale Schälhöhe ist geringer als erwartet, da die Tiere den Kopf zum Schälen neigen; natürlich könnten sie mit dem Geweih höher hinauf reichen. Tiere, die sich auf die Hinterbeine stellen, um höhere Zweige zu fressen, wurden nicht berücksichtigt.

Hier konnten Schafe dem nährstoffreichen, süßen Saft unter der Rinde einer Erle nicht widerstehen.

Bäume entrinden

Obwohl Baumrinde sicher kein Leckerbissen ist, rettet sie manchen Tieren das Leben, die in harten Zeiten kein frisches Grün finden. Wenn Kambium und Leitbündel zu bestimmten Zeiten viel Zuckersaft enthalten, schälen manche Tierarten die Rinde ab und bedienen sich an dem süßen Saft.

Fraßspuren einiger Tierarten

Tierart	Bissbreite über alle Schneidezähne	Anmerkungen und Beschreibung
Kleine Wühlmäuse	1,5–2 mm	gehen nicht an Holz, Rand der abgefressenen Fläche schräg, lassen Bruchstücke der äußeren Rinde fallen
Schermäuse	3,5–4 mm	fressen alles sauber ab, Zahnspuren auf Wurzeln und Uferpflanzen, nagen auch dicke Stämme (20–30 cm) an
Eichhörnchen	1,5–4 mm	häufig hoch über dem Boden, vorwiegend Rinde des Hauptstammes, selten an Ästen, kaum Zahnspuren
Kaninchen und Hasen	6–9 mm	angefressene Stelle zackig/unordentlich, beißen auch ins Holz, Schneidezähne mit Kerbe in der Mitte, daher sehen Bisse aus wie von vier Zähnen gemacht
Biber und Stachelschweine	8–25 mm	in der Regel zusammen mit anderen Indizien, Holz sieht aus wie mit Meißelspuren, Späne
Hirsche und Schafe	10–30 mm	je nach Art und Rasse große und unterschiedliche Schäden, Bestimmung nach Höhe u. a. Merkmalen

Hirsche reißen einen Rindenstreifen mit den Schneidezähnen im Unterkiefer von unten nach oben ab. Dann beißen sie die Rinde oben ab – sie löst sich mit einer ausgefransten Kante vom Ast. Der Zahnstand und die Höhe des Bisses verraten, um welche Art es sich handeln könnte. Rinde wird vorwiegend im Winter abgeschält, wenn wenig Grünfutter zu finden ist. Dann ist die Rinde trockener und reißt in kleinen Stücken ab.

Schafe und Ziegen knabbern und reißen kürzere Rindenstücke schräg ab. Die Bissspuren verlaufen daher gewöhnlich im Winkel von etwa 45 Grad zur Längsachse des Stammes.

Auch Kaninchen, Hasen, Wühlmäuse und Eichhörnchen reißen Rinde ab, eine Unterscheidung der Arten ist nur möglich, wenn der Bereich um das offene Stück auf Bissspuren untersucht wird; beachten Sie dabei die Höhe.

Die Kieferanatomie liefert wichtige Indizien für die Bestimmung des Tieres: Hirsche beißen die Rinde mit den Zähnen im Unterkiefer unten an und reißen sie oben ab, sodass die obere Kante der abgeschälten Rinde ausfranst.

Wühlmäuse entfernen die Rindenstücke fast immer sehr ordentlich und präzise. Sie entfernen zuerst streifenweise den äußeren Bereich und lassen das Stück fallen. Danach beißen und kratzen sie das saftige Kambium darunter ab. Zarte Zweige mit dünner Rinde sehen häufig so aus, als seien sie mit einem scharfen Taschenmesser geschält worden – suchen Sie nach dem Abfall unter der nackten Stelle. Zweige mit trockener, härterer Rinde leisten mehr Widerstand: Die Oberfläche ist rauer und mit Zahnabdrücken übersät.

Erd- und Schermäuse reißen die Rinde weit unten am Stamm ab – an tiefen Zweigen, Wurzeln und der Stammbasis. Die Mäuse suchen vorzugsweise nach Gehölzen in hohem Gras oder Unterwuchs, wo sie in Deckung und somit geschützt bleiben können.

Nach einem schneereichen Winter können Mausspuren – merkwürdige Ringe mit abgeschälter Rinde – höher am Stamm auftreten, weil die Tiere im Schnee höher gelegene Abschnitte erreichen.

Wühlmäuse gehen sorgfältiger vor. Sie beißen mit kleinen Schneidezähnen in Ober- und Unterkiefer die Rinde mit glatten Kanten sauber ab.

Rötelmäuse klettern gern auch höher hinauf, wenn sie einen Baum mit günstigen Zweigen finden. Sie hinterlassen am Stamm und an den Zweigen saubere, charakteristische Fraßspuren, da sie beim Nagen regelmäßig die Ansatzrichtung wechseln, wahrscheinlich, damit sich ihre kontinuierlich nachwachsenden Schneidezähne gleichmäßig abnutzen.

Das Schadensbild unterscheidet sich je nach Art der Rinde und der Jahreszeit. Dies ist das Werk eines Eichhörnchens – auf dem Boden liegen abgerissene Rindenstreifen.

Eichhörnchen nagen die Baumrinde häufig hoch über dem Boden ab, Rindenschäden in mehreren Metern Höhe dürften ihr Werk sein. Sie machen sich allerdings auch in der Höhe von Hirschen oder Kaninchen zu schaffen. Blicken Sie sicherheitshalber am Baum hoch, ob Sie gleichartige Schäden auch in größerer Höhe entdecken. In Großbritannien sind meist die eingeführten Grauhörnchen die Übeltäter, die im Sommer sie besonders aktiv sind. Sie sind dafür verantwortlich, dass Baumkronen vorzeitig verwelken – Grauhörnchen beißen die Rinde ringförmig rund um den Stamm ab.

Auch **Kaninchen und Hasen** verschmähen Rinde nicht. Ihre sauberen Bissspuren stammen von den scharfen Schneidezähnen. Man erkennt sie an der Größe der Zahnspuren, vor allem aber an der Kerbe in den Schneidezähnen: Die Spuren sehen aus, als stammten sie von vier kleineren Zähnen. Sofern der Baum bei ringförmigem Verbiss nicht völlig abstirbt, bildet sich ein Kallusgewebe, das die Wunde vom Rand her verschließt. Einerseits schaffen die offenen Wunden neue Mikrolebensräume für verschiedene Pilze und Prachtkäfer, andererseits schädigen sie den Baum beträchtlich und beschleunigen seinen Tod – der Wert des Holzes für die Forstindustrie sinkt.

Kaninchen haben die Rinde eines Apfelbaumastes abgeschält.

KRATZBÄUME

Katzenbesitzer kennen das Phänomen von ihren Hauskatzen: Sie kratzen an etwas, um die Krallen zu säubern und zu schärfen. Ähnlich verhalten sich auch viele Wildtiere, die ihre Krallen an „echten" Kratzbäumen schärfen. Beim Schärfen der vorderen Krallen hinterlassen sie regelmäßige, senkrechte Rillen. Die Höhe der Krallenspuren ist ein Hinweis auf die Tierart.

Ein ausgestreckter Dachs hinterlässt Kratzspuren in etwa 1 m Höhe.

Dachse benutzen regelmäßig Kratzbäume in der Nähe des Eingangs zum Bau. Dabei bevorzugen sie Holunder mit einer besonders schwammigen, weichen Rinde – perfekt geeignet, um feste Erde zwischen den Krallen und Ballen zu entfernen. Dachse reichen etwa 1 m hoch. Gleichzeitig markieren sie den Baum mit Duftdrüsen zwischen den Zehen.

Wild- und Hauskatzen schärfen und säubern ihre Krallen ebenfalls an Bäumen, auch sie markieren mit Duftdrüsen zwischen den Zehen. Wildkatzen kratzen auf bis zu 60–80 cm Höhe am harten Holz von Birken. Man bekommt diese Kratzspuren allerdings nur mit viel Glück zu Gesicht. Luchse verhalten sich ähnlich, reichen aber viel höher hinauf.

Die Krallen einer Katze reißen so feine Rillen, dass die Rinde fast flaumig aussieht, die Krallen von Dachsen hinterlassen gröbere Spuren.

Bären kratzen fünf große, stumpfe Krallenspuren in die Rinde. Man findet sie gewöhnlich etwa in Augenhöhe. Die Größe und das Ausmaß des Schadens sprechen für sich.

Oben: *Wenn Sie eine Katze haben, kennen Sie dieses Verhalten: Sie streckt sich und reinigt und schärft dabei ihre Krallen.*

Rechts: *Auch Bären benutzen Bäume zur Krallenreinigung. Sie reichen natürlich sehr viel höher am Baum hinauf.*

Blattfraß

Ob bis auf den Blattstiel kahlgefressen oder nur perforiert wie ein Spitzendeckchen – Fraßspuren an Blättern liefern die entscheidenden Indizien dafür, wer hier seinen Hunger gestillt hat.

Die Fraßspuren des Erbsensamenkäfers finden sich häufig auf den Blättern von Hülsenfrüchten. Er frisst sich mehrfach vom Blattrand nach innen.

Lochfraß

Viele Tierarten fressen Löcher in Blätter. Ist das der Fall, können Sie Säugetiere und Vögel ausschließen – diese beißen, ziehen und reißen am Blatt, sodass zerfaserte Kanten übrig bleiben. Beim tatsächlichen Lochfraß sind dafür stets Wirbellose verantwortlich, die artenreichste Tiergruppe der Erde.

Das Ausmaß der Fraßschäden unterscheidet sich enorm, von einem gelegentlichen, einsamen Loch im Blatt bis zum völligen Kahlfraß, der nur das Skelett der Blattadern übrig lässt. Größere Tiere, wie Schnecken, große Käfer oder Raupen, nagen die Blätter bis auf die traurige Mittelrippe ab. Gärtner, die Salat und Kohl in einem Garten gesät haben, in dem es vor Schnecken wimmelt, wissen, wovon ich rede.

Selbst ein Insekt mit großen Kauwerkzeugen (Mandibeln) könnte seine Mahlzeit nicht in der Blattfläche beginnen. Versuchen Sie einmal, eine Pizza von innen nach außen zu essen – das ist kaum möglich und ziemlich schmutzig. Auch die Insekten fressen ihre Mahlzeiten ordentlich von außen nach innen.

*Die Larven des Schneeball-Blattkäfers fressen die Blätter der Schneeball-Arten (*Viburnum*) bis auf das Skelett der Blattadern ab.*

Insekten mit kleinen Kiefern fressen sich von Unregelmäßigkeiten auf der Oberfläche aus durch das Blatt – diese Spuren stammen wahrscheinlich von einem Käfer.

Die Pizza-Analogie gilt auch für Blattfresser. Nur Tierarten mit kleinen Kauwerkzeugen können auf einer Blattader, einem Höcker oder in einer Furche zubeißen. Sobald sie sich durch das Blatt gefressen haben, erweitern sie das Loch. Zu dieser Kategorie gehören mehrere kleine Blattkäfer (Chrysomelidae), einige Blätter fressende Rüsselkäfer, Käferlarven, Thripse, die Larven einiger Blattwespen – beispielsweise die merkwürdige, an Schnecken erinnernde Raupe der Kirschblattwespe –, kleine Raupen und Ohrwürmer.

Schnecken raspeln das Blattgewebe ab. Sie können Löcher mitten im Blatt schaben oder nichts als ein Blattskelett zurücklassen – ihre Schleimspur ist üblicherweise ein sicheres Zeichen.

Die Raupe der Kirschblattwespe schabt nur Gewebe von der Blattoberfläche ab, sodass charakteristische „Fenster" übrig bleiben.

Allerdings fressen sich nicht alle Wirbellosen vom Rand her durch ein Blatt. So besitzen beispielsweise die Schnecken eine Raspelzunge (Radula), die mit Hunderten winziger, scharfer Zähnchen bedeckt ist. Diese Zunge schabt das Blattgewebe wie Schmirgelpapier ab. Mit dieser Technik hinterlassen Schnecken sowohl einzelne Löcher als auch totalen Kahlfraß, je nach der Größe des Tieres, der Härte und dem Geschmack des Blattes.

Schnecken kriechen auf einer verräterischen Schleimspur, die noch lange erhalten bleibt, nachdem sie sich zurückgezogen haben. Auch die auf dem Blatt klebenden, seilartigen Kothaufen verraten den Besuch von Schnecken. In der Regel gehen Schnecken ziemlich grob vor: Sie fressen alles weg bis auf die Mittelrippe und vielleicht einige Blattadern.

Eine Kolonie gefräßiger kleiner Raupen kann Blätter in „Spitzendeckchen" verwandeln. Die Tiere beginnen in der Mitte des Blattes, hinterlassen aber meist auffällige Indizien: Gespinste aus Seidenfäden, auf denen sie kriechen oder in denen sie Schutz suchen. Seidenfäden, abgestreifte Hüllen und Kot bleiben zurück. Wenn Sie den Fraß- und Seidenspuren folgen, stoßen Sie vielleicht sogar auf die fressenden Raupen.

Oben: *Viele Schmetterlingsraupen spinnen ein Seidengewebe über ihren Futterplatz, als Schutz oder zum Zusammenhalt der Gruppe.*

Links: *Über diese Brennnesseln zieht sich eine „Seidenstraße", und auf den Blättern darunter liegen Kothaufen – sichere Anzeichen für die Raupen von Kleinem Fuchs oder Schwalbenschwanz.*

Röhren und Falten

Wenn Sie Ihren Blick über Brennnesseln schweifen lassen, fallen Ihnen garantiert unnatürlich hängende Blätter auf. Entweder hängen ganze Blätter schlaff am Stängel, oder die Blattspreiten hängen von der Mittelrippe herab. Schauen Sie sich ein solches Blatt genauer an. Es wurde geschickt manipuliert, um als Hülle für ein Insekt zu dienen. An einem solchen Blatt dürfte sich eine der zahlreichen Schmetterlingsraupen zu schaffen gemacht haben, die auf Nesseln leben, etwa von Schwalbenschwanz, Kleinem Fuchs und vor allem vom Admiral. Wenn die Raupen die Mittelrippe zerbeißen, klappt das Blatt unter seinem eigenen Gewicht nach unten. Werden zusätzlich noch einige Blattadern zerstört, rollt sich das Blatt zu einer perfekten grünen Hülle ein, die Schutz, Nahrung und Tarnung liefert – und keinerlei offensichtliche Bissspuren aufweist.

Die zusammengerollten Blätter der Rose gehen auf das Konto der Larven der Rosenblattrollwespe, die darin Schutz und Futter finden.

Wenn darunter auch der Kot fehlt, könnte darin bereits die Puppe enthalten sein, in der sich der Schmetterling entwickelt – behandeln Sie die Hülle vorsichtig.

Diese grüne Raupe des Nesselzünslers lag in einem zusammengerollten Blatt.

Viele Schmetterlingsraupen und Spinnen – Letztere fressen keine Blätter – ziehen die Blattränder zusammen und vernähen sie mit Seidenfäden zu einer Schutzhütte. Solche Blattzelte können zum Beispiel von der kleinen, grünen, durchscheinenden Raupe des Nesselzünslers stammen. Die kleinen grünen Zigarren aus Eichenblättern hat dagegen der kleine, unscheinbare Eichenwickler zu verantworten. In – zumindest für den grünen Schmetterling – guten Jahren kann er die Eichen fast völlig entblättern, doch in der Regel werden die Raupen von Kohlmeisen, Blaumeisen und anderen Vögeln gefressen, die ihre Brutzeit an das Raupenangebot angepasst haben.

Große Bissen

Tag- und Nachtschmetterlinge, Blattwespen, aber auch Grillen und Laubheuschrecken fressen sich vom Rand des Blattes in einem glatten halbkreisförmigen Bogen ins Blatt hinein – ihre Mundwerkzeuge bewegen sich dabei senkrecht zur Kante hin und her. Häufig verändern sie ihre Position und fangen an anderer Stelle einen neuen Bogen an. Wenn sie fertig sind, ist das Blatt bis auf einen welligen Rand verschwunden. Blattwespen treten meist in Schwärmen auf und fressen sich vom Blattrand bis zur Mittelrippe durch.

Die meisten größeren Schmetterlingsraupen fangen am Blattrand an zu fressen, ihre Mundwerkzeuge bewegen sich seitlich.

Dies sind keine Schmetterlingsraupen, sondern Raupen der Birkenblattwespen, die gemeinsam ein Blatt bis auf die Mittelrippe abnagen.

Laubheuschrecken, Grillen und einige große Blatthornkäfer hinterlassen ebenfalls bogenförmige Fraßspuren, allerdings mit einer rauen Kante.

Größere Schäden richten auch die fleißigen Blattschneiderbienen an. Sie kommen in Gärten vor und schneiden Scheibchen aus den Rosenblättern. Die Bienen fressen die Blätter nicht, sondern nutzen sie als Baumaterial. Sollten Sie am Blattrand eine kreisrunde Lücke mit frischen Rändern entdecken, beobachten Sie die Stelle. Vermutlich kommt die Biene bald zurück und schneidet die nächste Scheibe aus. Da diese Solitärbienen in der Nähe ihrer Nester bleiben, gelingt es manchmal, sie zu einem Loch in einem Stängel oder einer Ritze zu verfolgen. Sie ziehen das Blattstück hinein und kleiden damit die Zellen aus, in die sie ein Ei und einen Pollenvorrat ablegen, bevor sie die Zelle versiegeln.

Blattschneiderbienen schneiden vom Blattrand aus saubere, halbkreisförmige Scheiben ab. Damit kleiden sie die Brutzellen in ihren Nestern aus.

Zeichnungen und Verfärbungen

Die Spuren, die Insekten unter der Sammelbezeichnung „Minierer" machen, werden häufig übersehen, obwohl sie auf eigentümliche Weise attraktiv sind. Die großartigen Details und gelegentlich auch ihre Verursacher zeigen sich erst bei genauer Beobachtung. Es handelt sich meist um die winzigen Larven von kleinen Nachtschmetterlingen, aber auch von Blattwespen, Fliegen und Käfern.

Ein Leben im Tunnel: In diesem gewundenen Fraßgang spielte sich das Leben einer Mottenraupe ab, vom engen Anfang im Ei (unten) bis zum Verlassen des Blattes (oben).

Die Fraßkanäle fallen sehr unterschiedlich aus. Größe und Form hängen natürlich von der Tierart, aber auch von der Pflanzenart und dem jeweiligen Entwicklungsstadium beider ab. Die Kanäle sehen aus wie entfärbte Flecken oder seltsame Schriftzeichen – es sind aber stets Hohlräume innerhalb des Blattes.

Die kleinen Insektenlarven fressen nur die nährstoffreichen Gewebe im Blattinnern, sie meiden harte oder durch Tannin geschützte Bereiche. Der Fraßgang schlängelt sich zwischen der oberen und unteren Blatthaut durch die grünen Zellen. Die Entwicklung vom Ei bis zum fertigen Insekt findet innerhalb des Blattes statt.

Beginnen Sie am engen Ende des Ganges, wo das Ei lag, und folgen Sie dem Lebensweg der Raupe durch das Blatt der Kapuzinerkresse. Im Gegenlicht werden die Details sichtbar.

Halten Sie ein Blatt mit Fraßgängen gegen das Licht oder in den Strahl einer starken Taschenlampe, um mit einer Lupe die feinen Details der Gänge und ihres Inhaltes zu untersuchen. Der enge Bereich am Anfang enthielt das Ei, darauf folgt der Gang, den die geschlüpfte Larve gefressen hat. Mit ihrem Wachstum nimmt auch der Durchmesser des Ganges zu. Die Ausscheidungen der Larve sind als dunkle Flecken, kleine Häufchen oder als dunkler Streifen sichtbar, der sich wie der Mittelstreifen einer Straße durch den Fraßgang zieht.

Wenn Sie genügend Blätter überprüfen, finden Sie sicher auch eines mit einer fressenden Larve, die sich ihren Weg durch das Blatt bahnt. In verlassenen Gängen finden

ENGE GÄNGE, GROSSER SCHADEN

Obwohl Minierer und ihre Gänge oft übersehen werden, können sie sehr großen Schaden anrichten. Die eingeschleppte Kastanienminiermotte breitet sich zurzeit in Europa aus. Da sie keine natürlichen Feinde hat, frisst sie sich in derart großen Individuenzahlen durch die Blätter der Rosskastanien, dass sie diese beliebten Parkbäume einem verfrühten Blattverlust aussetzen kann. Wenn nicht bald ein Parasit oder natürlicher Feind diesen Motten zu Leibe rückt, werden ihnen in den nächsten Jahren zahllose Rosskastanien zum Opfer fallen.

Larven der Kastanienminiermotte

Die Schäden, die die Kastanienminiermotte anrichtet, sind fast überall zu sehen.

Sie am Ende vielleicht die leere Puppe, aus der das Insekt geschlüpft ist und das Blatt durch ein Loch verlassen hat.

Die Bestimmung der Art ist eine eigene Disziplin, die den Rahmen dieses Buches sprengen würde. Immerhin liefern Form und Größe der Fraßgänge, die Wirtspflanzenart und das Muster der Ausscheidungen nützliche Hinweise zur Bestimmung.

Blasen und Beulen

Eine Reihe von Organismen richtet sehr unterschiedliche und häufig artspezifische Schäden an Blättern, Knospen, Stängeln und Wurzeln an, die unter dem Sammelbegriff „Gallen" bekannt sind: Der eingedrungene, fremde Organismus – winzige Wespen, Fliegen, Käfer, Milben, Larven oder Eier, Bakterien oder Pilze – verändert das genetische Programm der Wirtspflanze zu seinen Gunsten.

Es gibt eine Reihe von Insekten, die Gallen erzeugen – Fliegen und Wespen, die gezielt in die Entwicklung der Pflanzen eingreifen. Gallen kommen in vielen artspezifischen Formen vor.

Knoppern-Gallwespen sind kleine Insekten, die den Becher von Eicheln verändern.

Stiftgallen der Lindengallmilbe (Eriophyes tiliae)

Gallen

Eine Galle bildet sich, wenn ein fremder Organismus die lebenden Zellen einer Pflanze „umprogrammiert" und deren Teilung und Entwicklung verändert. Häufig entstehen dabei sehr charakteristische Gallen, die leichter zu bestimmen sind als das Tier, das darin haust.

Obwohl Gallen nur selten dauerhafte Schäden an den Pflanzen hervorrufen, ist der Befall eine einseitige Angelegenheit: Der Wirt bekommt nichts, sorgt aber für einen gemütlichen Unterschlupf, in dem dar Parasit sicher vor Angriffen ist.

Allein in Großbritannien leben über 1500 Tierarten, die Gallen hervorrufen können, von Münzengallen, die wie kleine fliegende Untertassen an der Blattunterseite kleben, über die kompliziert aufgebauten Gallen der Rosengallwespe bis hin zu den Hexenbesen aus zahllosen wirren Zweigen auf Birken. Jede einzelne Galle zu beschreiben würde den Rahmen dieses Buches sprengen, aber es gibt reichlich Spezialliteratur für Naturdetektive, die mehr wissen und sich auf diesem Gebiet spezialisieren möchten.

Die Nussknacker

Da Nüsse reich an ungesättigten Fettsäuren sind und zahlreiche wichtige Vitamine und Mineralstoffe enthalten, sind sie bei vielen Nagetieren äußerst begehrt. Als „Nussdetektiv" nach Indizien zu suchen macht Spaß und ist ein interessanter Aspekt der Spurensuche. Der Spätsommer ist die beste Zeit für die Nusssuche. Dann sind die Nüsse noch nicht ausgereift und auf dem dunklen Waldboden gut zu erkennen. Die weichen Hüllen der Haselnüsse bewahren die Spuren der Nussknacker besonders gut.

Haselmäuse heißen nach ihrer Lieblingsnahrung, den Haselnüssen. Biologen, die einen Bestand überprüfen wollen, brauchen nur nach den charakteristischen Fraßspuren zu suchen.

Die häufigsten „Kunden" der Haselnusssträucher sind Eichhörnchen, die rabiat vorgehen können, um an den Kern einer Nuss zu gelangen.

Die häufigsten Nussknacker

In Großbritannien leben sechs „Nussknacker": Grauhörnchen, Rotes Eichhörnchen, Waldmaus, Gelbhalsmaus, Rötelmaus und Haselmaus. Die auffälligsten Spuren hinterlassen die Eichhörnchen: Sie sind größer und brauchen mehr Nüsse, sind tagaktiv und fressen an offenen Stellen, wo sie potenzielle Raubtiere rechtzeitig erspähen können. Eichhörnchen hinterlassen angeknabberte Nüsse in Waldern, Hecken, auf herabgefallenen Ästen oder Baumstümpfen.

SIE KNACKEN DEN FALL: EICHHÖRNCHEN UND HASELNÜSSE

Eichhörnchen fressen zahlreiche Samen und Kerne, wie Eicheln, Kirschkerne, Hagebutten und Haselnüsse, und gehen dabei systematisch vor.

Haselnüsse sind ziemlich glatt. Da seine Pfoten leicht abrutschen, dreht ein Eichhörnchen die Nuss mehrfach um, bevor es seine Zähne an einer geeigneten Stelle einsetzt. Es schnuppert an der Nuss, um den Kern auf Insekten- oder Pilzbefalls zu überprüfen, daher liegen unter einem Baum, auf dem ein Eichhörnchen gefressen hat, neben den aufgebrochenen Nüssen auch viele Exemplare, die es verworfen hat. Wenn Sie diese Haselnüsse zur Kontrolle öffnen, finden Sie fast immer einen verschrumpelten Kern.

Eichhörnchen verfügen über die Fähigkeit, die Qualität einer Nuss zu erschnuppern. Scheinbar intakte Nüsse unter einem Baum mit Spuren von Zähnen und Krallen waren ihnen die Mühe des Öffnens nicht wert. Öffnet man die Schale, ist der Kern häufig verschrumpelt.

Eichhörnchen suchen nach der schwächsten Stelle der Schale, dann setzen sie die unteren Schneidezähne ein.

Mäuse nagen gewöhnlich das dicke Ende einer Eichel auf und ziehen den Kern heraus.

Setzen Sie die beiden Schalenhälften wieder zusammen, und suchen Sie die Kerbe am Ende. Hier hat das Eichhörnchen die unteren Schneidezähne angesetzt und die Nuss in zwei Hälften gespalten.

Eichhörnchen vergraben ihr Futter in einer Vielzahl von Verstecken als Vorrat für später.

Das Eichhörnchen hält eine intakte Nuss mit den Vorderpfoten fest und nagt an einem Ende eine Kerbe hinein. Dann drückt es die unteren Schneidezähne in diese Kerbe und spaltet die Nuss sauber mit einer Aufwärtsbewegung des Kiefers in zwei Teile. Es lässt dann die beiden Schalenhälften fallen und frisst die Nuss.

Wenn Sie beide Hälften finden und es Ihnen gelingt, sie wieder zusammenzusetzen, können Sie die Kerbe sehen. Auf der Oberfläche der Nuss zeichnen sich die Kratzer der spitzen Krallen ab.

Die Schädel von Nagetieren

Wenn Sie den Schädel eines Eichhörnchens, einer Maus, Rötelmaus oder Haselmaus betrachten, fallen die vier großen Schneidezähne auf – zwei im Unter-, zwei im Oberkiefer. Die Zähne nutzen sich beim Nagen kontinuierlich ab, wachsen aber ständig nach. Die Vorderseite besteht aus hartem Zahnschmelz, die hintere aus Dentin. Da das weichere Dentin stärker abgenutzt wird als die Vorderseite des Zahns, bleiben die Zähne abgewinkelt und scharf wie ein Meißel, mit denen die Nagetiere zum Beispiel Kerben in Nussschalen nagen können.

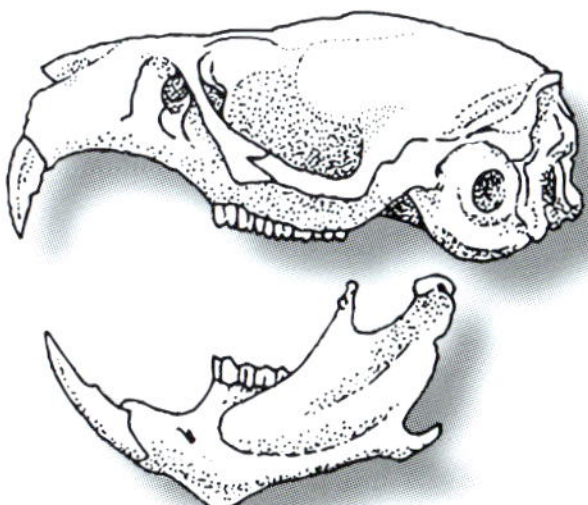

Grauhörnchen

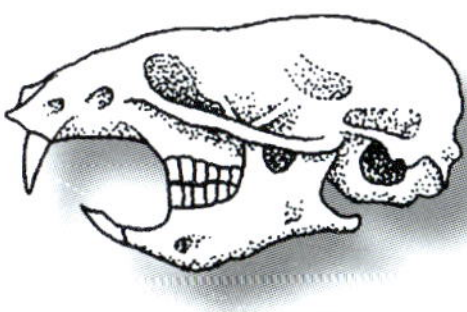

Haselmaus

Mäuse, Haselmäuse, Wühlmäuse und Haselnüsse

Diese Nager sind viel kleiner als Eichhörnchen. Da sie größere Samen und Nüsse nicht frei in ihren „Händen" halten können, legen sie die Objekte ihrer Begierde auf den Boden und klemmen sie mit Vorderbeinen und Körper ein. Dann nagen sie das freie Ende auf. Die Fraßspuren verraten, um welche Art es sich handelt.

Wald- und Gelbhalsmäuse drücken die Nuss gegen den Boden, Gelbhalsmäuse fressen sich dann seitlich hinein, während Waldmäuse meist am oberen Ende beginnen. Dann ziehen sie die Nuss zu sich heran und setzen die Schneidezähne auf der vom Körper abgewandten Seite der Nuss auf. Sie halten sie mit den oberen Schneidezähnen fest und nagen mit den unteren Schneidezähnen. Auf dem markanten Rand des Loches – Details sind mit der Lupe sichtbar – zeichnen sich die Schabespuren der unteren Zähne deutlich ab. Sie verlaufen senkrecht zum Rand des Loches und geben ihm ein gewelltes Aussehen. Die Abdrücke der oberen Zähne prägen sich außerhalb der Nagespur rund um das Loch ein. Die Spuren auf Samen sehen ähnlich aus.

Haselmäuse gehen ähnlich vor, doch sobald sie ein kleines Loch genagt haben, nagen sie mit den unteren Schneidezähnen parallel zum Rand des Loches, nicht senkrecht zur Kante. Die oberen halten die Nuss fest. Daher ist der Rand des Loches wesentlich glatter und sauberer abgetrennt.

Rötelmäuse setzen eine andere Technik ein: Sie drücken die Nuss gegen den Boden, halten sie vom Körper weg und nagen an der ihnen zugewandten Seite. Sobald sie ein kleines Loch geöffnet haben, stecken sie die Schnauze hinein und vergrößern das Loch mit den oberen und unteren Schneidezähnen. Der Rand des Loches ist gewellt. Da sie sich von innen vorarbeiten, hinterlassen kaum Kratzer auf der Nussschale.

Von oben nach unten: Haselmaus, Waldmaus, Haselmaus, Rötelmaus. Jedes dieser drei kleinen Säugetiere öffnet die Nuss mit einer anderen Technik, die sich an den Fraßspuren auf den Nüssen ablesen lässt.

Gefiederte „Nussknacker“

Nur wenige Vögel stellen sich der Herausforderung, Nüsse und Samen zu knacken. Beobachten Sie, wie eine Kohlmeise einen Sonnenblumenkern öffnet: Sie hält ihn mit einem oder zwei Füßen fest und hackt so lange mit dem Schnabel darauf ein, bis die Hülle zerbricht. Mit der gleichen Technik macht sie sich auch über Nüsse und andere Samen her, von Eicheln bis zu Haselnüssen. Wenn diese kleinen Vögel eine Nussschale geöffnet haben, bleibt ein kleines Loch mit unregelmäßigen Rändern. Von dem Loch strahlen zahlreiche gerade Kratzer von Schnabelhieben aus. Kohlmeisen suchen nach sehr frischen Samen und Nüssen, die steinharten Schalen alter Nüsse können sie mit ihrem Schnabel nicht mehr öffnen. Elstern, Dohlen, Häher und andere Krähen sind Opportunisten, die gelegentlich auch Nüsse fressen. Sie hinterlassen dreieckige Schnabelspuren auf der Schale.

Kleiber sind Meister darin, Eicheln, Nüsse und Samen zu öffnen.

Der Schnabel eines **Kleibers** arbeitet sich wie eine Spitzhacke auch durch ältere, harte Nüsse. Kleiber suchen sich eine geeignete Spalte in einem Baum und klemmen die Nuss ein, damit sie nicht wegrollt. Dann hämmern sie mit kräftigen Schnabelhieben darauf ein, bis die Fetzen fliegen. In den meisten europäischen Laubwäldern schallt das laute Hämmern im Herbst und Winter durch den Wald. Kleiber suchen ihre „Schmieden“ selten ein zweites Mal auf, aber sie rammen Nüsse und Samen in die Rinde von Bäumen, um sie als Wintervorrat zu sichern. Auf der Schale verbleiben die halbmondförmigen Abdrücke von Schnabelhieben und auch daneben, wenn die Nuss verfehlt wurde.

Oben: *Kohlmeisen (Bild) und andere Meisen klemmen harte Samen an einem geeigneten Platz ein und hacken sie auf.*

Oben: *Kleiber suchen zunächst nach Spalten in der Baumrinde oder Löchern, wo sie ihr Futter einklemmen können. An diesen sogenannten „Schmieden“ findet man die Reste von Nüssen und Samen.*

Auch die kräftigen **Buntspechte** suchen „Schmieden" auf und kehren immer wieder zu Bäumen mit geeigneter Rinde zurück. Sie klemmen die Nuss ein und hacken sie mit ihrem großen, meißelartigen Schnabel in der Richtung der Maserung auf. Häufig wird die Nuss dabei in Längsrichtung gespalten, zumindest aber so weit geöffnet, dass der Kern zu packen ist. Unter einer viel besuchten „Schmiede" liegen viele Nussschalen, Eicheln und Zapfen herum.

Oben: *Buntspechte gehen ähnlich vor wie die Kleiber. Sie suchen einen passenden Untergrund, klemmen die Nuss ein und hämmern so lange darauf herum, bis auch die härteste Schale geknackt ist.*

Rechts: *An den „Schmieden" der Tannenhäher sammeln sich zahlreiche Überreste ihrer Arbeit – Zapfen und Nussschalen – als deutlich erkennbare Abfallhaufen.*

Tannenhäher leben in Gebirgen und im hohen Norden. Es sind spezialisierte Mitglieder der Familie der Rabenvögel, die geschickt mit Nüssen umgehen. Während die meisten dieser Vögel Kiefernzapfen bevorzugen, scheinen sich einige auf Haselnüsse spezialisiert zu haben. Sie halten die Nuss mit einem oder beiden Füßen fest und hämmern mit ihrem kräftigen, schweren Schnabel darauf. Gute „Schmieden" – Baumstümpfe und umgestürzte Stämme – benutzen sie immer wieder. Dort liegen Abfallhaufen aus offenen Nussschalen und zerfledderten Zapfen herum.

Die Zapfenfresser

Die Samen von Nadelbäumen enthalten jede Menge wichtige Nährstoffe. Da in den nördlichen Ländern vor allem im Winter die Nahrung am Boden knapp wird, haben sich mehrere Tierarten darauf spezialisiert, die Samen aus den Zapfen zu lösen – in größeren Mengen, damit sich die Mühe lohnt.

Einen Zapfen zu öffnen ist keine Kleinigkeit und bedeutet viel Arbeit für wenig Lohn – die kleinen Samen. Der enorme Aufwand lohnt sich nur für den Tannenhäher und andere Vögel, die sich auf diese Nahrung spezialisiert haben.

Kreuzschnäbel

Kreuzschnäbel sind die ultimativen Spezialisten. Sie können die Zapfenschuppen drehen und spalten.

Zerfledderte Zapfen auf dem Waldboden, bei denen jede Zapfenschuppe in der Mitte längs gespalten ist, sind das Werk eines Vogels mit dem vielleicht merkwürdigsten Schnabel der Welt – des Kreuzschnabels. Die Schnäbel der Mitglieder dieser Gattung sind darauf spezialisiert, die Samen aus den Zapfen zu lösen.

Zuerst beißen sie einen Zapfen vom Baum ab und fliegen damit zu einem stabilen Ast. Krümmt sich der Unterschnabel zur rechten Körperseite – die „Schnäbeligkeit" ist ziemlich gleichmäßig verteilt – hält der Vogel den Zapfen mit dem rechten Fuß fest, richtet ihn auf und steckt die Spitze des Schnabels unter eine Zapfenschuppe an der Spitze des Zapfens. Wenn er den Schnabel nach unten bewegt, drückt der Unterschnabel gegen den Zapfen, der Oberschnabel gegen die Schuppe. Dann dreht er den Kopf seitwärts und hebelt die Zapfenschuppe aus, bis er mit der langen Zunge den Samen erreicht. Kreuzschnäbel nehmen sich systematisch Schuppe für Schuppe vor und holen möglichst viele Samen heraus, dann lassen sie den Zapfen auf den Waldboden fallen. Bei solchen Zapfen stehen die Schuppen offen, einige sind vom Oberschnabel längs gespalten.

Kreuzschnäbel hinterlassen Zapfen mit charakteristisch zerfledderten Schuppen.

Nahaufnahme des verrücktesten Schnabels im Wald

Jede Art hat sich auf eine bestimmte Baumart und deren Zapfentyp spezialisiert. Kiefer-, Fichten- und Schottischer Kreuzschnabel machen sich über Kiefer- und Fichtenzapfen her, die sich zu verschiedenen Zeiten des Jahres öffnen. Sie brüten im Winter, wenn die Zapfen ausreifen. Die größte Art, der Kiefernkreuzschnabel, brütet als Erster – er kann auch die noch nicht ausgereiften Zapfen öffnen. Die kleineren Fichtenkreuzschnäbel brüten als Letzte, wenn die von ihnen bevorzugten Zapfen bereits reif sind, oder sie suchen kleine Zapfen mit dünneren Schuppen.

Eichhörnchen haben eine Schwäche für Fichtenzapfen. Sie reißen die Schuppen systematisch bis auf die nackten Achsen ab.

Der Rest eines Mahls: Ein Spurenleser muss lernen, die Vorgehensweise eines Eichhörnchens von der anderer Nagetiere zu unterscheiden, die ebenfalls Fichtenzapfen fressen.

Eichhörnchen

In allen Nadelwäldern, in denen Eichhörnchen leben, findet man die nackten Achsen von Zapfen auf dem Boden. Wie die Eichhörnchen vorgehen, richtet sich nach dem Größenverhältnis von Eichhörnchen und Zapfen. Meistens beginnen sie an der Zapfenbasis: Sie legen den Zapfen auf den Boden oder halten ihn mit der Basis schräg nach oben. Eichhörnchen reißen die untersten Zapfenschuppen einfach ab, ohne die Samen zu fressen, und lassen sie fallen. Erst danach drehen sie die Zapfen, reißen systematisch Schuppe für Schuppe ab und fressen die Samen. Kleine Zapfen drehen sie in den Händen, größere und längere auf dem Boden. Wenn man einem fressenden Eichhörnchen zusieht, erkennt man, wie schnell und effizient es vorgeht.

Buntspecht

Spechte sind wohl die am wenigsten spezialisierten Zapfenfresser. Buntspechte wenden sich Zapfen zu, wenn im Winter die Insekten knapp werden. Sie benutzen für die Zapfen dieselben „Schmieden" wie für die Nüsse und gehen auch ähnlich vor. Spechte haben zwar keine spezielle Technik, um die Samen zu öffnen, machen das aber durch Geschicklichkeit wieder wett: Sie fliegen mit dem Zapfen zu ihrer üblichen „Schmiede" und klemmen diesen zwischen Körper und Stamm ein. Dann ziehen sie den alten Zapfen mit dem Schnabel aus der Rinde und werfen ihn über die Schulter zu Boden. Den neuen Zapfen klemmen sie ein und hacken sich mit ihrem meißelartigen Schnabel den Weg zu den Samen frei. Die leeren Zapfen sind arg mitgenommen, alle Schuppen sind beschädigt.

Viele Spechte haben regelrechte Lieblingsbäume für ihre „Schmieden". Sie brauchen Rinde mit großen und tiefen Rissen, um die Zapfen einzuklemmen. In solchen Bäumen findet man Dutzende von eingeklemmten Zapfen und viel Abfall am Boden um den Stamm.

Wenn Spechte keine passende Schmiede finden, klemmen sie den Zapfen aufrecht zwischen ihren Körper und den Baumstamm und bearbeiten ihn.

Waldmäuse hinterlassen ähnliche Zahnspuren wie Eichhörnchen, gehen aber sorgfältiger vor. Im Schutz dieses verlassenen Wespennests, das wiederum in einem alten Dachsbau erbaut wurde, hat eine Waldmaus die Samen eines Fichtenzapfens gefressen.

Waldmäuse

Auch einige der kleineren Säugetiere, wie Rötel- und Gelbhalsmäuse, verschmähen die Samen in den Zapfen nicht, aber sie hinterlassen Spuren, die kaum zu unterscheiden sind. Alle Arten sind nervös und ständig auf der Hut vor Feinden, sie setzen alles daran, einen intakten Zapfen an einen versteckten Ort zu bringen, wo sie sich vor Eulen, Füchsen und Turmfalken sicher fühlen.

Wenn Waldmäuse einen Zapfen abnagen, bleibt nur die glatte Achse ohne zerfledderte oder faserige Enden übrig. Interessanterweise lassen Mäuse, ähnlich wie Eichhörnchen, manchmal die oberen Zapfenschuppen stehen – die wenigen Samen an der Zapfenspitze lohnen offenbar die Mühe nicht.

Von Wühlmäusen angeknabberte Zapfen liegen oft noch halb versteckt unter Pflanzen. Wühlmäuse beißen die Schuppen sauberer ab als Eichhörnchen.

Früchte, Wurzeln und Pilze

Die mit Vitaminen und Zucker vollgestopften Früchte und Knollen bilden, wie auch die Pilze, die Lebensgrundlage vieler Tierarten. Sie hinterlassen darin Zahn- und Schnabelspuren, dazu Flecken und charakteristische Kothaufen – alles zusammen kann den Verursacher verraten.

Stare und andere Vögel picken sowohl die Früchte am Baum als auch das Fallobst auf. Im Fruchtfleisch zeichnen sich die Schnabelhiebe deutlich ab.

Wenn Rotdrosseln in einem Strauch nach Nahrung suchen, ist der Boden oft mit abgerissenen Beeren übersät, besonders gut sieht man das im Schnee.

Hagebutten, Weißdornbeeren und weiche Früchte

Der Herbst ist eine Zeit des Überflusses. Viele Bäume und Sträucher tragen jetzt ihre bunten Beeren und andere Früchte – sehr verlockend für hungrige Tiere. Wie soll man unterscheiden, welches Tier wo genascht hat? Amseln und andere Vertreter der Drosselfamilie mögen **Äpfel**: Sie picken das Fruchtfleisch heraus, bis nur die leere Schale und das Kerngehäuse übrig sind. Im festen Fleisch der Frucht zeichnen sich die Schnabelhiebe als charakteristisch gefurchte Oberfläche ab. Außen auf der Schale zeichnen sich die „Pickstellen" noch deutlicher ab. Finken und andere Vögel, die mehr an den Kernen interessiert sind, picken vorwiegend die kleinen, wilden Holzäpfel oder kleine Apfelsorten auf. Kreuzschnäbel hinterlassen auffallend zerfetzte Äpfel, Fruchtstücke liegen auf dem Boden oder hängen in Streifen noch an der Frucht.

Auch kleine Früchte, wie **Hagebutten** oder **Weißdornbeeren**, enthalten Samen. Große Vögel schlucken die Früchte ganz und scheiden die intakten Samen wieder aus. Finken und andere Samenfresser sind an den Samen selbst interessiert. Sie reißen die Früchte auf, um an die Samen zu gelangen. Auch Mäuse zielen auf die Samen, sie schleppen die Frucht in ein Versteck und beißen sie dort auf.

Waldmäuse mögen, neben vielem anderem, auch Brombeeren. Sie fressen aber nur die Samen und assen die Frucht liegen.

Wühlmäusen dagegen schmeckt das Fruchtfleisch besser. Sie fressen die Früchte entweder an Ort und Stelle – ich habe Wühlmäuse gesehen, die für Hagebutten auf ein Rosenspalier kletterten – oder tragen sie in ein Versteck. Nach der Mahlzeit bleiben Schalenstücke und die Samen zurück. Ob die Reste einer Frucht von Wühlmäusen oder Vögeln stammen, ist schwer zu bestimmen: Vögel hinterlassen mehr Chaos, machen kleinere Löcher und höhlen die Frucht schalenförmig aus. Wühlmäuse machen ein größeres Loch bis zu den Samen, manchmal schälen sie die ganze Frucht.

Viele Vögel mögen Kirschen. In der Regel fressen sie nur das Fruchtfleisch und lassen den Stein fallen. Nur der Kernbeißer kann mit seinem Schnabel einen Kirschkern auslösen und fressen. Er packt den Kern mit den harten Schneidekanten in Ober- und Unterschnabel, knackt ihn auf und holt den Samen mit der Zunge heraus. Biologen haben herausgefunden, dass ein Kernbeißer einen Schnabeldruck von mehr als 40 kg ausüben kann. Unter Kirschbäumen, an denen sich ein Kernbeißer bedient hat, liegen die sauber gespaltenen Kirschkerne. Sollte sich ein Eichhörnchen daran zu schaffen gemacht haben, müsste, wie in Haselnüssen, eine Kerbe zu sehen sein.

Viele Vögel mögen Kirschen, hinterlassen allerdings nur selten gut verwertbare Spuren. Nachdem die Kirschen den Verdauungstrakt passiert haben, werden die Kerne intakt ausgeschieden.

Wurzeln und Knollen

Im Winter suchen einige Wildtiere Futter auf den Feldern. Hirsche weiden nicht nur die oberirdischen grünen Teile von Rüben ab, sondern graben auch große Teile der Knollen aus und fressen das nährstoffreiche Speichergewebe. Auf Resten findet man die Zahnspuren der unteren Schneidezähne. Bessere Hinweise liefern Fährten und Kothaufen.

Kaninchen und Hasen knabbern die Blätter und die oberirdischen Teile der Knollen an, graben sie aber nicht aus. Die Bissspuren ihrer Nagezähne mit der Kerbe in der Mitte sind eindeutig – gut zu sehen am Rand der Bissmarke. Häufig fressen sie einen Ring rund um die Knolle.

Auch größere Säugetiere, wie Dachse und Wildschweine, sind sehr an Knollen und Zwiebeln interessiert. Dabei können sie kleine Löcher und Scharrspuren, aber auch spektakulär umgepflügte Felder hinterlassen, siehe hierzu das Kapitel über Kratzer und Bodenzerstörung auf Seite 128.

Manchmal fallen sogar Vögel über Knollen her. Diese Zuckerrüben wurden von Kurzschnabelgänsen angeknabbert.

Kaninchen verraten sich durch die Zahnspuren auf den Rüben.

Schnecken raspeln das weiche Gewebe von Pilzen ab und hinterlassen deutliche Mulden mit Rinnen und Kuhlen.

Pilze

Manche Tierarten schätzen das weiche Fleisch von Pilzen als Leckerbissen. Vögel fressen zwar keine Pilze, picken aber auf der Suche nach Maden der Trauermücke und anderer Insekten Löcher in die Hüte von Pilzen. Ihre Schnäbel verwandeln das weiche Fleisch der Pilze in eine Kraterlandschaft.

Schnecken kriechen gerne über die Pilzhüte und raspeln das Gewebe ab, bis die Oberfläche einem Felsen gleicht, der vom Wind abgetragen wurde.

Wenn Tiere in den weichen Hut eines Pilzes beißen, hinterlassen sie saubere Abdrücke ihrer Zähne. Welche Tierart den Pilzgeschmack mochte, verrät die Größe der Zahnabdrücke. Ein Pilz, an dem ein Eichhörnchen genagt hat, sieht mit den Spuren der breiten Schneidezähne wie abgemeißelt aus. Kleinere Nagetiere ziehen dagegen „Streifen" in das Gewebe, weil ihre schmaleren Nagezähne beim Fressen flachere Kratzer machen.

Gelegentlich reißen Eichhörnchen ganze Pilze ab und tragen sie intakt auf einen Baum. Dort werden sie in Astgabeln gequetscht – als Vorrat für einen späteren Snack.

Die zerfledderte Kante des Pilzhutes verrät, dass hier ein Tier mit Zähnen am Werk war. Größe und Form der Abdrücke liefern Indizien, welches es gewesen sein könnte.

Nester

Unter „Nest" möchte ich jeden dauerhaften oder zeitweiligen Bau verstehen, in dem Tiere ihre Jungen aufziehen – besonders gut sichtbar im Winter, wenn die Blätter von den Bäumen gefallen sind. Welche Baumeister am Werk waren, ergibt sich aus der Größe, der Lage, dem Material und der Bauweise des Nests.

Nicht alle Vogelnester sind derart auffällig wie die in dieser Reiherkolonie.

Nesttypen – eine Auswahl

Flache Mulde
Eine flache Mulde ist in Kies, Sand oder Erde gekratzt.
Beispiel: Sandregenpfeifer

Eingefasste flache Mulde
Eine eingefasste flache Mulde ist mit Federn, Steinen oder anderen Objekten gesäumt.
Beispiel: Austernfischer

Mit Federn gepolsterte flache Mulde
Eine mit Federn gepolsterte flache Mulde kann mit Daunenfedern ausgelegt sein.
Beispiel: Enten

Schwimmende Plattform in der Mitte einer Wasserfläche
Eine solche Plattform besteht aus Zweigen und Wasserpflanzen. Sie ist in der Mitte vertieft angelegt und gelegentlich am Grund befestigt.
Beispiele: Taucher, Moorhühner oder Blässhühner

Schwimmende Plattform am Rand einer Wasserfläche
Plattformen in Ufernähe bestehen aus Zweigen oder Schilf.
Beispiel: Höckerschwan

Kuppelnest am Boden
Ein Nest mit einer locker geflochtenen Kuppel darüber ist gut getarnt und häufig an Schilfrohren oder Zweigen befestigt.
Beispiele: Fitis, Waldlaubsänger oder Zilpzalpe

Einfache Plattform im Baum
Eine Plattform im Baum besteht aus kreuzförmig übereinandergelegten Zweigen. Der Nestinhalt kann von unten sichtbar sein.
Beispiel: Ringel- und Türkentaube

Zweighaufen in Bäumen, auf Gebäuden oder Simsen
Ein unordentlich aufeinandergetürmter Zweighaufen dieser Art ist mit Gras ausgepolstert.
Beispiele: Krähen und einige Greifvögel

Großes Kugelnest aus Zweigen

Das geschlossene Nest mit Kuppeldach ist sehr dicht, ist es stark beblättert, handelt es sich vermutlich um den Kobel eines Eichhörnchens.
Beispiel: Elstern

Kleines, kugel- oder eiförmiges Nest

Dieses geschlossene Nest besteht aus Moos, Flechten, Blättern und Haaren und besitzt ein Einflugsloch. Ähnlich, aber lockerer bauen Hasel- und Zwergmäuse.
Beispiele: Zaunkönig oder Schwanzmeise

Schalenförmiges, gepolstertes Nest

Es wird aus Pflanzen geflochten, mit Lehm verstärkt und weich gepolstert.
Beispiele: die meisten kleinen Singvögel

Lehmnest

Lehmnester werden an überdachte Wände angeklebt und bestehen neben Lehm aus Naturfasern.
Beispiel: Schwalben.

Wenn Sie ein Nest entdecken, den Baumeister aber nicht bestimmen können, machen Sie ein paar Fotos, ohne das Nest zu stören. Achten Sie bei den Aufnahmen darauf, einen bekannten Größenmaßstab mitzufotografieren. Stellen Sie die Fotos in das Internet-Forum einer darauf spezialisierten Website, lehnen Sie sich zurück, und warten Sie auf Reaktionen.

EICHHÖRNCHEN ODER ELSTERN?

Eichhörnchen benutzen ihre Nester, die „Kobel", als Schutzraum und für die Jungenaufzucht. Es sind rundliche Gebilde mit einer Kuppel, doppelt so groß wie ein Fußball, die aus der Entfernung den Nestern der Elstern ähneln. Beide Nestformen unterscheiden sich in einigen Details: Elsternnester sind lockerer gefügt, das Licht schimmert durch. Eichhörnchen dichten dagegen jede Lücke sorgfältig ab. Außerdem sammeln Elstern für den Nestbau tote, herabgefallene Zweige, während Eichhörnchen passende Zweige abnagen. Da diese häufig noch beblättert sind, sind an einem Eichhörnchenkobel stets Blätter zu sehen. Kobel sind insgesamt solider gebaut und dauerhafter.

Auf den ersten Blick erinnern auch sogenannte „Hexenbesen" an Vogelnester. Sie wachsen auf Bäumen, häufig auf Birken, die von einem Pilz infiziert wurden. Hexenbesen bestehen aus wirr wachsenden, dünnen Zweigen, die wie ein unordentliches Nest aussehen.

Oben: *Dieses dichte Nest ist der Kobel eines Eichhörnchens. Im Unterschied zum Elsternnest sitzt es in einer Astgabel und wurde aus beblätterten Zweigen gebaut.*

Elstern bauen rundliche Nester aus Zweigen. Sie decken die ziemlich dichte Nestschale mit einem lockeren Dach ab – das Licht scheint durch. Elsternnester findet man häufig in dornigen Sträuchern oder zwischen dünnen Zweigen hoch im Baum.

Ein Heim auf dem Boden

Manche Menschen sind verblüfft, wenn sie von Vogelnestern auf dem Boden hören. In einer Landschaft ohne Bäume, wie in Grassteppen, Marschen oder Heiden, bleibt den Vögeln nichts anderes übrig. Es gibt aber auch Arten, die selbst zwischen hoher Vegetation auf dem Boden nisten.

Die einfachsten Nesttypen sind kaum als Nest zu bezeichnen – Mulden zwischen Steinen am Strand oder locker arrangierte Steine, wie sie von Watvögeln, wie Austernfischern oder Sandregenpfeifern, gebaut werden.

Enten rupfen sich Federn aus der Brust und polstern damit ihre Bodennester etwas komfortabler aus. Die Daunenfedern der Eiderenten wurden aus den Nestern gesammelt und zu Kissenfüllungen verarbeitet.

Eiderenten und andere Entenarten polstern ihre Nester mit Daunen aus, die sie sich aus der Brust zupfen. Ist kein anderes Nistmaterial vorhanden, bauen sie ihre Nester ausschließlich aus den Daunen.

Größere Regenpfeifer, Fasane, Raufuß- und andere Hühnervögel polstern ihre Nester mit Gras, Zweigen, Blättern, Federn und allem Möglichem aus, was sie gerade in der Nähe finden.

Die Nester vieler Bodenbrüter, im Bild eine Fasanenhenne, bestehen aus locker zusammengescharrtem Material aus der unmittelbaren Umgebung.

Nester am Wasser

Da viele Raubtiere gar nicht oder nicht gerne schwimmen, bauen eine Reihe von Vögeln, die am Wasser oder in Feuchtgebieten leben, ihre Nester im oder doch nahe am Wasser auf nassem, unsicherem Boden.

Taucher konstruieren schwimmende Nester aus unordentlich zusammengefügten Wasserpflanzen, die wie treibende Komposthaufen aussehen. Wenn die Pflanzen zerfallen, zerbricht auch das Nest. Die Nester im Flachwasser werden entweder locker an Pflanzen befestigt oder schwimmen völlig frei. Die Größe des „Nestfloßes" gibt erste Hinweise auf die Art: Haubentaucher nehmen größere Zweige und Schilf, die kleineren Arten entscheiden sich für dünnere Zweige und zarte, beblätterte Triebe.

Haubentaucher befestigen ihre schwimmenden Nester aus Wasserpflanzen gelegentlich an der Vegetation.

Blässhühner schichten einen kleinen Hügel aus Pflanzen auf. Dieser Nesttyp ist häufig, die sehr ähnlichen Nester der Moorhühner sind allerdings kleiner.

Die Rallenarten, wie Moorhuhn, Teichralle und Blässhuhn, bauen relativ stabile Nistplattformen. Sie flechten Pflanzen zu lockeren Schalennestern und füttern sie mit zarten Kräutern und Blättern aus. Die Nester werden nahe am Ufer an Pflanzen befestigt. Blässhühner bauen Nester mit tiefen, gut erkennbaren Nistmulden, die größer sind als Moorhuhnnester.

Rechts: *Große Nester für große Vögel: Höckerschwäne türmen Pflanzen zu einem mächtigen Haufen auf.*

Die riesigen, runden Schwanennester an Land oder im Flachwasser sind mit einem Durchmesser von 1–2 m unverwechselbar. Die Nistmulde ist deutlich ausgebildet, sie wird mit zarten Pflanzen, aber nicht mit Daunen gepolstert. Weitere Hinweise geben Kothaufen, von den breiten Füßen zerdrückte Pflanzen und die abgeworfenen weißen Federn.

Minimalistische Apartments

Wenn Sie hoch oben im Baum eine Ansammlung von Zweigen sehen, die wie die Stäbe eines Mikadospiels wirken, dann haben Sie ein Taubennest entdeckt. Es besteht in der Tat nur aus wenigen Zweigen, die nahe am Stamm kreuz und quer auf Ästen aufeinandergelegt sind. Ringel-, Türken- und Turteltauben bauen solche minimalistischen Nester.

Tauben bauen häufig äußerst minimalistische Nester, die meist kaum mehr als eine eben erkennbare Anordnung von Zweigen sind.

Offene Häuser

Solche schalenförmige Nester findet man häufig, nähere Hinweise geben Material, Umgebung, Größe und Bauweise. Dieses Nest einer Mönchsgrasmücke wäre ohne die Eier kaum zu bestimmen.

Die meisten Vogelarten bauen für ihre Eier ein schalenförmiges Nest an einer Stelle, die möglichst vor Raubtieren geschützt ist. Ein solches Nest wird in der Regel aus stabilem Pflanzenmaterial geflochten – meist aus Gräsern, einige Arten bevorzugen auch Wurzeln, Heidekraut, Stängel oder Zweige. Je nach der Vogelart ist die Schale sehr fest bis locker geflochten. Um die Stabilität zu erhöhen, lehnen Vögel ihr Nest an Zweige oder Wurzeln an, manchmal werden auch lebende Stängel oder andere Pflanzenteile in die Konstruktion miteinbezogen. Manche Arten verleihen dem Nest mit Schlamm oder Speichel zusätzliche Festigkeit. Zum Abschluss wird die Nistmulde mit Fell, Federn, zarten Gräsern, Wolle, Moos oder Haaren ausgepolstert, um den auskühlenden Wind abzuhalten und die Körperwärme zu speichern.

Viele Vogelarten bauen Schalennester auf dem Boden. Sind keine Eier vorhanden, lässt vor allem der Lebensraum auf den Baumeister schließen.

Erwartungsgemäß findet man die meisten Nester in Hecken, Sträuchern oder Bäumen, aber viele kleine Vögel der offenen Landschaften, wie Pieper, Schmätzer, Goldammer, Berghänfling, Feldlerche und Singdrossel, bauen ähnliche Nester auf dem Boden. Allerdings suchen sie möglichst Deckung hinter Grasbüscheln oder in natürlichen Senken.

Die größte Herausforderung für einen Naturdetektiv liegt in der Ähnlichkeit der Nester, die es manchmal unmöglich macht, die Vogelart ohne weitere Indizien sicher zu bestimmen – auch innerhalb einer Art gibt es Variationen. Auch das verfügbare Material beeinflusst die Form. Mit wachsender Erfahrung, Suche nach Hinweisen – auch der Beobachtung während des Nestbaus – steigen Ihre Chancen, eine verlässliche Schätzung zu wagen. Erste gute Indizien liefern die Größe des Nestes und der jeweilige Lebensraum.

Das wunderbar gearbeitete Nest einer Singdrossel. Beachten Sie vor allem die saubere Auskleidung mit Schlamm.

Die kleinste Vogelart Europas ist das Wintergoldhähnchen, das mit etwa 7–8 cm Durchmesser auch die kleinsten Nester baut. Es lebt bevorzugt in Nadelwäldern und baut ein charakteristisches Nest unter Pflanzen. Es besteht aus dünnen Flechten, Moos und Spinnweben: Wintergoldhähnchen „nähen" das Nest mit Spinnenseide zusammen und hängen es an Pflanzenzweigen auf. Von ganz anderem Kaliber sind die Nester der Drosseln, die ihre wuchtigen Nester aus Pflanzenmaterial bauen, sie haben bei einer Muldengröße von 10 cm ungefähr 16 cm Durchmesser. Die weit verbreiteten Amseln und Singdrosseln bauen Nester von ähnlicher Größe. Sie unterscheiden sich nur im „Finish": Singdrosseln kleiden ihre Nester ringsum mit einer nackten Schlammschicht aus, während Amseln sie mit zarterem Material auspolstern.

Vergleichen Sie das Nest der Singdrossel mit diesem der etwa gleich großen Amsel: Beide Nester sind etwa gleich groß, doch die Amsel hat anderes Material verwendet und die Mulde nicht mit Schlamm verputzt.

Baumnester

Viele Nester werden hoch oben in den Astgabeln von Bäumen oder auf Gesimsen gebaut. Ich möchte mit den höchstgelegenen Nestern anfangen und bis zur Höhe einer Hecke herabsteigen.

Die Vertreter der Krähenfamilie bauen große Nester aus unordentlich zusammengefügten Zweigen in hohen Bäumen. **Saatkrähen** brüten in Kolonien, häufig sieht man mehrere Dutzend Nester in den Kronen einer Baumgruppe. Die Nester sind annähernd kegelförmig mit der Spitze unter der stabilen Nistfläche.

Auch **Reiher** brüten in Kolonien. Ihre Brutperiode beginnt im Februar. Im Unterschied zu den Saatkrähen verlassen sie ihre Kolonien

Die Nester einer Saatkrähen-Kolonie sind bereits aus großer Entfernung zu sehen, besonders gut im Frühling, wenn sie nicht von Blättern verdeckt werden.

Unten: *Auch der Graureiher brütet in Kolonien. Er baut sein Nest auf hohen Bäumen; die Äste müssen stark genug sein, um die schweren Nester zu tragen.*

im Winter. Eine verlassene Nistkolonie im Winter könnte von Reihern stammen, kommen Sie zur Sicherheit im zeitigen Frühjahr zurück und überprüfen Sie, wer dort brütet.

Große Äste, großer Vogel. Die kräftigen Rabenvögel, die auch schweres Nistmaterial tragen können, bauen große, unregelmäßige Nester.

Aaskrähen nisten in Bäumen. Ihre Nester sind mit einem Durchmesser von 60–80 cm etwa so groß wie die der Saatkrähe, aber nicht so tief. Sie erinnern an große, aus Zweigen gebaute Teller und werden mit feinerem Material – Schafwolle, Plastiktüten und Schnur – ausgepolstert. Da Krähen territorial sind, bauen sie ihre Nester stets mit einem gewissen Abstand voneinander.

Raben bauen riesige Nester, häufig Jahr für Jahr an derselben Stelle. Obwohl sie Felsen und Steinbrüche bevorzugen, verhalten sie sich beim Nistplatz genauso opportunistisch wie beim Wahl des Futters. Sie brüten in Kirchen, alten Scheunen, Bäumen oder eben in Felsnischen. In einem Baum lassen sich ihre Nester dank des enormen Durchmessers von 1,5–2 m leicht identifizieren.

Häher verstecken ihre Nester gerne zwischen dicken Ästen und dem Baumstamm, aber auch zwischen dichten Zweigen oder Efeu.

Die berühmten Nester der Weißstörche bestehen aus ungeordneten Asthaufen auf hohen Bäumen, Masten und Schornsteinen.

Unordentliche Haufen

Greifvögel bauen sehr unterschiedliche Nester. Wanderfalken sind mit einer Mulde zufrieden, während Arten wie Baumfalke oder Mäusebussard die alten Nester anderer Vögel übernehmen, vor allem Nester der Krähenfamilie. Es kann also passieren, dass Sie ein Krähennest bestimmen, bis junge Mäusebussarde ihre weißen Köpfe über dem Rand zeigen.

Ein völlig neu gebautes Nest ähnelt einem Haufen aus Zweigen mit einer Vertiefung in der Mitte. Fischadler sind für ihre Nester aus mächtigen Zweighaufen bekannt, die sie Jahr für Jahr vergrößern. Schließlich kann das Nest so groß werden, dass die Äste unter seinem Gewicht brechen oder der Wind es aus der Baumkrone bläst, weil der Luftwiderstand zu groß wird.

Fischadler sind keine subtilen Konstrukteure. Sie schichten ihre mächtigen Nester Zweig für Zweig locker auf, häufig in Wassernähe.

HART AM RAND

Nester auf Klippen und Steilwänden sind nicht so leicht zu entdecken. Eine Möglichkeit wäre es, Ausschau nach Zweighaufen und anderem Material zu halten, was aus der Entfernung nicht immer möglich ist. Regelmäßig genutzte Nistplätze von Raben und Greifvögel verraten sich häufig durch gut sichtbare weiße Streifen auf der Felswand. Dabei handelt es sich um die Ausscheidungen, die über die Felskante fließen. In manchen Fällen sehen sie fast leuchtend grün aus, da sich Algen auf den nährstoffreichen Ausscheidungen ansiedeln.

Typische Felsbrüter, wie Wanderfalken und Raben, verraten ihre Nistplätze oft durch die weißen Streifen von Ausscheidungen direkt unterhalb des Nestes.

Zaunkönige bauen ihre Kugelnester bis zu Fußballgröße. Der Eingang ist üblicherweise nahe am Boden des Nestes gut versteckt.

Kugelnester

Einige der schönsten und geheimnisvollsten Nester sind als Hohlkugeln konstruiert. Zaunkönig und Schwanzmeise verflechten ganz unterschiedliche Materialien zu einem stabilen und erstaunlich flexiblen Nest, in dem sie ihre Jungen aufziehen. Die grapefruitgroßen Nester von Zaunkönigen aus Blättern, Gräsern und Moos sind hervorragend getarnt, meist tief in dichter Vegetation versteckt. Die Schwanzmeise „näht" dagegen elegante längliche und sehr dehnbare Nester aus Moosen und Flechten mit Spinnenseide zusammen. Beide Vogelarten suchen sich möglichst dichte Dornensträucher, sind zur Not aber auch mit einer Astgabel oder sogar mit einer engen Höhle zufrieden.

Wasseramseln leben in Gebirgen in der Nähe schnell fließender Gewässer. Sie bauen ihre kugelförmigen Nester gerne auf Brücken oder in zerfallenen Mauern, wo man gezielt nach ihnen suchen muss. Die Vögel halten sich fast ausschließlich am Wasser auf.

Die Zwergmaus ist ein Meister darin, Bast, lebende und tote Gräser zu verflechten. Ihre winzigen Nester sind kaum größer als ein Tennisball.

Die **Zwergmaus** ist das kleinste Säugetier Europas. Sie webt ihr erstaunliches Nest aus Gräsern und Stängeln. Es ist sehr fest, etwa so groß wie ein Tennisball und unterscheidet sich von allen Vogelnestern. Die Zwergmaus beginnt den Nestbau am Boden: Sie spaltet die unteren Blätter von mehreren Gräsern in dünne Bänder und flicht sie zusammen, ohne sie von den Pflanzen abzureißen. Auf diese Weise unterscheidet sich das Nest kaum von der Umgebung und ist nur sehr schwer zu entdecken. Im Laufe der Zeit wächst es zusammen mit dem Gras langsam vom Boden in die Höhe. Die Nester für die Jungenaufzucht haben nur einen Eingang, während die Winternester und die Schlafnester des Sommers jeweils einen „Vorder-" und einen „Hintereingang" haben.

Haselmäuse verbringen bis zu sieben Monate des Jahres im Winterschlaf, da ist es kein Wunder, dass sie hervorragende Nester und Brutkammern bauen. Diese kugeligen „Kobel" haben 15–20 cm Durchmesser und sind an ganz unterschiedlichen Stellen zu finden: in Astlöchern in Bäumen oder in Nistkästen, aber auch in offenem Gelände. Biologen, die an den Haselmausbeständen in Europa interessiert sind, machen sich dieses Verhalten zunutze. Sie bauen spezielle Nistkästen und zählen die Bewohner. Ich habe Haselmausnester in Brombeersträuchern und sogar zwischen Stämmchen von Haselnusssträuchern entdeckt.

Haselmäuse bauen Nester in Spalten, Baumlöchern und Vogelnistkästen. Sie benutzen Material, das gerade zur Hand ist, besonders gerne nehmen sie die Rinde des Geißblatts und Moos. Ich habe aber auch Nester gesehen, die mit Federn gepolstert waren.

Die Nester werden meist aus Blättern und geflochtenen Pflanzenstreifen gebaut. Die Rinde des Geißblatts, die sich hervorragend in Bänder spalten lässt, bildet die tragende Struktur. In feinere Streifen zerrissen, dient sie als Polstermaterial, das mit flaumigen Pflanzensamen eine bequeme Unterlage bildet. Das Nest der Haselmäuse ähnelt dem des Zaunkönigs, doch während Zaunkönige stets einen eindeutig erkennbaren, verstärkten Eingang bauen, legen Haselmäuse nur selten klar definierte Ein- oder Ausgänge an.

Das Winterschlafnest der Haselmäuse sieht ähnlich aus, wird aber eher auf oder unter der Erde gebaut. Es ähnelt den Wühlmausnestern, die ihre unordentlichen, lockeren Kugelnester aus Pflanzenfasern allerdings unter Baumstämmen, Schutthaufen oder Wellblech verstecken.

Siebenschläfer sind auf dem gesamten europäischen Festland verbreitet. Sie sind größer als Haselmäuse und bauen deutlich größere Nester. Obwohl sie für ihre Nester häufig natürliche Höhlen suchen – sie werden mit oder ohne eine Polsterung aus Pflanzen benutzt, übernehmen sie auch alte, verlassene Vogelnester. Die Nester, die sie selbst in einem Baum bauen, gleichen den Kobeln der Eichhörnchen und werden mitsamt grünen Blättern konstruiert.

Mäuse bauen zwar ebenfalls Nester, beschränken sich dabei aber auf das oberflächliche Umdekorieren vorhandener Höhlen und Baue. Zur Polsterung benutzen sie Blätter. Häufig besetzen sie auch Kästen, die eigentlich für Haselmäuse, Vögel oder Fledermäuse aufgehängt wurden.

Siebenschläfer bevorzugen hohle Bäume, die sie mit grünen Blättern auskleiden.

Hinweis: Haselmaus und Siebenschläfer sind geschützte Tiere und dürfen nicht gestört werden.

Erdmäuse bauen ihre Nester aus zerkleinerten Grasstängeln und Moos unter Gegenständen oder gut versteckt in einem Grasbüschel.

Lehmnester

Menschen und Vögel haben die Vorteile von Lehm erkannt: Es gibt ihn fast überall, und er lässt sich in jede Form bringen. Diese Rauchschwalbe hat ihre offene Nestschale mit Stroh, Wolle und Federn verstärkt.

Aus getrockneten Lehmziegeln erbauten Häuser gehören zu den ältesten festen Wohnstätten der Menschheit. Lehm zum Bauen steht fast überall zur Verfügung, und ein Bau aus Lehm hat hervorragende mikroklimatische Eigenschaften: Er ist kühl bei heißem und gemütlich warm bei kaltem Wetter.

Daher ist es keine Überraschung, dass auch viele Tiere ihre Nester aus Lehm bauen. Die wahrscheinlich bekanntesten Tierarten sind Rauchschwalbe und Mehlschwalbe. Während sie früher vermutlich unter Felsüberhängen genistet haben, bevorzugen sie heute menschliche Bauten. Sie holen feuchten Lehm im Schnabel und fügen damit ihre Nester Portion für Portion zusammen. Pflanzenfasern, Stängel, Tierhaare und Federn, die sie zwischen die Lehmkügelchen drücken, verstärken die Konstruktion. Das fertige Nest polstern sie mit Federn und weichem Material aus. Ein fertiges Nest besteht aus etwa 1000 Lehmkügelchen, doch häufig bessern sie vorhandene Nester einfach aus. Es gibt Berichte, wonach ein einzelnes Schwalbennest mehr als 50 Jahre lang bewohnt wurde.

Oberflächlich sehen die Nester von Rauch- und Mehlschwalbe ähnlich aus, sind aber leicht zu unterscheiden: Rauchschwalben bauen offene, schalenförmige Nester an geschützten Plätzen, während Mehlschwalben ihr bis auf ein Einflugsloch geschlossenes Nest draußen an glatte Wände unter einem Überhang kleben.

Mehlschwalben benutzen Überhänge als Schutz für ihr Nest.

Was ist das für ein Loch?

Ein in die Erde gescharrtes, in Holz gebohrtes oder in Sand gegrabenes Loch könnte eine Vorder- oder Hintertür, ein Schlupfloch, ein Notausgang, ein Belüftungsschacht oder eine Sackgasse sein, allerdings auch eine Speisekammer oder eine Latrine. Auf jeden Fall ist es ein Zugang zur privaten Welt eines Tieres. Die Frage ist nur: Welches hat es gemacht und wozu?

Wer wohnt hier? Manchmal gibt bereits die Größe der Öffnung einen Hinweis, aber meist braucht man weitere Indizien für die Bestimmung der Tierart.

Mein Loch ist mein Haus

Eine unterirdische Wohnung hat viele Vorteile – ein Tier, das darin lebt, kann sich sicher und geborgen fühlen. Bereits 20–30 cm unter der Erdoberfläche herrschen auch im heißen Sommer und eisigen Winter erstaunlich stabile Verhältnisse. Die Erde wirkt isolierend und hält die Lufttemperatur relativ konstant – im Bau ist es bei heißem Wetter kühl und wenn es draußen friert erträglich warm.

Ein Naturdetektiv sollte zunächst das direkte Umfeld des Loches gründlich untersuchen und darauf achten, nicht auf Spuren zu treten und wertvolle Indizien zu vernichten. Vor allem in der aus dem Loch gescharrten Erde finden sich neben Trittsiegeln alle möglichen Hinweise. Machen Sie sich Notizen, aber berücksichtigen Sie, dass nicht alle Fährten vom Baumeister stammen müssen. Ein neugieriger Hund könnte an dem Bau geschnüffelt haben – vielfach lebt sogar mehr als eine Tierart im selben Bau.

Beginnen Sie mit einem prüfenden Blick ins Loch. Mit einer Taschenlampe oder einem Spiegel bringen Sie Licht ins Dunkel und

Ganz rechts: Der Größe nach handelt es sich hier um einen Kaninchenbau, Wollhaare, Kot und die Futterreste bestätigen den Verdacht.

Füchse sind Opportunisten, die ihren Bau dort anlegen, wo günstige Verhältnisse herrschen. Fuchsgeruch, Kothaufen und Reste ihrer Mahlzeiten verraten sie.

Der Eingang zu einem Dachsbau ist mit dem halbrunden Eingangsloch und dem großen Abfallhaufen unverkennbar.

sehen sofort, ob das Loch eine Sackgasse oder ein Eingang zu einer Wohnstätte ist. Sollte Letzteres der Fall sein, folgt die weitere Spurensuche.

Es ist schwierig, die Breite eines Tieres zu ermitteln. Die gängigen Bestimmungsbücher geben Schulterhöhe und Körperlänge an, aber nicht die Breite. Sie müssen also Ihre eigenen Erfahrungen sammeln, wie breit das Tier gewesen sein könnte, das ein bestimmtes Loch gegraben hat.

Die potenziellen Baumeister von größeren Erdhöhlen und Bauen in Mitteleuropa sind entweder Kaninchen, Dachs oder Fuchs. Diese Tiere kommen in vielen Regionen und häufig vor, daher sollten Sie ihre Quartiere relativ einfach aufspüren und lernen können, sie zu unterscheiden.

EIN WORT ZUR VORSICHT

Wenn ich auf ein Loch stoße, blicke ich hinein – aber vorsichtig! Sie wissen niemals, was Sie darin erwartet. Ich habe einmal ein großes Loch gefunden, das über Nacht in einem Wald in meiner Nähe aufgetaucht war. Als ich mich begeistert darüberbeugte, um nachzusehen, schoss ein völlig überraschter Dachs heraus, der hier einen sommerlichen Schlafplatz gebuddelt hatte, und warf mich um.

Seither habe ich immer eine Taschenlampe oder einen kleinen Reisespiegel dabei – beide hilfreich beim Erkunden dunkler Innenräume. Eine helle LED-Taschenlampe am Schlüsselring oder ein Handy mit Lampe sind schnell griffbereit. Mit dem Spiegel können Sie natürliches Licht in dunkle Spalten lenken. Ich binde meinen Spiegel an einen Stock, um in Astlöcher oder Vogelnester sehen zu können.

Dachse

Dachse sind ziemlich große, robuste Tiere, die in Familiengruppen leben und ein eigenes Revier beanspruchen. Innerhalb dieses Reviers legen sie mehrere Baue an. Es gibt einen riesigen Hauptbau mit mehreren Eingängen, zahlreichen miteinander vernetzten Gängen und einem Wohnkessel und kleineren Gangsystemen, die nicht so häufig benutzt werden. Häufig graben sie in der Nähe des Hauptbaus eine oder mehrere Dependancen, die über gut ausgetretene Pfade mit dem Hauptbau verbunden sind. Zusätzlich legen sie Nebenbaue an, die wiederum nicht über Wege mit dem Hauptbau verbunden sind, gelegentlich auch kleinere Baue mit nur einem oder zwei Eingängen. Ein Dachsbau kann enorme Größen erreichen; im Rahmen einer wissenschaftlichen Untersuchung wurde ein Hauptbau mit einer Gesamttunnellänge von 310 m ausgegraben. Dazu hatten die Dachse insgesamt über 25 t Erde bewegt!

Dachse können mithilfe ihrer Krallen hervorragend graben, bevorzugen aber leichte, wasserdurchlässige Böden in Wäldern oder zwischen dichten Sträuchern. Häufig graben sie ihren Bau in eine Böschung, weil dort der Aufwand geringer ist, als einen Tunnel von der Erdoberfläche nach unten zu treiben. Sie buddeln selbst dann noch, wenn ihr riesiger Bau genügend Platz für den Familienverband bietet. Zumindest der Hauptbau einer Dachsfamilie ist leicht zu erkennen, denn vor dem Eingang lagert als markante Schwelle ein großer Haufen Erde und Streu.

Diese drei Dachsbaue befinden sich an verschiedenen Stellen, haben aber die gleichen Merkmale: einen halbrunden Eingang, eine große fächerförmige Abraumhalde, durch die oft eine Rinne führt – der Transportweg für den Abraum –, einen glatt gescheuerten Boden und ausgetretene Pfade von Eingang zu Eingang.

Oben: *Dachsbaue haben häufig, aber nicht immer, mehrere, durch ausgetretene Pfade verbundene Eingänge.*

Unten: *Alte Streu wird ausgeräumt und ins Freie geschafft.*

Unten: *Solche Rinnen in der Abraumhalde entstehen, wenn die Dachse im Rückwärtsgang Erde aus ihrem Bau räumen.*

Unten rechts: *Einzelne Trittsiegel im Boden sind eher die Ausnahme, wahrscheinlich finden Sie Fährten, die von vielen Dachsen stammen.*

Die Eingänge in einen Dachsbau verraten sich durch zahlreiche Indizien. In der Regel findet man in der Nähe weitere Löcher, entweder Nebeneingänge oder separate Baue. Suchen Sie die Umgebung nach anderen Eingängen ab. Manche liegen gut versteckt, beispielsweise im dichten Gebüsch.

Das eigentliche Eingangsloch des Dachsbau ist fast halbkreisförmig, genau richtig für einen Dachsrücken. Im Boden vor oder neben dem Eingang, insbesondere aber über dem Loch, finden sich fast immer deutliche Abdrücke der Krallen. Der flache Boden im Eingangsbereich ist von zahlreichen Füßen glatt gescheuert und verfestigt.

Dachse, die ihren Bau säubern oder erweitern, klemmen Streu und Erde zwischen Körper und Vorderbeinen ein und bewegen sich rückwärts aus dem Bau. Dabei entsteht eine etwa 30 cm breite Rinne durch die Abraumhalde. An frischen Grabstellen finden sich deutlich erkennbare, charakteristische Trittsiegel. Gut ausgetretene Pfade zwischen den Eingängen, große Erdbrocken und ausgegrabene Steine, die zu schwer sind für Füchse oder gar Kaninchen, außerdem tiefschwarze Fellhaare mit weißen Spitzen und Wurzeln sind eindeutige Indizien für einen Dachsbau. Viele andere Tiere, auch Füchse und Kaninchen, nisten sich neben den Dachsen als „Untermieter" ein. Ihre Spuren am Eingang verraten eine Gemeinschaftswohnung.

Kaninchen

Ähnlich wie Dachse graben auch Kaninchen Baue von unterschiedlicher Größe, meist mit mehreren Eingängen. Sie leben in großen Kolonien, und wenn ihnen Bodentyp und Deckung zusagen, legen sie zwischen den Eingängen ein Netz aus ausgetretenen Pfaden an. Selbstverständlich sind die Eingänge und Abraumhalden deutlich kleiner als beim Dachs. Das sicherste Indiz für die Nutzung durch Kaninchen sind die Kothaufen vor den Eingängen.

Kaninchen sind soziale Tiere, die gemeinsam in einem großen Bau aus Gängen und Kammern leben.

Viele kleine Eingänge und die charakteristischen Kotkügelchen verraten, dass dieser Bau im Wald von Kaninchen gegraben wurde.

Auf Wiesen und Weiden halten die Kaninchen das Gras um die Eingänge kurz – ein Bau ist schon aus großer Entfernung zu sehen.

Während Dachse ständig graben, knabbern und grasen Kaninchen regelmäßig alle Pflanzen im Umkreis des Baus fast bis zum Boden ab. Da sich Kaninchen bei Gefahr sofort in den Bau retten, bleiben sie stets möglichst in Reichweite eines Eingangs. Als Nebeneffekt bleibt die Umgegend eines Kaninchenbau sehr übersichtlich und ohne Deckung für eventuell anschleichende Raubtiere.

Gelegentlich stößt man auf flache Baue mit einem einzigen Eingang. In solche „Setzröhren" ziehen sich weibliche Kaninchen zurück, um in Ruhe ihre Jungen zu gebären und sie in den ersten Lebenswochen zu säugen. Setzröhren sind aber schwer zu finden, weil die Weibchen den Eingang mit Erde, Pflanzenabfall und Nistmaterial verstopfen.

Füchse

Füchse sind viel opportunistischer als andere Höhlenbewohner, und da sie anatomisch weniger auf das Graben spezialisiert sind als Dachse und Kaninchen, benutzen sie lieber vorhandene Baue: Sie vergrößern natürliche Höhlen, übernehmen Kaninchenbaue oder nisten sich neben Dachsen in einem Dachsbau ein. Daher sind Eingänge zu einem Fuchsbau nicht unmittelbar zu bestimmen. Allerdings sind Füchse definitiv keine ordentlichen Tiere.

Rechts und unten: *Füchse haben ihren Bau an sehr unterschiedlichen Stellen. Vor dem Bau fallen der Geruch von Fuchskot und Reste der Beute auf.*

Im Unterschied zu den Dachsen schleppen Füchse ihre Beute zum Bau. Insbesondere vor einem Bau, in dem eine Füchsin ihre Jungen aufzieht, liegen zahllose Überreste der letzten Mahlzeiten herum: Knochen, Federn und Fell. Die Fleischabfälle locken wiederum zahllose Insekten an. An heißen Sommertagen summt die Luft am Fuchsbau, und der stechende Fuchsgeruch verrät den Bewohner.

Ein weiterer kleiner, aber wichtiger Unterschied zwischen Fuchs und Dachs ist der Umgang mit Streu: Füchse polstern ihre Baue nicht aus, sollte also frische Streu vor einem fraglichen Bau liegen, handelt es sich garantiert nicht um einen Fuchsbau.

Kleine Säugetiere

Kleine Säugetiere, wie Mäuse, Wühlmäuse, Maulwürfe und Ratten, graben entsprechend ihrer kleineren Statur auch kleinere Baue.

Spitzmäuse legen häufig keinen Bau an, bewegen sich aber in der Deckung von Vegetation und Laubstreu auf festen Wegen.

Wühlmäuse, vor allem die Erdmaus, graben saubere Löcher mit 2–2,5 cm Durchmesser, die oft an ausgetretenen Pfaden liegen. Weitere Indizien sind Kot und abgeknabberte Grasstängel.

Waldmäuse graben ebenfalls kleine Löcher, ihr Aussehen hängt vom Untergrund ab, vor dem Eingang liegt häufig ein Abfallhaufen. In meinem Garten lebte ein Pärchen Waldmäuse, das einen erstaunlich mächtigen Erdhaufen aus einem Loch unter meiner

Oben links: *Kleine Säugetiere graben kleine Löcher, die schwer zu bestimmen sind. Die Größe ist kaum hilfreich.*
Oben rechts: *Diese Pfade lagen unter einem Stück Blech, sehr wahrscheinlich stammen sie von Erdmäusen.*

Unten links: *Feldmäuse graben unterirdische Nester als Vorratsspeicher, zur Jungenaufzucht und als Schlafkammer.*
Unten rechts: *Wühlmäuse bleiben auch unter dem Schutz einer Schneedecke aktiv. Nach der Schneeschmelze treten ihre ausgetretenen Pfade deutlich hervor.*

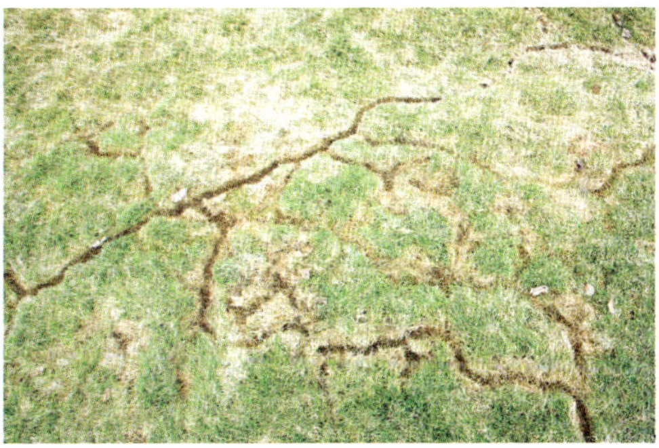

Waldmäuse bevorzugen Hecken und Wälder, sie meiden deckungslose Landschaften. Obwohl sie meist selbst Baue in den Boden graben, ziehen sie auch in Vogelnester und natürliche Höhlen ein.

Gartenmauer geschaufelt hatte. Ich hatte eigentlich auf Ratten getippt und erkannte meinen Irrtum erst, nachdem ich eine Wildkamera aufgestellt hatte.

Maulwürfe dürften zu den wenigen kleinen Säugetieren gehören, deren Hinterlassenschaften wirklich jeder kennt. Sie bewegen im Vergleich zu ihrer Größe enorme Erdmassen und gehören zu den wenigen Tieren, deren Gegenwart sogar aus dem fahrenden Auto oder Zug erkennbar ist.

Unter jedem ihrer Erdhaufen führt ein Schacht nach unten bis zu einem horizontalen Gang. Durch den vertikalen Schacht schaffen die Maulwürfe den Aushub an die Oberfläche. Das System aus Gängen ist eigentlich eine Falle für Regenwürmer. Maulwürfe patrouillieren durch ihr Gangsystem und sammeln die Würmer ein, die hineingefallen sind. Aus der Anordnung der Hügel lässt sich der Verlauf der Gänge ablesen – vor allem aus der Entfernung. Der Verlauf des Gangsystems wird je nach Temperatur, Bodenfeuchtigkeit

Die auffälligen Erdhügel grabender Maulwürfe dürften vermutlich allgemein bekannt sein, das Tier selbst bekommen dagegen nur die wenigsten zu sehen.

Auf einer Weide mit kurzem Gras fallen die Maulwurfshügel sofort ins Auge, sie kommen aber ebenso zahlreich im Wald vor.

Manchmal graben Maulwürfe direkt unterhalb der Grasnarbe und werfen dabei die Vegetation zu solchen Gängen auf. Am Ende taucht der Maulwurf kurz auf, dann gräbt er sich wieder tiefer unter die Oberfläche ein.

Gelegentlich findet man Gräben, die bis an die Oberfläche reichen.

und dem Nahrungsangebot ständig verändert. Bei Kälte, starken Regenfällen oder großer Trockenheit ziehen sich die wirbellosen Bodentiere, also auch Regenwürmer, in tiefere Bodenschichten zurück. Die Maulwürfe folgen ihnen, indem sie neue oder tiefere Tunnel graben – daher nimmt die Zahl der Maulwurfshügel nach solchen Wetterlagen zu. Wenn ein Maulwurf sein Gangnetz ausgebaut hat und die Regenwürmer nicht aus Wettergründen abwandern, stellt er seine Grabtätigkeit ein – die alten Hügel wachsen zu oder werden vom Vieh verteilt.

Wenn Sie die Verteilung von Maulwurfshügeln etwas genauer betrachten, dürften Ihnen – ungefähr im Zentrum des Systems – ein oder zwei Hügel auffallen, die deutlich größer sind als die übrigen. Darunter hat der Maulwurf unterhalb seiner Gänge sein Nest mit den Wohnkammern gegraben. In flachen oder staunassen Böden türmen Maulwürfe eine bis zu 500 kg schwere oberirdische „Festung" oder „Burg" aus Erde auf, die auch die Nistkammer enthält. Sollte der Grundwasserspiegel zu stark ansteigen, kann sich der Maulwurf in die Festung dicht unter oder sogar oberhalb der Erdoberfläche zurückziehen.

Im kurzen Gras fallen die Maulwurfshügel sofort ins Auge, aber sie kommen auch in ganz anderen Lebensräumen vor. Im Wald sind sie kaum zu sehen. In Landschaften mit hohem Gras verlaufen die Maulwurfsgänge direkt unterhalb der dichten Grasnarbe. Dort heben sie die Vegetation sogar gelegentlich an und laufen in oberflächennahen Gängen umher. Solche Gänge benutzen vor allem Tiere, die neue Lebensräume erkunden oder nach einem Partner suchen. Manchmal findet man sogar ein Loch, aus dem der Maulwurf für einen Moment an die Oberfläche gekommen ist, ehe er wieder in die Tiefe abtauchte.

WESSEN LOCH – EINE KURZE BESTIMMUNGSHILFE

Verstreute, lockere Löcher in weichem Boden stammen sehr häufig von Spitzmäusen, die aber meist in Laubstreu oder in Moos leben.

Unten: *Schermäuse graben sehr charakteristische Löcher, die etwa so groß wie Rattenlöcher sind. Indizien sind zerfaserte, abgeknabberte Pflanzen, grüne Ausscheidungen und verborgene Wege.*

Mäuse, Wühlmäuse und Spitzmäuse

Löcher mit weniger als 3 cm Durchmesser

Ratten und Schermäuse

Löcher von 3–7 cm Durchmesser. Vor Rattenlöchern gibt es häufig fächerförmige Abfallhaufen, Schermäuse sind ordentlich, beide in der Nähe von Wasser.

Maulwürfe

Charakteristische Maulwurfshügel (Abraum) oder Laufgänge direkt unter der Oberfläche mit gelegentlichen Durchbrüchen zur Oberfläche (ovale Löcher von 5 cm Breite)

Kaninchen

Kaninchenlöcher mit 8–14 cm im Durchmesser; sehr unterschiedliche Baue – von Einzelhöhlen bis zu Systemen mit zahlreichen Eingängen, je nach Bodentyp und Populationsdichte

Dachse

Dachslöcher sind etwa halbkreisförmig mit 20–30 cm Durchmesser und großer Abraumhalde davor. Der Eingang eines Fuchsbaus ist kleiner und runder.

Ein Bau von Wanderratten

Nicht jedes Loch ist ein Heim

Eine gestörte Bodenoberfläche – aufgescharrt oder aufgekratzt – kann die Spur einer Stiefelsohle, aber auch das Werk eines wilden Tieres sein. Forschen Sie nach dem Verursacher, um Ihre Fähigkeiten als Fährtenleser zu verbessern. Manche dieser Spuren lassen sich zuordnen, andere bleiben ein Geheimnis.

Wenn Kaninchen die Erde aufscharren, um Wurzeln und Knollen freizulegen, hinterlassen sie in den Mulden Duftmarken aus den Duftdrüsen zwischen den Zehen und am Kinn.

Die Größe der Störung liefert erste Hinweise. Stellen Sie sich vor, wie diese Spur entstanden ist. Wurde sie in den Boden gedrückt, oder wurde Material ausgescharrt? Wurde sie eingedreht? Vielleicht finden Sie weitere Indizien, Futterreste oder vielleicht Trittsiegel – schauen Sie sich in der Umgebung um, manchmal finden Sie dort deutlichere Spuren.

Dachse sind besonders ordentliche und reinliche Tiere – sie erleichtern sich fast immer in einer flachen Grube. Mehrere Gruben bilden eine Latrine, die in der Nähe der Hauptwege oder der Grenze des Reviers angelegt wird.

Dachse

Dachse hinterlassen regelmäßig Kratz- und Duftspuren an ihren Latrinen, mit denen sie ihre Reviergrenzen und Wege markieren. Die Latrinen der Dachse sind also viel mehr als nur Orte, an denen sie sich auf hygienische und ordentliche Art erleichtern.

Eine Dachslatrine ist eine flache Grube. Hier setzen die Dachse aus Analdrüsen

ihr Duftsekret ab. Daran lesen andere Dachse nicht nur ab, wer die Latrine benutzt hat, sondern auch welches Geschlecht das Tier hatte, ob das Individuum paarungsbereit ist und wie viel Zeit vergangen ist, seit die Latrine benutzt wurde – Latrinen sind sozusagen das stets aktualisierte Facebook der Dachse.

Manchmal hinterlassen Dachse in den Boden gedrehte „Schnüffellöcher". Hier hat ein Dachs seine Schnauze in die Grasnarbe gedreht und einen Wurm geschlürft. In der Mitte des Loches ist noch die Röhre des Wurms zu sehen.

Oben und unten: *Auf der Suche nach Würmern oder Käferlarven und beim beim Fressen durchwühlen Dachse den Boden systematisch und gründlich.*

Auch bei der Futtersuche hinterlassen Dachse einiges an Kratz- und Scharrspuren, die sich je nach der Art der vielfältigen Nahrung verändern. Sie schlürfen Würmer wie Spaghetti ein, doch wenn sich ein Wurm oder ein Käfer zwischen Wurzeln festgesetzt hat, muss der Dachs etwas härter arbeiten: Er wühlt sich mit seiner festen, aber flexiblen Schnauze in den Boden. Weil er den Kopf dabei meist dreht, entstehen Löcher, die wie „gebohrt" aussehen. Auf Weiden werden sie auch „Schnüffellöcher" genannt, weil wühlende Dachse schnaufende, keuchende Geräusche machen. Im Wald sind diese Spuren undeutlicher, in etwa wie die Fußspur eines kleinen Kindes, das in die Blätter der Laubschicht tritt.

Dachse untersuchen alles, was ihnen essbar erscheint, von Pflanzenknollen bis zu unterirdischen Bienen- und Wespennestern – die Krallen ihrer Vorderpfoten hinterlassen dann sehr deutliche Spuren.

Kaninchen und Hasen

Nicht jedes Loch im Boden führt zu einem Bau. Kaninchen graben nach Futter oder als Bestandteil des Sozialverhaltens.

Kaninchen sind territoriale Tiere. Während der Fortpflanzungszeit ab dem zeitigen Frühjahr werden sie besonders angriffslustig. Dann beanspruchen die dominanten Männchen ein Revier und markieren die Grenzen mit Urin und Kot, oft an auffälligen Stellen, wie in flachen Mulden. Kaninchen scharren auch bei der Suche nach besonders schmackhaften Wurzeln und Knollen den Boden auf. Die Kratzspuren sind flach und glatt – in der Nähe liegen charakteristische Kothaufen. Hasen hinterlassen bei der Nahrungssuche sehr ähnliche Kratzspuren. Sie graben keinen Bau, sondern ruhen in einer flachen Grube, der Sasse, einem hasengroßen Abdruck in der Erde oder im Pflanzenwuchs, oder sie scharren eine flache Mulde aus.

Eichhörnchen

Im Winter graben Eichhörnchen auf der Suche nach ihren Futterverstecken den Boden häufig auf, sowohl in Rasenflächen als auch im Wald. Dabei gehen sie ziemlich zielgerichtet vor. Sie graben nicht sehr tief, aber in der Regel ist die Erde zu sehen, die sie mit den Vorderpfoten nach hinten scharren. Manchmal findet man sogar noch Reste des Futters, wenn das Eichhörnchen sehr entspannt oder der Vorrat verdorben war.

Eichhörnchen suchen die Verstecke auf, in denen sie Eicheln und Nüsse vergraben haben, was besonders in kurz gemähtem Rasen auffällt.

Nur Wildschweine wühlen sich wie Bulldozer durch den Boden.

Hier haben Wildschweine die Erde neben einem Pfad auf der Suche nach Wurzeln, Knollen und wirbellosen Tieren umgepflügt.

Bei der Futtersuche verlassen sich Wildschweine auf ihre Schnauze.

Wildschweine

Auch große Tiere, wie Wildschweine und Hirsche, wühlen den Boden auf. Wildschweine sind dabei wahre tierische Bulldozer. Auf der Suche nach Wurzeln, Knollen, Würmern und Insektenlarven wühlen sie den Boden komplett um. Sie arbeiten sich systematisch mit gesenkter Schnauze durch die Grasnarbe oder eine Laubschicht und wühlen breite Furchen in den Boden. Meist suchen sie in günstigem Gelände im Herbst und Winter auf relativ beschränktem Raum nach Fallobst, Eicheln und Bucheckern. Manchmal durchwühlen sie aber auch sehr große Flächen, wenn sie ihnen vielversprechend erscheinen.

Solche Mulden werden von den Hirschbullen und Rehböcken während der Brunft ausgescharrt. Sie wälzen sich in einer Mischung aus Erde und Urin, um mit diesem „Parfüm" zu beeindrucken.

Hirsche

Dank ihrer zahlreichen Duftdrüsen verströmt Rotwild einen strengen Geruch, die Tiere schmieren die öligen Sekrete auf ihren Körper und auf Objekte in ihrem Lebensraum. Sika- und Rothirsche scharren während der Brunft Suhlen in den feuchten Boden, urinieren und setzen Duftmarken.

Rehe, Dam-, Rot und Sikahirsche, in geringerem Ausmaß auch Muntjaks, scharren den Boden mit ihren Vorderbeinen auf und hinterlassen dabei Duftmarken aus den Drüsen zwischen ihren Zehen. Sie urinieren in die Mulden und reiben Kopf und Geweih im lockeren Boden, womit sie den Boden noch stärker aufwühlen, um den Duft auf ihrem Körper zu verteilen. Auf der Suche nach Futter scharren sie tiefe Rinnen in den Boden, um an Wurzeln, Knollen und Pilze zu gelangen.

Dieser Hirsch wälzt sich in einem Duftgemisch aus Erde, Urin und Duftsekret – Hirschkühe lieben diesen Duftcocktail.

Löcher und Höhlen von Vögeln

Ein Vogelschnabel ist ein perfektes Werkzeug zum Picken und Hacken. Manche Vögel setzen ihn sogar als Meißel ein, um komplizierte Bauwerke wie Nisthöhlen in Bäume oder steile Wände zu hacken, oder sie graben einfache Mulden und Vertiefungen in den Boden, in den Flussschlamm oder sogar in Kuhfladen. Die Spuren verraten uns vieles darüber, welcher Vogel zu welchem Zweck gearbeitet hat.

An diesem steilen, mit Löchern übersäten Flussufer befindet sich eine Brutkolonie von Uferschwalben.

Höhlen in Steilwänden

Eine kleine Anzahl von Vogelarten höhlt Nistkammern im Boden aus. Uferschwalben suchen für ihr Nest Stellen mit weichem Boden und möglichst vertikalen Wänden, die sich leicht bearbeiten lassen – an Flussufern, abgerutschten Erdmassen oder in Kiesgruben. Da diese Vögel in Kolonien brüten, fallen ihre Höhlen zur Brutzeit sofort ins Auge.

An steilen Flussufern lohnt sich die Suche nach Nisthöhlen des Eisvogels, einer der schillerndsten Vogelarten Europas.

Eisvögel brüten einzeln, sie bauen ihr Nest in steilen Ufern hoch über dem Wasser. Es besteht aus einem bis zu 1 m langen Tunnel, den sie mit dem Schnabel picken. Die lockere Erde scharren sie mit den Füßen hinaus. An fast vertikalen Stellen geht das Graben besonders leicht. Die meisten Nester, die ich gefunden habe, lagen unterhalb von Überhängen über langsam fließenden Gewässern. Wenn man aus der Entfernung beobachtet, kann man den Eisvogel ein- und ausfliegen sehen. Auch Fliegenschwärme vor dem Eingang zeigen, dass ein Nest besetzt ist.

Spuren im Schlamm

Wenn Sie an einem kalten Wintertag am Meer bei Ebbe den Schlamm näher untersuchen, werden Sie Spuren von zahlreichen Watvögeln entdecken – vom Sanderling bis zum Brachvogel. Sie alle haben sich bei der Nahrungssuche mit ihren Schnäbeln im Schlamm verewigt. Wie sie dabei vorgehen, bleibt als Spur zurück.

Die Vögel versuchen mit unterschiedlichen Schnäbeln und Strategien, Würmer und andere Bodentiere zu überlisten. Die Schnabelform zeichnet sich zwar als Loch auf der Schlammoberfläche ab, die genaue Form hängt aber stark von der Beschaffenheit des Schlamms ab.

Viele kleine Vogelarten, vor allem Knutts und Strandläufer, hinterlassen regelmäßige „Stiche" im Schlamm. Sie laufen umher und stochern im Boden herum. Dabei spüren sie hin und wieder eine schmackhafte Beute im Schlamm auf und schnappen zu. Neben der Fährte zeichnet sich eine Linie aus paarigen Löchern in regelmäßigem Abstand ab – hier wurde Ober- und Unterschnabel in den Schlamm gestochen. Brandgänse hinterlassen eine Art „Weidespur", sie bewegen den Schnabel auf der Suche nach Wattschnecken hin und her. Daneben findet man auch aufgewühlten Schlamm, wo sie mit den Schwimmfüßen Kleintiere aufgescheucht haben.

Watvögel stochern auf der Suche nach wirbellosen Tieren im Schlamm. Diese Linie stammt vom Schnabel eines Strandläufers.

Oben: *Strandläufer suchen Ufer methodisch nach Insekten, Meereswürmern und auch nach kleinen Krustentieren ab.*

Links: *Brandgänse suchen nach wirbellosen Tieren und Algen, die an der Oberfläche wachsen. Beim Fressen „mähen" sie mit dem Schnabel hin und her und hinterlassen so ein charakteristisches Muster.*

Höhlen in Bäumen

Diese Nisthöhlen stammen mit großer Sicherheit vom Buntspecht – für eine genaue Bestimmung müsste man aber auf den Baum klettern.

Spechte sind die größten Zimmerleute unter den Vögeln, die in Europa mit zehn Arten vorkommen. Alle Spechte sind anatomisch an ihre Tätigkeit angepasst. Sie haben spitze, kräftige Schnäbel, einen „Stoßdämpfer", der die Hiebe abfedert, aber auch modifizierte Schwanzfedern und zwei nach vorn und zwei nach hinten gerichteten Zehen – Anpassungen, die helfen, beim Hämmern am Stamm einen festen Halt zu haben.

Spechte benutzen ihre Fähigkeit einerseits, um die zahlreichen Insekten zu erreichen, welche im Baumholz leben, andererseits für den Nestbau: Sie hacken mit großer Präzision Nisthöhlen in Bäume. Damit bilden sie eine Ausnahme unter den Vögeln. Von Spechthöhlen profitieren aber auch andere Waldtiere, von Fledermäusen und Eichhörnchen bis hin zu anderen Vogelarten.

Ein Loch, das Sie in einem Baumstamm entdecken, dürfte mit großer Sicherheit von einem Specht stammen. Lediglich Weiden- und Haubenmeisen können ebenfalls eigene Nisthöhlen hacken. Sie sind allerdings viel kleiner und schwächer als Spechte und suchen sich daher vor allem weiches, morsches Holz aus, vorzugsweise alte Baumstümpfe. Darin nisten sie nahe am Boden. Die Pärchen zimmern die Höhle gemeinsam. Die verräterischen Holzspäne sammeln sie auf und schaffen sie weit weg vom Nistplatz.

Auch die Haubenmeise und einige andere Arten bauen eigene Bruthöhlen, nutzen dafür aber nur das sehr weiche morsche Holz in Baumstämmen und -stümpfen.

Futterplätze: Der sehr robuste Schnabel eines Spechtes gleicht einem Meißel. Wenn ein nach Futter suchender Specht mit etwas Glück sofort auf eine Made stößt, zeichnet sich nur das von einem einzigen Schnabelhieb stammende Loch mit größerer Höhe als Breite ab. In der Regel legt er aber eine größere Fläche frei und beschädigt damit das Holz. Solche offenen Stellen sehen aus der Entfernung ziemlich sauber aus. Erst aus der Nähe sieht man die zerfaserten Ränder und findet direkt unter frischen Löchern Holzspäne auf dem Waldboden.

Bei der Futtersuche hacken die Spechte kleine Löcher in die Baumrinde. Schnabelhiebspuren und tiefe Löcher zeigen an, wo sie Maden entdeckt haben.

Buntspechte hacken Löcher in präzisen Reihen in die dünne Rinde, um den Pflanzensaft zu saugen.

Vor allem Buntspechte sind dafür bekannt, Bäume zu „ringeln". Dabei hacken sie rund um den Stamm mehrere Löcher, aus denen Pflanzensäfte austreten. Die Spechte suchen solche Ringelbäume regelmäßig auf und trinken den Pflanzensaft aus den Wunden.

Nisthöhlen: Die Eingänge zu den Nisthöhlen verraten sich meist als kreisrunde Löcher in der Rinde, nur der Schwarzspecht hämmert eher ovale Einganglöcher in die Bäume. Der Durchmesser des Eingangs verrät, welche Spechtart in der Höhle nistet. Spechte sind nicht nur die einzigen Vögel, die Löcher in intakte Bäume hämmern, sondern sie gehen auch so präzise vor, dass ihre saubere Arbeit sofort ins Auge fällt. Die Herausforderung für den Naturdetektiv besteht darin, die Spechtart zu bestimmen.

Da Totholz wesentlich weicher und leichter zu bearbeiten ist, suchen auch die meisten Spechtarten nach abgestorbenen Bäumen, in die sie ihre Nisthöhlen zimmern. Nur Buntspecht und Schwarzspecht sind in der Lage, ihre Höhlen auch ins Holz lebender, gesunder Bäume zu hacken.

Die ideale Höhle befindet sich so hoch wie möglich in einem lebenden Baum. Dort gibt die feste Oberfläche des Holzes Stabilität, und das teilweise verrottete Kernholz lässt sich leichter entfernen. Die Öffnung wird fast immer gegenüber der Wetterseite angelegt. Im Gebirge bevorzugen Spechte die Südseite des Baumes.

Oben und rechts: Schwarzspecht und Buntspecht haben ihre Bruthöhlen sauber in den Baum gemeißelt – typisch für die Spechtfamilie.

Spechte zimmern innerhalb ihres Reviers stets mehr als eine Höhle, manche dienen vielleicht als Rast- und Schlafplätze. Manchmal wird ein Loch nur begonnen und nach einiger Zeit wieder aufgegeben. Vielleicht war das Holz zu hart oder ein anderer Faktor hat den Specht von der Vollendung abgehalten.

Welche Vogelart hat dieses Loch gehackt?

Art	Form und Größe des Loches
Schwarzspecht *(Dryocopus martius)*	oval – 115 × 100 mm
Grünspecht *(Picus viridis)*	oval – 75 × 65 mm
Buntspecht *(Dendrocopos major)*	rund – 55 mm
Kleinspecht *(Dendrocopos minor)*	rund – 35 mm
Weidenmeise *(Poecile montanus)*, *Haubenmeise (Lophophanes cristatus)*	rund – 25 mm

Löcher und Gänge von Gliederfüßern

Löcher, die kleiner sind als der Durchmesser eines kleinen Fingers, unter 1 cm, stammen, unabhängig vom Material, in das sie gebohrt wurden, fast immer von einem Insekt oder einem anderen wirbellosen Tier. Viele Arten bohren Gänge als Unterschlupf, Wohnung oder Bruthöhle. Manche Löcher werden nur einmal als Ausgang genutzt, wenn ein Tier aus einer Ruhephase seines Lebenszyklus erwacht, beispielsweise aus der Puppenruhe unter der Erde.

Diese Löcher scheinen von einem Specht zu stammen, der sich in der Höhe vertan hat. Tatsächlich handelt es sich um die Ausflugslöcher einer Motte. Die Larven des Hornissen-Glasflüglers leben direkt unter der Baumrinde. Dort verpuppen sie sich, und erst die adulte Motte verlässt das Versteck durch ein Loch in der Stammbasis.

Winzige Löcher im Boden

Die enorme Artenzahl und Vielfalt der wirbellosen Tiere führt natürlich zu einer schier unübersehbaren Zahl von möglichen Verursachern eines Loches. Andererseits gehen erstaunlich viele Wirbellose, die Höhlen oder Gänge bohren, nach einem erkennbaren Schema vor. Es dürfte zwar nicht immer möglich sein, die konkrete Tierart zu bestimmen, aber Sie haben eine gute Chance, das Feld einzugrenzen.

Viele Löcher, die Wirbellose in den Boden graben, verraten sich durch Abraum, Seide oder Schleim, manchmal findet man Exkremente, manchmal nicht. Form und Größe des Loches geben wie immer einige Hinweise, aber für eine genaue Bestimmung müssen Sie Ihre Augen anstrengen und sich Mühe geben – diese kleinen Wundertiere sind eine Herausforderung.

An den Rändern von Trampelpfaden oder frischen Erdabrutschungen finden Sie die Löcher von vielen verschiedenen Insekten, welche die Sonne lieben.

Schlichte Löcher

Sie haben also einen Eingang in die Unterwelt entdeckt, doch wie um alles in der Welt bestimmt man den Baumeister? Wie immer kommt es auf Größe, Form und Umfeld an.

Nackte Erde kommt in der Natur nur sehr selten vor, wenn überhaupt allenfalls temporär. Nur an Küsten, Klippen, Dünen und den Ufern von Seen und Flüssen treten regelmäßig nackte Stellen auf. Auch von Menschen getretene Pfade legen den nackten Boden frei. Hier graben kleine Tiere gerne ihre Gänge in den Boden.

Die Larven der **Sandlaufkäfer,** von denen in Mitteleuropa zwölf Arten bekannt sind, bohren saubere, runde Löcher in die Erde, gerne auch an Wegrändern. Diese Löcher führen zu glatten, einfachen, vertikalen Röhren, in denen die Larven leben. Wenn sich eine Larve häutet und wächst, nimmt die Größe der Löcher zu – eine voll ausgewachsene Larve lebt in einer Röhre von etwa 5 mm Durchmesser.

Wenn die Röhre leer erscheint, leuchten Sie mit einer Taschenlampe hinein. Vielleicht sehen Sie ein Auge oder eine Bewegung. Wenn Sie etwas Sand ins Loch streuen und geduldig warten, erscheint bald ein merkwürdiger, abgeflachter Kopf, der wie eine

Diese runden „Türen" wurden von räuberisch lebenden Larven der Feld-Sandlaufkäfer gebohrt.

elastische Feder den Sand wieder aus der Röhre schaufelt. Das Loch ist der Eingang zur Wohnröhre und auch eine Todesfalle für Insekten.

Die Käferlarven sind unersättliche Raubtiere. Sie sitzen in der Röhre und warten auf ihre Beute: vorbeikommende Insekten. Mit zahlreichen Augen am scheibenförmigen Kopf haben sie eine 360-Grad-Rundumsicht, und dank der blitzschnellen Reflexe entgeht ihren Kiefern keine Beute. Wenn Sie in der Nähe solcher Löcher die leeren Hüllen toter Fliegen, Käfer und Ameisen entdecken, dürfen Sie relativ sicher sein, dass die Wohnröhren von Sandlaufkäfer-Larven bewohnt werden.

Solitärbienen und -wespen bauen ihre Nester an sandigen, sonnigen Stellen.

Nehmen Sie sich im Frühling und Sommer die Zeit, die Löcher zu beobachten. Sie werden nicht nur ein- und ausfliegende Insekten sehen, sondern auch, wie eine Biene oder Wespe den Sand wegschaufelt, um ein neues Loch zu graben.

Die meisten **Bienen und Wespen** leben nicht in hoch organisierten Kolonien mit zahllosen Mitgliedern, sondern solitär. Ihre Nester fallen entsprechend bescheidener aus. Meist bestehen sie aus einzelnen Zellen mit je einem Ei und einem Nahrungsvorrat. Wespen legen ihren Larven ein erbeutetes Insekt oder wirbelloses Tier in die Zelle. Bienen sind Vegetarier – sie versorgen ihre Larven mit Pollen oder Nektar. Manche Arten nutzen natürliche Höhlen, andere graben sie selbst.

Die Höhlen dieser Insekten sind nicht so sauber gearbeitet wie die der Sandlaufkäfer. Die Eingänge sind sehr unterschiedlich, mit unregelmäßigen Rändern. Beim Hineinsehen fällt auf, dass der Gang selten gerade ist und in der Breite variiert. Die meisten Bienen und Wespen graben diese Höhlen zügig und legen sofort Eier und Vorrat hinein. Sie planen keine dauerhaften Wohnungen, sondern nur eine temporäre Unterkunft, in der sich die Jungen sicher entwickeln können.

Das Nest enthält sogenannte Zellen. Das Weibchen legt ein Ei und einen Futtervorrat hinein und versiegelt die Höhle.

Die meisten Solitärbienen und -wespen graben Tunnel in die Erde, einige auch in Holz, Zweige und hohle Grasstängel.

Jedes kleine Loch könnte das Nest einer der etwa 700 Solitärbienenarten oder 5000 Solitärwespenarten in Mitteleuropa sein. Einige werfen den Aushub vor den Eingang oder versiegeln den Eingang ihrer Höhle.Andere bewegen sich rückwärts aus dem Eingang und verstreuen den Sand mit den Füßen in alle Himmelsrichtungen, bis keine Spur mehr erkennbar ist.Einige der größeren Sandwespen *(Ammophila)* verteilen den Sand und schaffen sogar den Abfall weg. Andere Solitärwespen lassen den Beutevorrat aus unbekannten Gründen einfach liegen, das liefert einen guten Hinweis auf die Identität des Baumeisters (siehe Tabelle unten).

Solitärwespen in Erdnestern

Wespen	Beute
Wegwespen (Familie Pompilidae)	Spinnen
Grabwespen *(Miscophus)*	Spinnen
Grabwespen (Familie Sphecidae)	Laubheuschrecken und Grillen
Grabwespen *(Alysson, Crossocerus, Diodontus, Gorytes, Psen)*	Gleichflügler (Homoptera)
Grabwespen *(Astata, Dinetus, Lindenius)*	Käfer (Heteroptera)
Grabwespen *(Bembix, Crabro, Crossocerus, Lindenius, Mellinus, Oxybelus)*	Fliegen
Faltenwespen *(Ancistrocerus)*, Knotenwespen *(Cerceris, Entomognathus, Gymnomerus, Methocha)*, Mauerwespen *(Odynerus)*	Käfer
Sandwespen *(Ammophila, Podalonia, Pseudepipona)*, Faltenwespen *(Ancistoderus)*	Schmetterlingsraupen
Knotenwespen *(Cerceris)*, Grabwespen *(Philanthus)*	Ameisen, Bienen und Wespen

Die Insekten zu bestimmen, die solche Löcher graben, ist eine eigene Wissenschaft.

Seltsame Löcher

Mehrere Löcher unterschiedlicher Größe, manche davon länglich, aus verbundenen oder ineinandergestürzten Gängen, vor denen gelegentlich Resten des Aushubs liegen, sind fast immer das Werk von Ameisen. Wenn sie ihre Arbeit erledigt haben, ziehen sie weiter und hinterlassen solche merkwürdigen Löcher.

Solche unregelmäßigen, zerfallenen Löcher wurden von Ameisen gegraben, die weniger sorgfältig als Bienen und Wespen vorgehen.

Verzierte Löcher

Mit „verzierten" Löchern meine ich solche, die mehr sind als eine einfache Öffnung im Boden. Das können ein zusätzliches Häufchen Aushub, Abfälle, aber auch Seidenfäden sein. Hier einige Tipps, wer die Verursacher sein könnten:

Die Würmer sind besonders zahlreich unter den grabenden Tieren vertreten. In der Erde leben zwar zahlreiche Arten von Würmern, doch nur die wenigsten verraten sich durch ihre Ausscheidungen. Sie kommen in vier Hauptgruppen oder Ökotypen vor. Die anözischen tief grabenden Würmer leben permanent in Gängen unter der Erde. Sie fressen sich durch den Boden, und nachdem die Erde ihren langen Darm passiert hat, wird sie wieder ausgeschieden. Längliche, geringelte Kothaufen neben einem Eingang zum Gangsystem weisen auf den Regenwurm *Lumbricus terrestris* hin. Er kommt besonders häufig unter nährstoffreichen, nicht gedüngten Wiesen und Weiden vor. Dort stellen ihm Dachse, Igel, Maulwürfe und andere Wildtiere nach.

Die auffälligen, geringelten Kothaufen von Regenwürmern liegen direkt über einem unterirdischen Wurmgang.

In Zeiten mit üppigem Nahrungsangebot legen Würmer große Speicher an, je nachdem welche toten oder absterbenden Pflanzen auf der Erdoberfläche liegen. Die Würmer verlassen ihre Gänge, greifen sich das organische Material – Moos, kleine Zweige und Blattstücke – und ziehen es als Vorrat in ihre Gänge.

Wenn im Herbst große Mengen Blätter auf der Erde liegen, ziehen Regenwürmer intakte Blätter in ihre Gänge. Sie werden ordentlich zusammengerollt und stecken wie kleine Zigarren in den Löchern zwischen den Grashalmen. Auf diese Weise wird der Boden belüftet, was die Gesundheit der Pflanzen fördert.

Stinkende Löcher

Zu den eifrigen Höhlengräben gehören auch einige Käferarten. Während viele Schwarzkäferarten einfache Löcher als Verstecke graben, legen andere viel komplexere Baue an. Die Eingänge zu den besonders eindrucksvollen Höhlen der unermüdlichen Kotkäfer sind vielerorts zu finden, sie recyceln den Kot anderer Tiere. Die vermutlich häufigsten Vertreter dieser Gruppe sind die Mistkäfer – schwarz und in vielen purpurnen Tönen schillernd. Ihre sauberen, runden Löcher von 8–10 mm Durchmesser liegen gewöhnlich in der Nähe von Kothaufen. Obwohl sie nicht besonders wählerisch sind, bevorzugen sie den Dung von Pflanzenfressern. Ich habe sogar beobachtet, dass sie Fuchskot mit den Überresten ihrer eigenen Art in ihre Kammern schafften. Das Loch im Boden geht zunächst vertikal nach unten und gabelt sich in mehrere Gänge auf, die zu jeweils einer Kammer führen. Darin legen die Mistkäfer den Kot als Nahrung für ihre Larven ab. Neben dem Mistkäfer bauen auch Stierkäfer – die bevorzugen den Kot von Kaninchen – Höhlen in den Boden.

Ein Loch im Boden neben einem Kothaufen ist ein gutes Indiz für Kotkäfer, die höchste Artenzahl weisen die Mistkäfer auf.

Mistkäfer bevorzugen ganz unterschiedlichen Dung. Dieser hat sich an das Recyceln von Schafdung gemacht.

Mini-Vulkane

Die kleinen, kegelförmigen Erdhaufen auf nackter Erde oder zwischen sehr kurzem Gras – stets an sonnigen Standorten – sind das Werk von solitär lebenden Sandbienen. Diese kleinen Bienen der Gattung *Andrena* kommen mit etwa 150 Arten in Mitteleuropa vor. Die Rotpelzige Sandbiene ist eine der größeren Arten dieser Gattung. Sie lässt sich vorwiegend im Frühling auf sonnigem, kurzem Gras sehen. Während Bienenarten den Eingang im Zentrum des „Vulkans" anlegen, werfen Solitärwespen die Erdteilchen nur in eine Richtung: Ihre Eingangslöcher liegen neben dem Hügel.

Links: *Sandbienen graben ihre Gänge in nackten Boden oder zwischen kurzem Gras – oben rechts ist der Eingang zu sehen.*

Unten: *Ameisen türmen kleine „Vulkane" mit zentraler Öffnung auf, die Partikel sind meist sehr einheitlich und trocken.*

Ameisen türmen ähnliche Hügel aus kleinen Partikeln von einheitlicher Größe auf, sie sind aber deutlich flacher als die Hügel der Sandwespen.

Da die einzelnen Arten spezielle Ansprüche an Lebensraum und Nistplatz stellen, ist es möglich, nach Form, Art und Lage des Hügels die Ameisenart zu bestimmen, die detaillierte Erläuterung würde aber den Rahmen des Buches sprengen. Ameisen mögen sonnige Plätze, und viele Arten nutzen Steine als Wärmespeicher. Daher sind Erdhäufchen neben flachen Steinchen beinahe sicher das Werk von Ameisen.

Der ungewöhnlich geformte Ameisenlöwe lauert am Boden seines Trichters auf Beute – nur Augen und Kiefer sind dann zu sehen. Wenn sich eine Ameise in den Trichter verirrt, wird sie mit Sand beworfen, bis sie in Reichweite der Kiefer rutscht.

Trichterförmige Mulden

Trichterförmige Mulden in trockenen Böden aus feinem Sand sind das Werk eines sehr geschickten Insekts, des Ameisenlöwen. Wie der Name bereits andeutet, ist diese Larve der Ameisenjungfer – eines geflügelten Insekts, das den Florfliegen ähnelt – ein äußerst erfolgreicher Ameisenjäger. Ameisenlöwen sind selten, da sie auf sonnige, heiße Sandflächen angewiesen sind. Möglicherweise werden sich diese faszinierenden Tiere jedoch im Zuge der Klimaer wärmung weiter ausbreiten.

Solche kleinen, regelmäßigen Trichter findet man nur in trockenen Sandböden an heißen Standorten. Es sind die äußerst raffinierten Ameisenfallen des Ameisenlöwen.

Die wunderschöne Ameisenjungfer sieht völlig anders aus als die aggressive, plumpe Larve.

Ameisenlöwen graben auffällig regelmäßige, trichterförmige Gruben in den lockeren Sand, die nicht in einen Gang führen. Wenn man gezielt nach ihnen sucht, sind sie unverkennbar. Die Größe der Trichter richtet sich nach der Größe der lauernden Larve, einzelne Trichter haben aber selten mehr als 25 mm Durchmesser. Die Larve sitzt versteckt am Boden des Trichters und wartet auf Ameisen. Wenn sich eine Ameise an den Rand des Trichters verirrt, bewirft sie der Ameisenlöwe mit Sand, bis sie in den Trichter rutscht. Sobald die Ameise in Reichweite seiner Kiefer kommt, packt der Ameisenlöwe zu und saugt sein Opfer aus – die leere Hülle wird aus dem Trichter geworfen. Wenn Sie die Larve mit einem Löffel vorsichtig aus dem Trichter heben, erstarrt sie. Setzen Sie sie bitte wieder in das Loch zurück.

Links: *Wenn Sie nicht wissen, welches Tier diesen Haufen errichtet hat, gehen Sie näher heran. Es ist die Wohnstätte von Waldameisen, die eine enorm wichtige Rolle im Ökosystem der Wälder spielen, in Deutschland gehören sie zu den geschützten Tierarten.*

Oben: *Die kleinen Gelben Wiesenameisen gehören zu den häufigsten Ameisenarten Mitteleuropas.*

Unten: *Solche merkwürdigen „Hügellandschaften" – die Dauerwohnstätten der Gelben Wiesenameisen – haben nur auf ungestörten, naturnahen Wiesen Bestand.*

Mächtige Hügel

Viele Ameisenarten errichten deutlich größere Hügel als die bisher beschriebenen. Am bekanntesten sind die mächtigen Ameisenhaufen, die Rote Waldameisen aus Holzspänen und Nadeln auftürmen. Manche sind höher als 1 m und an der Basis mehrere Meter breit. Besonders wenn die Ameisen im Frühling und Sommer besonders aktiv sind, besteht kein Zweifel daran, welches Tier diese mächtigen Bauwerke aufgetürmt hat, denn dann wimmeln sie vor Ameisen. Solche Hügelanlagen wirken wie eine „Klimaanlage" – die Ameisen transportieren ihre Eier darin stets zu den Abschnitten mit optimaler Temperatur.

Wiesenameisen, denen als Baumaterial nur die Bodenpartikel zur Verfügung stehen, bauen kleinere Hügel, legen sie aber wie die Waldameisen als Wohnstätten für mehrere Jahre an. Auf den ersten Blick erinnern sie an Maulwurfshügel, sie sind aber mit Gras und anderen Pflanzen bewachsen. Wer einen solchen Hügel als Sitzplatz beim Picknick zweckentfremden möchte, wird sich nach kurzer Zeit über Tausende kleiner, gelber Ameisen wundern, die nicht erfreut darüber sind, dass jemand ihr Haus besetzt. Die Hügel treten häufig in Gruppen auf, wenn Sie darauf achten, fallen sie sofort ins Auge. In Europa sind sie ein Zeichen für eine ungedüngte, naturnahe Wiese.

Durch diese Löcher sind ausgewachsene Nagekäfer geschlüpft.

Löcher im Holz

Dass Vögel ihre Nester in selbst gezimmerten Baumhöhlen anlegen, wurde bereits erwähnt. Sie sind aber nicht die Einzigen, denn es gibt eine Reihe weiterer Tiere, Pflanzen, Pilze und Bakterien, die Holz fressen oder sicher und gut isoliert darin nisten. Löcher deuten auf sie hin. Die Regel besagt, dass von außen nach innen eindringende Tiere „Abraum" nach draußen werfen, von innen kommende, schlüpfende Tiere nicht.

Bohrende Maden

Kleine Löcher im Holz stammen gewöhnlich von Insektenlarven – viele Käfer- und einige spezialisierter Motten- und Wespenlarven leben im Holz.

Larven, die im Holz herangewachsen sind, bohren sich durch perfekt kreisrunde Löcher einen Weg nach draußen. Der Durchmesser der Löcher, die Holzart, die angebohrte Stelle im Baum, das geschätzte Alter des Holzes und ob es lebt oder abgestorben ist, liefern Kriterien für die Bestimmung oder den Ausschluss von Arten (siehe S. 148/149).

Holzwürmer verraten sich durch eine dünne Staubschicht unter den Dachsparren von Dächern. Bei größeren Mengen Holzspänen sind die Holzwürmer und ihre Larven das Angriffsziel von kleinen parasitären Wespen geworden. Die Erzwespen (Chalcidoidea) dringen in die Bohrgänge der Holzwürmer ein und werfen auf der Suche nach den Larven lockere Späne am Eingang hinaus.

Einblick in den aufgeschnittenen Gang einer Bockkäferlarve. Die Larve frisst sich durch das Holz und scheidet feinen Staub aus.

Mächtige Motten

Adulte Motten scheinen viel zu zart für die Holzbearbeitung zu sein, und auch ihre Raupen wirken nicht so, als könnten sie sich durch Holz nagen. Dennoch gibt es einige Arten, die sich besonders auf Holz spezialisiert haben.

Die meisten Glasflügler suchen nach verholzten Pflanzenstängeln, doch die Larven der beiden größten Arten der Familie dringen bis unter die Baumrinde vor und bohren sich auch ins Holz dickerer Weidenbäume. Ihre Schlupflöcher haben etwa 10 mm Durchmesser.

Oben und unten: In den Stängeln und Stämmen verholzter Pflanzen leben die Raupen mehrerer Mottenarten – die größten davon sind die Weidenbohrer. Wenn sie ihre Kinderstube im Holz durch ein charakteristisches Loch verlassen haben, bleiben häufig die Puppenhülle und ein Essiggeruch zurück.

Der Weidenbohrer ist ein solcher Holzarbeiter. Seine riesigen Raupen schlüpfen durch etwa 20 mm große Löcher, was für Einzelinsekten extrem groß ist. Die Schlupflöcher finden Sie meist an der Basis dicker Weiden-, Pappel- und Eichenstämme. Häufig liegen neben dem Schlupfloch die Puppenhülle – bei frisch geschlüpften Exemplaren steckt sie sogar noch im Loch, zusammen mit Exkrementen, grobem Sägemehl und Seide. Beugen Sie sich bei frischen Schlupflöchern nach unten und schnuppern Sie an der Öffnung: Die Raupe riecht stark nach Essig.

Der Weidenbohrer zählt in einigen Regionen Deutschland zu den Holzschädlingen und wird dort sogar bekämpft.

Holzbienen

Die Holzbienen gehören zu einer recht auffälligen Familie der Solitärbienen, die sich Höhlen ins Holz toter Bäume nagen. Die größten Vertreter der Familie erinnern an große, schwarze Hummeln mit einem purpurnen Schimmer. Sie nagen sehr große, saubere Eingangslöcher mit einem Durchmesser von 10–12 mm und einem schräg gefrästen Rand ins Holz. Normalerweise leben sie einzeln, bilden aber in geeignetem Holz auch Kolonien. Unterhalb frischer Einfluglöcher liegen meist Späne und Holzfasern.

Holzbienen nagen Nisthöhlen in totes Holz.

Bestimmungshilfe für häufig vorkommende Insektenlöcher

Form des Loches	Größe	Holzart/Indizien	Art
rund mit schartigem Rand	20 mm	meist Totholz von Weiden und Pappeln, Kot, Späne, Seide, Puppenhülle, Geruch	Weidenbohrer *(Cossus cossus)*
oval	15 mm	Weiden/Pappeln und Espe	Großer Pappelbock *(Saperda carcharias)*, aus der Familie der Bockkäfer
oval	über 15 mm	Weiden	Moschusbock *(Aromia moschata)* aus der Familie der Bockkäfer
rund mit schartigem Rand	etwa 10 mm	Hauptsächlich in Weiden, möglich sind Kot, Späne, Seide, selten auch Puppenhülle	Hornissen-Glasflügler *(Sesia apiformes)*
sauber und perfekt rund	10 mm	nur Kern- und Splintholz von Koniferen	Sägewespen *(Symphyta)*
abgerundet, oft durch die Baumrinde	5–8 mm	Rinde und Splintholz von Koniferen	Mulmbock *(Ergates spiculatus)*, aus der Familie der Bockkäfer
abgerundet, oft durch die Baumrinde	5–8 mm	vorwiegend in Wurzeln von toten und absterbenden Bäumen	Sägebock *(Prionus coriarius)*
oval	6 × 3 mm	Weichholz mit Rinde, Gänge mit Holzstaub und dunklen Partikeln gefüllt	Blauvioletter Scheibenbock *(Callidium violaceum)*
oval	6 × 3 mm	Splitholz im Weichholz, Gänge mit Holzstaub und wurstförmigem Kot gefüllt	Hausbock *(Hylotrupes bajulus)*
unregelmäßig bis oval	6 mm	frisst feuchtes Weichholz	Scheinbockkäfer *(Narcerdes melaura)*

Mulmbock

Sägewespe

Form des Loches	Größe	Holzart/Indizien	Art
abgerundet	3–5 mm	durch Nässe geschädigte Eiche, linsenförmiger Kot mit dem bloßen Auge sichtbar	Totenuhr *(Xestobium rufovillosum)*
rundlich mit schartigem Rand	1–2 mm	totes, feuchtes Holz, sehr grobe Späne (fühlen sich körnig an)	*Pentarthrum* und *Euophryum* – Larven und Adulte
rund	1,5–2 mm	Hart- und Weichholz, bevorzugt Splintholz, Gänge in Faserrichtung, körniger Holzstaub, zigarrenförmiger Kot, flache Gänge	Gewöhnlicher Nagekäfer *(Anobium punctatum)*
rund mit schartigem Rand	2 mm	Weichholz mit Rinde, Gänge meist in der Rinde, heller und dunkler, brötchenförmiger Kot	Weicher Nagekäfer *(Ernobius mollis)*
rund	1,5–2 mm	alle Holzarten, tiefe Gänge, eine Nadel lässt anders als beim Gewöhnlichen Nagekäfer tief hineinschieben	Kernholzkäfer (Platypodidae), Borkenkäfer (Scolytidae)
rund	1 mm und darunter	zusammen mit Löchern des Gewöhnlichen Nagekäfers	Erzwespen (Chalcidoidea), Parasiten in den Larven der Nagekäfer
rund	1–1,5 mm	Splintholz der Eiche, sehr feines Pulver, wie Talkumpulver, braucht stärkereiche Gewebe, daher nicht in altem Holz	Brauner Splintholzkäfer *(Lyctus brunneus)*
rund	1,5 mm	nur in Eschen, gelangt durch die Rinde ins Freie, beim Abschälen der Rinde wird dunkler Holzstaub frei	Bunter Eschenbastkäfer *(Leperisinus varius)*

Gewöhnlicher Nagekäfer

Hornissen-Glasflügler

Muster im Holz

Wenn Sie die Rinde von einem toten Baum abstreifen, werden Sie manchmal mit den schönsten Holzschnitzereien belohnt, die die Natur zu bieten hat. Diese verschlungenen und oft symmetrischen Muster stammen von den adulten Weibchen und den Larven der Borkenkäfer. Die adulten Käfer sind kleine, braune, unscheinbare Tiere, die häufig übersehen werden.

Die weiblichen Käfer bohren sich durch das Holz und nagen im Kambium oder auf dem Splintholz eine Paarungskammer aus. Nach der Paarung höhlen sie unter der Rinde einen tieferen und breiteren Brutgang aus. In regelmäßigen Abständen legen sie kleine Seitenkammern an und legen je ein Ei hinein. Die Maden, die aus den Eiern schlüpfen, bohren sich einen eigenen Gang ins Holz, der einen artspezifischen Winkel zum Brutgang einnimmt. Auf diese Weise stoßen die Gänge der benachbarten Maden niemals aneinander, und sie finden immer frisches Holz. Da die Made auf ihrer Reise durch das Holz dicker wird, werden auch die Fraßgänge mit zunehmendem Abstand vom Brutgang immer breiter.

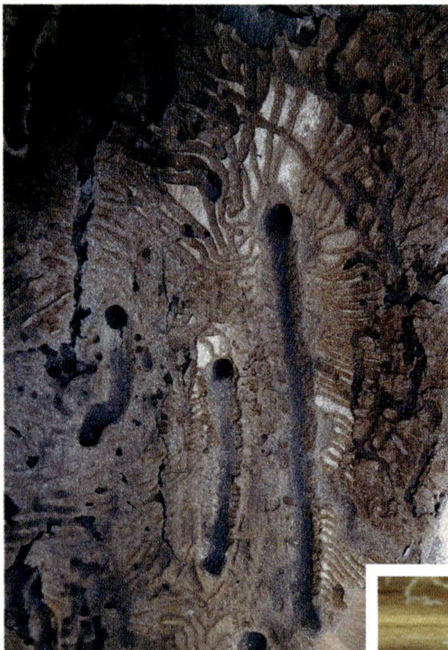

Nur ein paar Löcher auf der Oberfläche verraten, dass sich unterhalb der Rinde ein komplexes Muster aus Brutgang und Larvengängen verbirgt.

Form, Größe und Anordnung der Madengänge sind artspezifische Merkmale. Hier war ein Buchdrucker in einem Ahornbaum am Werk.

Jeder Larvengang endet in einer Kammer, die etwas breiter ist als der Gang, darin verpuppen sich die Larven. Wenn die neue, adulte Käfergeneration aus den Puppen schlüpft, frisst sie sich durch die Baumrinde – das entstehende Lochmuster erinnert an einen Schrotschuss. Die Schlupflöcher, die Richtung des Brutgangs (mit oder gegen die Holzfasern), der Winkel, die Zahl der Gänge und schließlich die befallene Baumart liefern die wichtigsten Hinweise zur Bestimmung der Borkenkäferart.

Noch mehr Höhlen und Löcher

Ich stoße ziemlich häufig auf die Löcher und Höhlen von Solitärbienen und -wespen, die den Eingang verstopft haben – beispielsweise mit zerkleinerten Blättern oder Schlamm. Wenn sich solche Öffnungen am Ende von Pflanzenstängeln, in lockeren Mauern oder in Mörtelfugen befinden, ist kaum zu entscheiden, ob sie natürlichen Ursprungs sind oder ausgehöhlt wurden. In der Regel ist es eine Kombination aus beidem.

Blattschneiderbienen nisten gerne in Gängen im Holz, die von anderen Tieren stammen.

Die Mauerbienen, allen voran die häufige Rote Mauerbiene, haben sich darauf spezialisiert, ihre Nester in hohlen Pflanzenstängeln, Mörtellöchern und sogar in leeren Gängen von großen Borkenkäfern anzulegen. An sonnigen Frühlingstagen fallen die Mauerbienen auf, wenn sie Vorräte in ihre Nester schaffen. Die Eier liegen in Zellen mit Zwischenwänden aus Schlamm. Wenn das Ei versorgt ist, wird die Zelle mit einem Schlammpfropf verschlossen. In Gärten sind die Blattschneiderbienen häufiger, die ähnliche Nester bauen.

Die Artenzahl der Solitärbienen und -wespen ist viel zu groß, um alle zu erwähnen – viele bauen ihre Nester in geeigneten vorhandenen Hohlräumen. Manche bevorzugen Pflanzenstängel oder leere Schneckenhäuser, andere sind weniger wählerisch. Die Arten unterscheiden sich in der Wahl des Polstermaterials, aber oft bleibt nur übrig, auf die adulten Tiere zu warten und sie mit Hilfe eines Insektenbuches zu bestimmen.

Mauerbienen bauen ihre Nester in natürlichen Höhlen, sie ziehen häufig in hohle Pflanzenstängel oder leere Insektengänge ein.

Auch viele der Staaten bildenden Wespen und Bienen beziehen natürliche Höhlen. Hummeln bevorzugen beispielsweise leere Baue von kleinen Säugetieren. Hornissen und viele andere Baumbrüter bauen ihre Nester überall dort, wo die Bedingungen stimmen – in einem von Holz umgebenen Hohlraum, der vor extremen Temperaturen und schlechtem Wetter geschützt ist. Das können Dachböden, aber auch Gartenschuppen sein.

Treibholz

Bohrasseln sind kleine Krebstiere, die sich über Treibholz hermachen – fatalerweise auch über Stützpfeiler und Holzmolen.

Bei den Tieren an der Küste ist Holz als Nahrung oder Wohnung genauso begehrt wie im Binnenland. Zwei „Bohrer" stechen an der Küste aus der Masse ihrer Konkurrenten heraus: Bohrasseln und Bohrmuscheln.

Bohrasseln sind nur 4 mm lange, leicht zu übersehende Krebstiere, die zur Ordnung der Asseln gehören. Wenn sich Tausende dieser Tiere über Holz hermachen, richten sie große Schäden an. Jede Bohrassel frisst sich in einem Gang von etwa 2–3 mm Durchmesser durch weiches, nasses Holz. Die Gänge verlaufen direkt unter und parallel zur Oberfläche des Holzes – ab und zu führt ein Belüftungsschacht nach draußen. Wenn sich eine Armee von Bohrasseln über einen Balken hermacht, gleicht er bald einem Schwamm. Die Gänge verlaufen zwar dicht unter der Oberfläche, doch die durchlöcherte Schicht zerfällt rasch, sodass die nächste Generation Bohrasseln bereits ein „Stockwerk" tiefer beginnt. Angeblich verkleinern diese kleinen Meerestiere den Durchmesser eines Holzpfahls jährlich um 25 mm.

Löcher mit einem Durchmesser von 12–15 mm sind dagegen das Werk einer merkwürdigen, kleinen Muschel – des Schiffsbohrwurms. Sie bleibt in ihren Gängen und taucht nie an der Oberfläche auf. Sie ist lang gestreckt wie ein Wurm mit einer Schale, die an einen Sturzhelm erinnert.

Schiffsbohrwürmer und die nahe verwandten Bohrmuscheln benutzen die Schale nicht als schützendes Haus, sondern wie den Bohrer einer Bohrmaschine. Sie drücken und drehen die harte, scharfe Schale wie einen Bohrer gegen das Holz und arbeiten sich damit selbst durch Hartholz.

Bohrasseln verwandeln Holz, das lange im oder in der Nähe von Meerwasser gelegen hat, in einen Schwamm.

Bohrmuscheln sind robuste Weichtiere, die ihre Schalen wie Bohrer einsetzen.

Schiffsbohrwürmer sind Weichtiere, die ihren Körper nicht mit einer Schale schützen. Stattdessen bohren sie sich damit durch das Holz und kleiden ihre Wohnröhren mit einer harten Kalziumverbindung aus.

In der Tat verwandeln Schiffsbohrwürmer ihren gebohrten Gang in eine Art „Schale", denn sie kleiden die Wände ihrer Wohnröhre mit porzellanartigem Kalziumkarbonat aus. Diese glatte, harte Verkleidung schützt den weichen, wurmförmigen Körper der Muschel. In den offenen Gängen alter Holzstücke bekommt man diese Schicht häufig zu sehen. Nach außen kann die Muschel ihre Wohnröhre mit einer harten Klappe verschließen, an der sie sich verankert. Die Klappe wird bei Flut geöffnet, um Frischwasser einzulassen, und bei Ebbe wieder verschlossen.

Die europäischen Bohrmuscheln kommen mit mehreren Arten vor, die sich in der Schalenform unterscheiden. Sie setzen ihre Schalen ebenfalls als Bohrer ein, benutzen die großen Löcher aber nur als Wohnstätte, Schiffsbohrwürmer sind Wasserfiltrierer, können aber zusätzlich Holz verdauen.

Der Scheinbockkäfer kommt nicht nur im Binnenland vor, sondern setzt sich an der Küste auch in Holz fest, das dem Salzwasser ausgesetzt war. Die großen Larven dieses Käfers arbeiten sich mit Brut- und Larvengängen durch das Holz. Wenn die adulten Käfer schlüpfen, bohren sie sich mit einem charakteristischen ovalen Loch ins Freie.

Kleine Löcher im Sand und an der Küste

Sandwürmer scheiden an einem Ende ihrer u-förmigen Wohnröhren wie Regenwürmer wurmförmige Exkremente aus.

Im Sand und Schlamm einer Küste ist der Tisch für filtrierende Tiere reichhaltig gedeckt, denn jede Flut trägt neue Nahrung heran. Da ein Strand jedoch weder Deckung vor Raubtieren noch Schutz vor Sonne und Wind bietet, bleibt den Tieren nicht anderes übrig, als sich in den Sand einzugraben und von der Oberfläche zu verschwinden.

Ein Naturdetektiv findet an der Küste zahlreiche Röhren- und Höhlenbewohner. Leider ist die Artenzahl dieser Schlammliebhaber so groß, dass die diversen Spuren und Zeichen, die sie auf der Oberfläche hinterlassen, ziemlich verwirrend sein können.

Am ehesten fallen noch die Röhren der Würmer ins Auge, einige hinterlassen Exkremente, die stark an die des Regenwurms im Rasen erinnern. Die meisten der gewundenen „Würmchen" aus Sand und Schlick stammen vom Sandwurm oder vom Wattwurm. Sie graben sich eine u-förmige Wohnröhre in den Sand, die sie nie mehr verlassen. Sandwürmer werden teilweise älter als zehn Jahre. Innerhalb der Röhre bewegen sie sich vorwärts und rückwärts. Die Exkremente liegen stets am Ausgang des hintern Endes. Wenn Sie sich die Umgebung solcher Sandwürmchen genauer betrachten – am besten bei tief stehender Sonne –, dürfte Ihnen eine flache Vertiefung auffallen. Sie entspricht dem Kopfende des Wurms, der hier frischen Sand einsaugt und daraus organisches Material filtert.

Von Herzmuscheln, die in den Sand abtauchen, ist nur noch eine flache Mulde zu sehen. Durch den runden Siphon (Bildmitte) saugen sie Meerwasser ein – zur Atmung und zum Filtern von Nahrung.

Einfache Löcher ohne „Verzierung" sind viel schwieriger zu bestimmen. Manchmal verrät sich der Sandbewohner, der unter der Oberfläche lebt, nur durch eine flache Mulde. Darunter könnten sich ein Herzseeigel, eine Kammmuschel oder eine Herzmuschel verstecken.

Manchmal sind bei Ebbe ovale oder schlüssellochförmige Formen zu sehen. Sie stammen vom Siphon einer Scheidenmuschel, den dieses Tier bei Flut über die Sandoberfläche ins Wasser streckt.

Die Chinesische Wollhandkrabbe wurde nach Europa eingeschleppt. Diese Höhlen wurden im Schlamm der Themse in London fotografiert.

Die merkwürdigen, sternförmigen Zeichen im Sand stammen von Tellmuscheln, die ihre Nahrung aus dem Wasser filtern: Bei Flut strecken die Muscheln ihre kleinen, dünnen Siphone aus und saugen wie Mini-Staubsauger systematisch organisches Material von der Sandoberfläche ein. Dabei hinterlassen die Siphone die speichenartig von einem Zentrum ausgehenden Spuren im Sand. Einen weiteren Hinweis auf Tellmuscheln geben die angespülten glatten Schalen am Strand. Die lebenden Muscheln graben sich etwa 20 cm und tiefer in den Sandboden ein.

Etwas höher am Strand fallen saubere, längliche Löcher auf, die etwa einen Zentimeter weit senkrecht nach unten reichen. Man findet sie besonders häufig im Bereich des Spülsaums, wo sich viel organischer Abfall ansammelt. In diesen nur kurzzeitig bewohnten Löchern verstecken sich die zahlreichen Arten der Küstenhüpfer (kleine Flohkrebse) vor der lebensbedrohlichen Sonne und dem Wind. Manchmal kleben sie die Sandkörnchen zusammen, um ihr Heim etwas stabiler zu machen, und einige Arten verstopfen den Eingang sogar mit Sand. Wenn Sie diese Bereiche vorsichtig abgraben, stoßen Sie auf die Krebse. In Höhlen, welche sich noch höher am Strand befinden suchen Spinnen, Laufkäfer und andere Tiere Schutz. Sie verraten sich gewöhnlich durch die Ihre Fährte, Spinnen auch durch Reste von Seidenfäden.

Fladen, Köttel und Haufen

Da liegt es – eindeutig aus dem Hinterteil eines Tieres stammend. Wenn Kinder es sehen, fangen sie an zu kichern, für ihre Eltern ist es einfach Schmutz; doch der Naturdetektiv ist nur an einem interessiert: Von welchem Tier stammen diese Exkremente?

Fledermäuse machen Jagd auf Insekten – ihre Exkremente sind trocken und krümelig.

Gewölle oder Kot?

Finden Sie zunächst heraus, ob es sich um Exkremente oder um Gewölle handelt (siehe Seite 187). Die meisten Greifvögel, Aas fressende und sogar einige Singvögel würgen Gewölle aus. Im Unterschied zu den Kothaufen von Säugetieren, die tropfenförmig, verdreht oder kompliziert geformt aussehen, sind Gewölle meist von einheitlicher Form und Größe. Ein Objekt, das graues Fell, Federn, die Deckflügel von Käfern oder Knochen enthält, dürfte wahrscheinlich ein Gewölle sein. Häufig sind in Gewöllen längere Knochen, Federschäfte oder andere Teile zu erkennen, und schließlich riechen sie nicht so streng wie Kot.

Vermessen Sie die Größe des Kotes, um auf die Weite des Anus zu schließen – ein wesentlicher Hinweis auf die Größe des Tieres. Die Bestimmung wird schwieriger, wenn Haustiere unterwegs sind. Vor allem der Kot von Haushunden, in geringerem Umfang auch von Katzen und Schafen, unterscheidet sich je nach Alter der Tiere.

Die wichtigste Frage zuerst: Kot oder Gewölle? Dieses Gewölle einer Schleiereule sieht Fuchskot ähnlich.

Fuchskot tritt in verschiedenen Formen auf, ist aber meist länglich, etwas gedreht und an einem Ende zugespitzt.

BESTIMMUNGSSCHLÜSSEL FÜR KOTFUNDE

länglich, walzenförmig – Fleisch fressende Säugetiere, von Dachsen bis zu Bären

Fladen – Rinder oder Arten mit Magenproblemen

tropfenförmig, einseitig zugespitzt – Katzen

schraubig gedreht, schnurförmig – kleine Marderartige, wie Marder, Hermelin und Wiesel

groß, erbsenförmig, glatt und rund – Kaninchen und Hasen

glänzend und länglich oder mit einem Nippel an einem Ende oder wie abgeschnitten – Hirsche

Spiegelei, weiß mit fester, dunkler Substanz – die meisten Singvögel

aufgerollte Zigarettenasche – Hühnervögel und Spechte

weiß – Greifvögel, Reiher und Eulen

Bleistiftmine – mehrere Nagetiere

Tröpfchen oder Reiskörner – Fledermäuse

Kugellager – große Raupen und andere Insektenlarven

winzige, dunkle Kleckse – Fliegen

winzige, weiße Kleckse – Spinnen

Staub – viele kleine Insekten

Unterschiedliche Verdauungssysteme

Um das Endergebnis zu verstehen, ist eine kurze Einführung in den Verdauungsprozess unterschiedlicher Tiere hilfreich – also machen wir uns auf den Weg durch den Magen-Darm-Trakt. Letztlich handelt es sich um eine Röhre wechselnder Größe, die am Maul beginnt und am After endet. Die aufgenommene Nahrung wird zerkleinert, geschüttelt, zersetzt und schließlich eingedickt und geformt. Auf dem ganzen Weg entzieht der Körper die notwendigen Nährstoffe, die sein Stoffwechsel benötigt.

Magenkammern von Huftieren

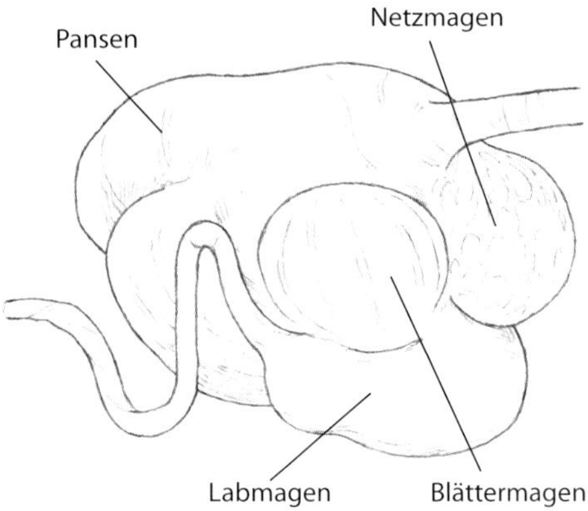

Der Magen der Huftiere ist in drei bis vier Kammern untergliedert.

Die Nahrung wird über das Maul oder den Schnabel aufgenommen. Während der Schnabel keine besondere Rolle beim Zerkleinern der Nahrung spielt, zerreißen, kauen und zermahlen die Zähne der Säugetiere die Nahrung auf artspezifische Weise. Über den Schlund gelangt die Nahrung in den Magen. Bei den meisten Säugetieren besteht der Magen aus einer, bei den Huftieren dagegen aus drei bis vier Kammern. Um das schwer verdauliche Pflanzenmaterial zu verwerten, sind sie auf Milliarden von Bakterien angewiesen. Diese kleinen Helfer können für die Huftiere die Pflanzenzellen aufschließen, verdauen und ihnen die Nährstoffe entziehen.

Vögel lagern die aufgenommene Nahrung in einem Kropf, ehe sie an den Magen weitergegeben wird. Bei einem Habicht oder einer Taube können Sie leicht erkennen, ob der Kropf gefüllt ist: Wenn der Vogel unterhalb des Halsansatzes rund und dick aussieht, ist der Kropf voll – bei einem leeren Kropf ist dieser Bereich dementsprechend flach. Der Vogelmagen besteht aus zwei Teilen. Im ersten Abschnitt, dem Drüsenmagen, werden der Nahrung die Verdauungssäfte zugesetzt, im zweiten, dem Muskelmagen, wird sie von den muskulösen Magenwänden wie in einer Mühle zerrieben. Viele Vögel schlucken kleine Steinchen, um diesen Vorgang zu intensivieren. Ein Truthahnmagen kann auf diese Weise ganze Walnüsse und selbst versehentlich verschluckte Metallstücke zerreiben!

Vogelmagen

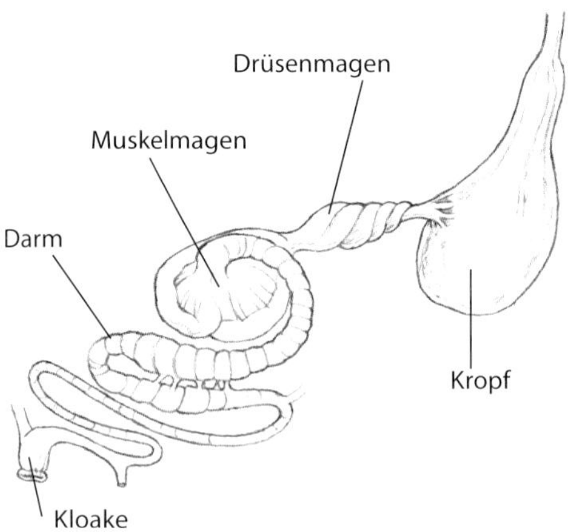

Der Verdauungstrakt eines Vogels hat oft einen Kropf und einen Muskelmagen zum Zerreiben der Nahrung.

Vogeldreck

Es gibt drei Typen von Vogelexkrementen: 1. flüssig und weiß, 2. rund, gedreht und halbfest und 3. gepresst, fest und zylindrisch.

Der weiße Kot dieses Kormorans verrät seine Nahrung – proteinreiche Fische.

Vögel scheiden sowohl Nahrungsreste als auch Urat gleichzeitig aus. Das Weiß entspricht dem Urin der Säugetiere und spricht für einen Vogel als Verursacher.

Vogelkot im Detail

Während Säugetiere flüssigen Urin und festen Kot aus zwei verschiedenen Öffnungen ausscheiden, haben Vögel nur eine gemeinsame Austrittsöffnung, die Kloake.

Wenn Sie die Ausscheidungen eines Vogels, beispielsweise eines Spatzes oder einer Taube, genauer betrachten, sehen Sie zwei Farben: Die dunkle Masse stammt aus dem Darm, die weiße Flüssigkeit oder Paste besteht aus dem Salz der Harnsäure (Urat). Da die Stickstoffverbindungen im Körper des Vogels entgiftet werden, brauchen sie den Stickstoff nicht mit großen Wassermengen auszuschwemmen – wie im flüssigen Urin der Säugetiere. Exkremente mit Weißanteil stammen daher immer von Vögeln.

Die weiße Farbe der Ausscheidungen ist allerdings weithin sichtbar. Vogeljunge im Nest geben ihre Ausscheidungen daher in kleinen Schleimsäckchen ab, die von den Eltern verschluckt oder fortgeschafft werden. Ohne das verräterische Weiß fällt das Nest Raubtieren nicht gleich ins Auge.

Weiß getüncht

Bei Fleisch und Aas fressenden Vögel passieren die Beutetiere nicht den gesamten Verdauungstrakt. Unverdauliche Teile – Knochen, Fell, Federn und harte Körperteile von Insekten und Krustentieren – gelangen nur bis in den Muskelmagen und werden dort mit den Magensteinchen zerrieben. Dann werden alle unverdaulichen Teile zu einem ordentlichen Packet gepackt, dem Gewölle, und durch den Schlund wieder ausgewürgt. Über diese Fähigkeit verfügen nur die Fleisch fressenden Vögel – ihre normalen Ausscheidungen enthalten daher so gut wie kein dunkles Material. Ein rein weißer Fleck von Urat verrät daher mit großer Sicherheit die Nist- oder Ruheplätze von Greifvögeln, aber auch von Reihern, Kormoranen und vielen Seevögeln.

Wie andere Seevögel halten auch die Dreizehenmöwen nicht viel von Sauberkeit. Ihre Ausscheidungen hinterlassen eine weiß getünchte Spur unter dem Nest.

Diese weiße Spur auf einem Felsen stammt von einem vorbeifliegenden Raben.

Aufgrund ihrer proteinreichen Nahrung scheiden Reiher weiße Exkremente aus.

Die relativ kleinen Turmfalken lassen ihre Ausscheidung einfach fallen. Habichte spritzen sie nach hinten weg.

Vor allem Habichte spritzen ihren Kot auf spektakuläre Weise aus. Der „Schmelz" fliegt in hohem Bogen durch die Luft und landet als weißer Streifen in einiger Entfernung hinter dem Sitzplatz. Falken und Eulen lassen ihren Kot dagegen mehr oder weniger senkrecht nach unten fallen. Unter regelmäßigen Ruheplätzen von Turm- oder Wanderfalken sammeln sich weiße Ausscheidungen an – die Fläche sieht wie „gekalkt" aus.

WAS EIN FLECK VERRÄT

Wenn Sie nach Einbruch der Dunkelheit die Rufe von Eulen gehört haben und wissen möchten, wo diese ruhen, dann suchen Sie nach den Ausscheidungen. Die aussichtsreichsten Plätze wären zunächst dichtes Gebüsch oder Baumkronen, im Mischwald ist eine Gruppe von Nadelbäumen ein wahrscheinlicher Platz. Im Wald lebende Eulen, wie die Waldkäuze, ruhen fast immer auf Ästen, dicht an den Stamm gedrückt. Daher finden sich ihre Ausscheidungen als blasse Streifen an der Stammbasis. Im Dunkel des Waldes scheinen sie hell zu leuchten. Endgültige Sicherheit geben Gewölle und vielleicht auch eine Feder, um die Art zu bestimmen.

Dieses charakteristische „Spiegelei" mit der halbfesten Mitte stammt von einer Taube.

Halbfeste „Spiegeleier"

Die meisten Vögel entleeren sich auf diese charakteristische Weise, darunter alle Sperlingsvögel. Die Exkremente besteht aus dem hellen Urat mit meist etwas festeren, dunklen Darmausscheidungen in der Mitte – dem „Spiegelei".

Vor allem, wenn Vögel Beeren oder andere Früchte gefressen haben, kann die Farbe von einfachem Schwarz-Weiß abweichen. Viele Arten ernähren sich im Herbst vorwiegend von den Früchten der Bäume und Sträucher. Dann weiden ganze Vogelschwärme systematisch die Gehölze ab. Wenn Sie unter den geplünderten

Wie bei den Säugetieren lässt sich manchmal auch vom Vogelkot auf die gefressene Nahrung schließen. Dieser Amsel haben offenbar Beeren geschmeckt.

Diese grünen Ausscheidungen einer Ringeltaube verraten, dass sich die Vögel wahrscheinlich an Kohlpflanzen bedient haben.

Sträuchern nachsehen, finden Sie in den dunklen Darmausscheidungen die purpurne und rote Farbe der Früchte und vielleicht auch unverdauliche Samen und Steinkerne.

Diese auffällige, gelartige Ausscheidung (links), die ich im Winter gefunden hatte, hat mich lange beschäftigt. Sie klebte an einer Wand, und da mir ähnliche Ausscheidungen auch auf Zaunpfählen, Baumstämmen und Ästen auffielen, mussten sie von einem Vogel stammen. Schließlich fiel der Groschen: Misteln. Ich hatte zwar Drosseln beobachtet, die Mistelbeeren fraßen, aber da die Beeren weiß, glatt und gar nicht schleimig aussahen, war mir die Verbindung nicht aufgefallen. In der Tat tragen die Misteldrosseln ihren Namen nach der besonderen Vorliebe für diese Früchte.

Die Ausscheidungen einer Misteldrossel, die sich an den Mistelbeeren bedient hat, sehen aus wie Gelee – es handelt sich um intakte, von einer Schleimhülle umgebene Mistelsamen.

VORSICHT!

Die Textur des Kots kann sich je nach Alter der Ausscheidung und der Nahrung des individuellen Vogels verändern. Manchmal trocknet eine frische, halbfeste Ausscheidung unter der Einwirkung der Elemente aus und wird fest.

Feste Klumpen – faseriger Kot

Vögel, die sich vorwiegend von harter oder faserreicher Kost ernähren, scheiden trockenen Kot aus. Unter der Lupe können Sie sogar noch die Art der Nahrung unterscheiden: Hülsen von Gräsern, Fasern aus Pflanzenstängeln und -blättern, pulverisierte Insektenreste und anderes mehr.

Auch die Hühnervögel, die sich vorwiegend von faserreicher Pflanzenkost ernähren, scheiden festen, trockenen Kot aus, vor allem bei der nährstoffarmen Kost des Winters. Sehr trockener Hühnerkot kann leicht mit Säugetierkot verwechselt werden. Nur in frischen Ausscheidungen fällt die weiße „Kappe" des stickstoffreichen Urats auf.

Der Kot der Raufußhühner erinnert an Gewölle, er ist j-förmig mit rundem Querschnitt und an einem Ende hellgrau bis weiß gefärbt. Dicht an dicht liegende Kothaufen sprechen für einen Ruheplatz, bei trockenen, über eine kleine Fläche verteilten Kothaufen handelt es sich eher um einen Futter- oder Balzplatz.

Ein schottischer Naturforscher hat mich gelehrt, wie man brütende Hennen am Kot erkennt: Da sie die Eier im Nest warm halten müssen, können sie sich nicht so regelmäßig erleichtern wie üblich. Sie verlassen das Nest nur zum Fressen und scheiden deutlich längere und dickere Kothaufen aus. Die Größe richtet sich nach dem gespeicherten Material und der erweiterten Kloake.

Oben: *Diese faserreichen Kotballen im Schnee stammen von einem schottischen Alpenschneehuhn.*

Mitte: *So gut wie bei diesem faserreichen Kot einer Kanadagans ist der weiße Anteil nicht immer zu sehen.*

Unten: *Der Kot eines Schottischen Moorschneehuhns, es frisst vorwiegend Heidepflanzen.*

Kot von Hühnervögeln – eine Auswahl

Name	Größe	Beschreibung
Moorschneehuhn *(Lagopus lagopus)*	10–25 mm lang, 6 mm Durchmesser, brütende Henne (S. 163) 50 mm lang, 20 mm Durchmesser	je nach Futter in verschiedenen Brauntönen, meist wegen der Heide sehr feine, krümelige Textur
Birkhuhn *(Tetrao tetrix)*	10–25 mm lang, 10 mm Durchmesser	wie Moorschneehuhn, aber etwas größer
Haselhuhn *(Tetrastes bonasia)*	10–25 mm lang, 6 mm Durchmesser	wie Schneehuhn, aber Reste von Birken und Erlen
Alpenschneehuhn *(Lagopus muta)*	10–25 mm lang	ähnlich dem Kot anderer Hühnervögel, abhängig vom Lebensraum
Auerhuhn *(Tetrao urogallus)*	50–70 mm lang, 20 mm Durchmesser	Kot brütender Hennen so groß wie ein Daumen, meist grobe Textur, mit Kiefernnadeln
Fasan *(Phasianus colchicus)*	20 mm lang, 4–5 mm Durchmesser im trockenen Zustand	wenn sie frische Pflanzen gefressen haben, wie kleine Fladen
Rebhuhn *(Perdix perdix)*	10 mm lang, 2–3 mm Durchmesser	ähnliche Form wie beim Fasan, aber nur halb so lang und dünner

Größenvergleich von Moorschneehuhn- mit Rebhuhnkot

Moorschneehuhn

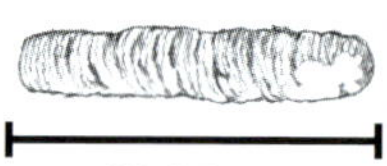

(Abbildungen in annähernd natürlicher Größe)

Rebhuhn

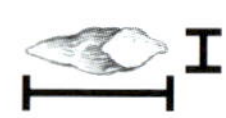

Kot eines Buntspechtes, Buntspechte fressen Insekten, Früchte, Samen und Nüsse.

Ameisen im Kot

Die Haufen und Hügel der Wiesenameisen auf offenen Flächen werden regelmäßig von Grünspechten geöffnet, die sich im Sommer – anders als die übrigen Spechte – zu über 90 % von Ameisen ernähren. Daher liegen auf den Ameisenhügeln die charakteristischen deutlich definierten, walzenförmigen Exkremente des Grünspechts. Sie sind aschgrau, etwa 10 mm lang und haben einen Durchmesser von 4–5 mm. Wenn Sie solche Exkremente zerbrechen, zerfallen sie zu dunklem, rötlich-braunem Staub. Der „Staub" besteht aus den harten, spröden Außenskeletten der Ameisen. Unter dem Mikroskop werden sogar ihre Beine, Köpfe und Brustabschnitte sichtbar.

Säugetierkot

Grundsätzlich gilt: Je größer der Haufen ist, desto größer ist auch das Tier, das ihn hinterlassen hat. Da viele von uns, das gilt insbesondere für Einsteiger, diesen Tieren nicht täglich begegnen, ist die Größe der jeweiligen Tiere ihnen in der Tat unbekannt.

Rechts: *Hier hat sich ein Steinmarder erleichtert. Wie viele andere Säugetiere platzieren auch Marder ihren Kot möglichst hoch – als Zeichen ihrer Präsenz – in der Nähe der Nasen von Artgenossen.*

Größe

Wer viel Zeit bei der Spurensuche verbringt, sammelt mehr und mehr Erfahrungen – so entsteht ein Schatz persönlichen Wissens. Sie können auch schlicht die Größe eines Kothaufens mit dem Maßband vermessen, sie mit Werten in einem Buch vergleichen und daraus dann die Größe des Tieres ermitteln. Dachse sind eben längst nicht so groß wie Bären, und Füchse kleiner als Schäferhunde.

Fleisch-, Pflanzen- oder Allesfresser?

Nachdem Sie die möglichen Kandidaten über die Größe des Haufens – und damit der Körpergröße des Tieres – eingeengt haben, brechen Sie den Haufen auf, um Reste der letzten Mahlzeiten zu finden. Frisst das Tier Pflanzen, andere Tiere, oder ist es ein Allesfresser?

Links: *Dachse, die üppig gefressen haben und nicht ihr Revier markieren wollen, erleichtern sich während der Futtersuche. Dieser Dachs hat Schlehen- und andere Beeren gefressen.*

Am Pferdemist lässt sich ablesen, ob das Pferd trockene Pflanzenstängel gefressen hat – beim Aufbrechen sehen Sie die Pflanzenfasern.

Die Pflanzenfresser

Die Vegetarier unter den Tieren, die Herbivoren, fressen fast ausschließlich grüne Pflanzen oder Produkte von Pflanzen. Da Gräser nur sehr wenige Nährstoffe enthalten, müssen Weidetiere sehr große Mengen fressen, um ihrer Nahrung genügend Nährstoffe für den körpereigenen Stoffwechsel zu entziehen. Je mehr sie fressen, desto mehr kommt am anderen Ende auch wieder heraus.

Textur: Die stark faserreiche Nahrung hat zur Folge, dass ein großer Teil des Futters den Darm nur wenig verändert wieder verlässt. Die Textur des Kots unterscheidet sich aber von Tierart zu Tierart und ist zudem vom Typ der aufgenommenen Nahrung abhängig. Brechen Sie den Kot auf, und sehen Sie sich den Inhalt an, wahrscheinlich werden Sie Pflanzenfragmente finden. Vermutlich wissen Sie, wie die Losung von Hirschen und Schafen aussieht: mehrere saubere, kleine Kotbällchen nebeneinander. Sie entstehen, wenn die Tiere alte, zähe Pflanzenstängel, Rinde und Blätter fressen. Bedienen sich die Tiere dagegen im Frühling an frischem Gras oder gerade geöffneten Knospen, ist ihr Kot breiartig.

Rechts: *Je frischer und grüner die Nahrung, desto flüssiger und formloser die Exkremente. Dieser Haufen ist typisch für Hirsche im Frühling und Sommer.*

Die charakteristische Losung von Rothirschen in den Wintermonaten

Hirsche und ihre Losung: Der Kot von Hirschen tritt in vielen Formen auf, je nachdem, was die Tiere gefressen haben: Verstreute, lockere Kügelchen sprechen für trockene, faserreiche Kost aus Zweigen, Eicheln und Baumrinde. Formlose Klumpen, die wie Kuhfladen, meist aber eher wie ein kleines gewelltes Blatt aussehen, weisen auf eine Nahrung aus Gras, frischen Blättern oder Fallobst hin.

Hirsche erleichtert sich durchschnittlich 13-mal am Tag, jedes Mal mit etwa 75 Kotbällchen. Sollten Sie die Bestandszahlen von Hirschen ermitteln wollen, gibt die Menge der Kothaufen einen Hinweis auf die Anzahl der Tiere.

Der Kot von großen Pflanzenfressern

Chinesische Wasserrehe bevorzugen sumpfiges Gelände. Sie fressen feuchte, grüne Pflanzen, welche die Losung zu Pellets binden.

Da sich die jeweiligen Exkremente nahrungsabhängig deutlich in Farbe und Form unterscheiden, ist es häufig sehr schwierig, die Losungen der Hirscharten auseinanderzuhalten. Den besten Hinweis liefert die Größe. Bei Hirschen und anderen Wiederkäuern werden die Größe und die Gesamtmenge der Losung berücksichtigt.

Hirschlosung sieht den Kotbällchen von Kaninchen und Hasen ähnlich. Bei genauerer Betrachtung erweist sich die Losung der Letzteren aber als viel runder mit sichtbaren Pflanzenfasern. Frische Hirschlosung ist glänzend schwarzbraun und wirkt viel glatter.

Muntjaks: Fast kugelige, glänzend schwarze Kügelchen von sehr variabler Form mit 5–13 mm Durchmesser. Häufig liegen an einer einzigen Stelle mehr als 100 davon. In Regionen mit großen Populationen wird die Losung zur Kennzeichnung der Reviere platziert.

Chinesische Wasserrehe: Separate Kotbällchen, an einem Ende zugespitzt, 10–15 mm lang und mit 5-10 mm Durchmesser, gewöhnlich fast schwarz und in Gruppen

Rehe: Klein, walzenförmig 10–14 mm lang bei 7–10 mm Durchmesser. Die frische Losung ist fast schwarz und glänzend, an einem Ende spitz, am anderen rund. Im Sommer produziert ein Reh täglich 17–23 Pellets, im Winter mehr.

Sikahirsche: Mittelgroß, 10–15 mm lang bei 8–12 mm Durchmesser, glänzend schwarz, Losung an einem Ende flach, eingebuchtet oder rundlich, am anderen spitz, ähnlich wie bei Rehen oder jungen Rothirschen

Eine Münze eignet sich gut als Größenmaßstab. Die Losung von Rehen wird über die Größe zugeordnet.

Größenvergleich Rothirsch- und Muntjak-Losung

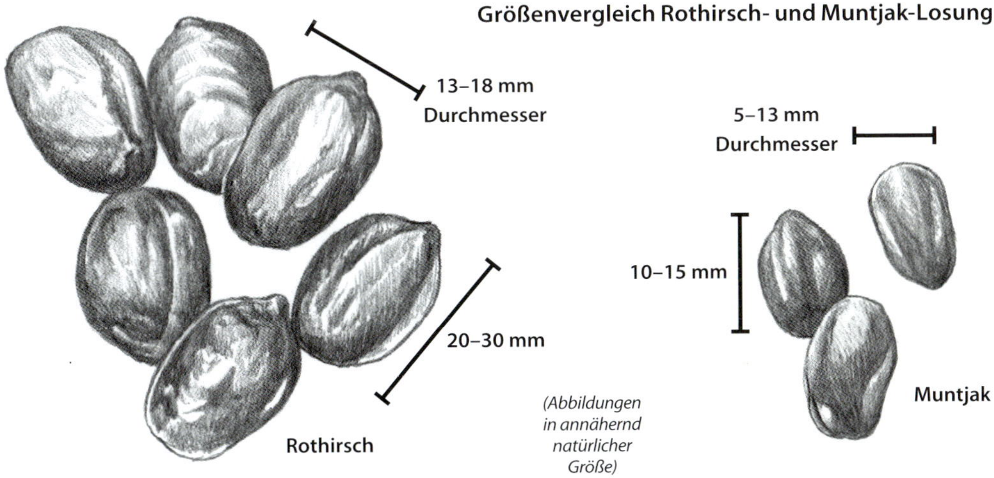

(Abbildungen in annähernd natürlicher Größe)

Damhirsch: zu lockeren Ballen gepresste Pellets

Damhirsche: Mittelgroß, 10–15 mm lang bei 8–12 mm Durchmesser, oval, ähnlich wie bei Rothirschen, schwarz bis braun, meist an einem Ende spitz, am anderen eingebuchtet. Wenn Damhirsche saftige Pflanzen fressen, wirkt die Losung wie ein erstarrter Fladen, ebenfalls ähnlich wie bei Rothirschen. Im Sommer erleichtern sie sich täglich 22–28-, im Winter 14–18 mal.

Rothirsche: Groß, eichelförmig, häufig an einem Ende spitz, am anderen rund oder leicht konkav, 20–30 mm lang bei 13–18 mm Durchmesser, frisch schwarz glänzend, dann zunehmend matter und brauner. Rothirsche, die saftige Blätter fressen, setzen weicheren Kot ab – die Losung klebt zu einem „Fladen" zusammen. Im Sommer erleichtern sie sich täglich 24–29-, im Winter 19–25 mal.

Im Winter ist die Losung der Rothirsche größer und runder.

Rentiere: Ähnliche Form und Größe wie die Losung der Damhirsche, aber sehr dunkel. Wenn sie im Sommer saftigere, nährstoffreichere Nahrung zu sich nehmen, ist die Losung lockerer.

Elche: Im Sommer, bei frischer Pflanzenkost, gleicht die Losung einem gewellten Kuhfladen. Im Winter wird die Losung trockener – Gruppen von großen, glänzenden Pellets, mit 30 mm Länge und 25 mm Durchmesser sind unverwechselbar, fast kugelig, etwas zugespitzt oder rhombisch geformt.

Im Sommer ist die Rentier-Losung heller und faserreicher, letztlich aber hängen Konsistenz und Farbe vom Lebensraum und den Futterpflanzen ab.

Wildschweine: Schweine gehören zwar nicht in diese Tiergruppe, aber ihr Mist ähnelt dem der Hirsche, für Anfänger besteht Verwechslungsgefahr. Je nach Nahrung schwanken Form, Farbe und Konsistenz. In der Regel ist der Kot wurstförmig und etwa 10 cm lang bei 7 cm Durchmesser. Er besteht aus scheibenförmigen Elementen, die bei trockener Nahrung auseinanderbrechen und dann wie unförmige Golfbälle aussehen. Schweinemist liegt meist auf Pfaden oder Fährten, selten am Futterplatz.

Schafe/Ziegen: In Form von Haufen und je nach Nahrung als einzelne Pellets oder zusammenhängend, Größe und Form sind abhängig von der Rasse, lässt sich ihr Kot leicht mit der Losung von Hirschen verwechseln.

Pferde/Ponys: Pferdeäpfel dürften allgemein bekannt sein, es sind Haufen aus sehr faserreichen, unregelmäßigen Kugeln von 5–8 cm Durchmesser.

Rinder: Feuchte Fladen, im ausgetrockneten Zustand wird die faserige Gräsernahrung erkennbar.

Oben links: *Schafe hinterlassen einen Haufen großer „Erbsen".*
Oben rechts: *Der faserreiche, fladenartige Kot eines Wildschweins*
Unten links: *Ein typischer feuchter Kuhfladen auf einer Wiese*
Unten rechts: *In Pferdeäpfeln sind die faserreichen Reste der Grasnahrung zu erkennen.*

Kaninchen hinterlassen unverwechselbaren kugeligen, glatten Kot.

Hasen und Kaninchen

Die Hasenartigen oder Lagomorpha sind keine Wiederkäuer, lassen die Nahrung aber ein zweites Mal den Verdauungstrakt durchlaufen. Der „erste" Kot, der Blinddarmkot oder die Caecotrophe, ist feucht, weich und grünlich-braun. Er wird von den Hasenartigen wieder verschluckt und nochmals verdaut. Durch dieses ungewöhnliche Verhalten, die sogenannte Caecotrophie, können die Tiere dem schwer verdaulichen Gras mehr Nährstoffe entziehen und sich mit dem lebenswichtigen Vitamin B_{12} versorgen.

Kaninchenkot in Form von „Kötteln" ist leicht zu erkennen, mehr oder weniger kugelig, bei etwa 1 cm Durchmesser der Kugeln, die

Alter, durch Einwirkung der Elemente verwitterter Kaninchenkot

Dunkler Kaninchenkot enthält weniger Fasern.

Hasenkot sieht dem Kaninchenkot ähnlich, ist aber größer.

einzeln ausgeschieden werden und aus trockenem, faserigem Material bestehen. Sie dienen als duftende Signale für Artgenossen an gut sichtbaren Stellen, etwa auf Steinen, auf umgestürzten Baumstämmen oder Grasbüscheln. Häufig liegen die Kügelchen in der Nähe von kurz gefressenem Gras, in flachen Mulden oder in der Nähe eines Baus, was die Bestimmung leichter macht.

Feldhasen sind größer als Kaninchen und hinterlassen entsprechend auch größere Kotbällchen von etwa 15 mm Durchmesser. Im Unterschied zu den Kaninchen legen sie keine großen Markierungshaufen an. Hasenkot finden Sie in geringen Mengen an Futterplätzen oder verstreut entlang ihrer regelmäßigen Pfade.

Schneehasen sind kleiner als Feldhasen und hinterlassen mit 1 cm Durchmesser ähnlich große Kotbällchen wie Kaninchen. Allerdings kann man die nur im Gebirge lebenden Schneehasen nicht mit den nur im Flachland lebenden Kaninchen und Feldhasen verwechseln.

Erdmauskot findet man häufig in Haufen, zusammen mit abgenagtem Gras, an den Laufwegen.

Waldmäuse haben gelagerte Äpfel entdeckt und verräterische Spuren hinterlassen: Bissspuren und Kot.

Kot von Nagetieren

Erdmaus: 6–7 mm lang, 2–3 mm dick, im frischen Zustand grün, häufig neben Mauspfaden im Gras und Rasen

Rötelmaus: Längliches, gelbgrünes Pellet, dem Kot der Erdmaus sehr ähnlich

Schermaus: Klein, walzenförmig, 7–12 mm lang und 3–4 mm dick mit stumpfen Enden, häufig in Haufen als Reviermarkierung abgelegt und immer am Wasser an den Stellen, an denen die Maus ein- und aussteigt. Im frischen Zustand variiert die Farbe: Oft ist der Kot dunkelgrün überlaufen und ziemlich weich. Ältere Kothaufen trocknen aus; wenn man sie zerbricht, fallen hellgrüne, konzentrische Kreise auf.

Hinweis: Der Kot von Wühlmäusen ähnelt dem Mäusekot, ist aber viel glatter und runder.

Mäusekot riecht faulig. Dies ist ein weiterer Unterschied zum Wühlmauskot.

Waldmaus und Gelbhalsmaus: Länglich, 5–8 mm lang, dunkel mit schwachem Geruch, der sich schwer beschreiben lässt, manche vergleichen ihn mit nassem Zeitungspapier

Wanderratten scheiden die größten Kotportionen aller Nagetiere aus, die länglichen Würste sind häufig feucht und riechen unangenehm.

Zwergmaus: Winzige, unter 3 mm lange Pellets, die außer in verlassenen Nestern praktisch nicht zu finden sind

Hausmaus: Ähnlich wie der Kot der Waldmaus, aber mit 7 mm Länge etwas kleiner. Frischer Kot riecht intensiv faulig mit einem Hauch von Ammoniak.

Wanderratte: Häufig mehrere Portionen, die an Laufwegen und beliebten Futterplätzen aufzufinden sind. Rattenkot riecht sehr streng, ranzig und verrottet. Je nach Wassergehalt und Ernährung verändert sich die Textur der Exkremente, doch meist sind es lange, dunkle, etwa 12 mm lange Würste mit einem spitzen Ende und einem gewissen Faseranteil.

Hausratte: Selten in mehreren Portionen, etwas kürzer und dünner als der Kot der Wanderratte.

Bisamratten teilen sich häufig Futterplätze und Toilette.

Eichhörnchen (Rotes und Graues): Kurz und fast rund, 5–8 mm lang und 5–6 mm dick, an einem Ende abgeplattet, am anderen spitz. Den Kot wird man selten finden, am ehesten im Schnee oder an einem übersichtlichen Futterplatz mit Resten von Futter, riecht frisch, beinahe saftig.

Flughörnchen kommen in Europa nur in Skandinavien vor, der etwa 10–15 mm lange Kot liegt meist unterhalb des Kobels und sieht gelblich aus.

Biber: Erinnert an den Kot von Hasen, rundlich mit 25–30 mm Durchmesser. Da Biber Holz verdauen, sieht der Kot wie Kugeln aus Sägespänen aus und schwimmt! Er ist jedoch selten zu sehen, da sich Biber meist im Wasser erleichtern.

Siebenschläfer: Ovale Pellets, 10 mm lang und 5 mm breit, die oft zu mehreren abgelegt werden, die Farbe ist abhängig vom Futter.

Den Kot der Nutrias erkennt man vor allem an der Form.

Lemminge fressen vorwiegend Seggen, Gräser und Moose.

Bisamratte: Dunkelgrün, braun oder fast schwarz, leicht gekrümmt und walzenförmig, etwa 13 mm lang mit 10 mm Durchmesser. Der Kot schwimmt im Wasser, liegt am Ufer, an Futterplätzen und auf Objekten, die aus dem Wasser ragen. Bisamratten benutzen ihre Toiletten mehrmals, manchmal teilen sich mehrere Tiere die Toilette.

Nutria: Die teilweise im Wasser lebenden Sumpfbiber aus Südamerika sind in vielen Teilen Europas verwildert. Der Kot liegt an den wassernahen Futterplätzen herum oder schwimmt auf dem Wasser, braun bis grün und ziemlich weich mit welliger Textur, etwa 50 mm lang und 13 mm breit, er sieht „dürr" aus.

Lemming: Diese Nagetiere leben in den Tundren und Heiden des Nordens, dort hinterlassen sie massenhaft Kotportionen: saubere, glatte Pellets mit runden Enden, 3–8 mm lang und häufig in einem hellen Farbton.

Die Fleischfresser

Die Nahrung von Fleisch- und Aasfressern enthält viel mehr Nährstoffe als Pflanzen, denn die Pflanzenfresser – ihre „Nahrung" – haben die Pflanzen bereits zu Protein und Fett aufbereitet. Fleischfresser produzieren weniger, aber unangenehmer riechenden Kot. Im Kot findet man entweder die unverdaulichen Reste ihrer Beute – Federn, Fell und Knochen – oder er ist durch das Kalziumphosphat der verdauten Knochen kalkhell gefärbt.

Warum stinkt der Kot von Fleischfressern? Er besteht zu etwa 75 % aus Wasser, gemischt mit Substanzen, die vom Körper des Tieres nicht aufgenommen oder nicht gebraucht werden, wie Unverdauliche, Gallenflüssigkeit mit toten Blutzellen aus der Leber und verschiedenen Bakterien.

Füchse sind Allesfresser, sie ernähren sich von verschiedenen Pflanzen und Tieren.

SOZIALE NETZWERKE

Fleischfresser sind häufig in komplexe soziale Systeme eingebunden, viele beanspruchen ein Revier und markieren dessen Grenzen. Diese Marken stellen eine Form der Kommunikation mit Artgenossen dar, die ohne körperliche Präsenz funktioniert. Daher platzieren Fleischfresser ihre Kotmarken sehr sorgfältig und gezielt.

Manchmal sorgen Duftdrüsen im Analbereich für zusätzliche Information im Kot. Wir können diese Duftmarken riechen oder sehen, beispielsweise die gelblich-klare Substanz, die ein Dachs ausscheidet. Dem Duftcocktail entnehmen die Artgenossen Informationen überdie Verwandtschaft, das Alter, Geschlecht und die Paarungsbereitschaft. Da die Intensität des Duftes im Laufe der Zeit abnimmt, kommt noch die Information über den Zeitverlauf hinzu.

Der Kot eines Dachses ist nicht nur Abfall, er erfüllt auch eine Aufgabe als Signal im Sozialverhalten.

Der charakteristische Geruch von Fleischfresserkot geht auf Darmbakterien zurück. Wenn diese die Proteine zersetzen, bleiben als Abbauprodukte stinkende Substanzen, wie Indole, Skatol, schwefelhaltige Thiole und das Gas Schwefelwasserstoff, zurück.

Die menschliche Nase reagiert vor allem auf das Skatol. In der Evolution erwies sich die starke Abneigung gegen den Skatolgestank als sinnvolle, lebensverlängernde Anpassung: Was nach Skatol roch, enthielt gefährliche Bakterien – blieb man der Quelle des Geruchs fern, senkte man sein Risiko zu erkranken.

Unten links und rechts: *Je nach aufgenommener Nahrung unterscheidet sich Fuchskot in Form, Farbe und Konsistenz. Der Fuchskot im linken Bild stammt von einem Tier, das Früchte, der rechte von einem, das am Kadaver eines Schafes gefressen hat.*

Fuchs: Meist schwarz mit Resten einer Tiermahlzeit, aber sehr stark abhängig von der jeweiligen Nahrung. Manchmal voller Beeren, glänzend und „knackig", wenn das Tier Mistkäfer gefressen hat, oder ziemlich flüssig, wenn Regenwürmer auf dem Speiseplan standen, an einem Ende verdreht und spitz, oft gebunden durch Fell und Federn oder in mehrere Stücke zerfallen. Frischer Kot mit Fuchsgeruch, älterer Kot ähnelt Hundekot. Füchse hinterlassen ihren Kot, anders als Hunde, auch als Markierungen – auf Maulwurfshügeln, Grasbüscheln, Zweigen und Baumstümpfen.

Hund: Die Größe richtet sich nach der Hunderasse. In den meisten Fällen sind weder Knochen, Federn noch Fell enthalten, sodass eine innere Textur fehlt. Im Unterschied zu den Füchsen ist der faserarme Hundekot wurstförmig und nicht gedreht. Weiche, braune, stark stinkende Haufen stammen gewöhnlich von Hunden.

Links: *Dieser Fuchs hat einen Vogel gefressen, Fuchskot hat stets eine ähnliche Form und ähnlichen Durchmesser. Charakteristisches Merkmal ist der Fuchsgeruch.*

Oben: *Hundekot enthält selten Fasern, die Größe der Haufen hängt von der Rasse ab.*

Marderhund: Kaum vom Kot anderer Fleischfresser zu unterscheiden, etwa 5–8 cm lang mit 1 cm Durchmesser, gedreht und meist mit Fell, Federn und anderen unverdaulichen Resten, die an der Oberfläche sichtbar sind.

Wolf: Da Wölfe im Prinzip große, wilde Hunde sind, hinterlassen sie ähnlichen Kot wie Hunde, allerdings mit der Textur von Fuchskot. Es sind große, dunkelgraue Würste, verdreht und an den Enden kegelförmig, sie enthalten Reste von faserreicher Kost, wie Fell oder Knochenfragmente. Wölfe platzieren ihren Kot auffällig als Signal im Sozialverhalten.

Dachse sind opportunistische Allesfresser, deren jeweiliges Futter sich in der Form der Exkremente niederschlägt. In der Regel ist Dachskot lockerer als Hunde- oder Fuchskot – von ziemlich flüssig, etwa wenn Regenwürmer die Hauptnahrung waren, über tief purpurn, wenn sie viele Brombeeren gefressen haben, bis hin zu vielfarbig und „knackig", wenn Käfer auf dem Speiseplan standen. Obwohl Dachse ihren Kot gelegentlich einzeln und an beliebigen Stellen absetzen, graben sie meist eine flache Grube als Toilette. An den Reviergrenzen oder nahe am Bau einer Dachsfamilie spielen mehrere dieser Gruben als „Latrine" eine Rolle im Sozialverhalten.

Oben: *Die Exkremente von Dachsen sind so vielfältig wie ihre Nahrung. Diese dunkle, feste Wurst spricht für Käfernahrung.*

Rechts: *Dieser Dachs hat verschiedene Beeren gefressen, darunter Schlehbeeren und Kirschen. Im Herbst ist die Beerenauswahl üppig.*

Ein Otter hat Fischgräten und Amphibienknochen abgesetzt, eingebettet in eine schwarze ölige Masse.

Fischotter: Die Nähe zum Wasser ist ein recht zuverlässiges Indiz, Fischotter hinterlassen ihre Kotkleckse gern als Duftmarken auf Objekten am Wasser, auf Felsen, Baumstümpfen und Wurzeln, an Flussübergängen, unter Brückenpfeilern und überall dort, wo sie das Wasser verlassen. An der Küste erleichtern sie sich an Süßwassertümpeln, in denen sie baden. Die Form reicht von kleinen Klecksen oder Schmierspuren bis hin zu ausgeformten Würsten. Die frischen Spuren sind ziemlich häufig schwarz und teerartig und enthalten Fischgräten und Amphibienknochen, dazu auch gut erkennbare Fischschuppen und Ohrsteinchen. Der Geruch von Otterkot wird als „Sommerwiese" oder „frisches Heu" beschrieben.

Wenn der Kot von Fischottern dem Wetter ausgesetzt wird, bleiben nur noch harte Teile, wie Fischgräten oder Wirbel, übrig.

Der Kot von Nerzen riecht deutlich unangenehmer als der von Fischottern.

Manchmal riecht Fischotterkot faulig, allerdings nie stechend und abschreckend für Menschen wie der Kot von Nerzen. Gelegentlich geben Fischotter mit dem Kot ein gelartiges Sekret aus Duftdrüsen ab. Es enthält wichtige Geruchsnachrichten für die Artgenossen. Wenn die schwarze Masse ausgewaschen ist, nimmt älterer, verwitterter Otterkot ein ascheartiges Aussehen an – Knochen und Schuppen bleiben liegen.

Die Kotwürste von Hermelinen liegen nur in der Nähe des Baus in großen Haufen.

Nerz (Sumpfotter): Häufig eine spitz zulaufende Walze, 5–8 cm lang mit 1 cm Durchmesser, da er häufig an ähnlichen Stellen wie Fischotterkot liegt, besteht eine gewisse Verwechslungsgefahr. Nerze haben allerdings eine Vorliebe für kleine Säugetiere und Vögel, sodass sie eher zylindrische, gedrehte Kotportionen abgeben. Am einfachsten ist Nerzkot jedoch am Gestank zu erkennen: Er riecht besonders stechend und eklig.

Hermelin: Gedreht und feinkörnig, etwa 4–8 cm lang und 5 mm breit. Nur in der Nähe des Baus oder nach einer üppigen Mahlzeit (beispielsweise an einem geplünderten Nest) in größeren Mengen, sonst eher selten, enthält gewöhnlich Fell und Federn

Mauswiesel: Selten zu finden und kaum von Hermelinkot zu unterscheiden, allerdings kleiner (3–6 cm lang, gedreht) und feiner

Iltis: Gedrehte Walzen wie bei anderen Marderartigen, 70 mm lang bei 5 mm Durchmesser und an einem Ende zugespitzt. Farbe und Textur unterscheiden sich je nach der Nahrung: schwarz und locker, wenn sie Amphibien gefressen haben, bis hin zu verdreht und faserreich mit Fell und Federn. Frischer Kot riecht faulig, man findet ihn gewöhnlich in Latrinen nahe eines Baus.

Der Kot von Iltissen riecht unangenehm und streng.

Baummarder: 4–12 cm lang bei etwa 10–15 mm Durchmesser, frischer Kot mit fruchtigem Aroma. Form und Textur wechseln je nach Nahrung, oft stark gedreht wie eine Schraube. Der Kot ist grau und mit Haaren versetzt, wenn der Marder kleine Säugetiere gefressen hat. Nach einer Insekten-, Beeren- und Pflanzenmahlzeit ist der Kot nicht so stark gedreht. Baummarder markieren ihre Reviere mit dem Kot – auf Felsen, an Wegsäumen und Waldwegen, auf Baumstümpfen, Wurzeln und umgestürzten Stämmen.

Baummarder scheiden lange, schraubig gedrehte Würste aus, häufig an auffallenden Stellen neben Wegen.

Vielfraß: Der größte europäische Marder hinterlässt auch die größten Kotwürste der Marderartigen – 15 cm lang mit etwa 2 cm Durchmesser. Sie enthalten viele Fellreste, sind leicht gedreht und werden weit verstreut abgesetzt.

Oben: *Bärenkot kommt je nach Nahrung dieses Allesfressers in unterschiedlichen Formen vor, von langen Würsten bis zu großen formlosen Haufen.*

Steinmarder: Ähnliche Größe wie beim Baummarder, die Würste sind gedreht, aber nie eng und schraubenartig. Der stark faulig riechende Kot wird häufig in Latrinen abgesetzt. Er ist oft viel dunkler gefärbt als Baummarderkot und enthält immer Fell, Federn und Knochen.

Braunbär: Große, stumpf abgeschnittene Massen, die man nur in den wilden Regionen Europas findet, etwa 8–10 cm im Durchmesser, manchmal mit unverdaulichen Resten, beispielsweise Samen

Wildkatze: Schwer vom Kot verwilderter Hauskatzen zu unterscheiden, meist an auffälliger Stelle platziert. Farbe und Textur hängen stark davon ab, was die Katze gefressen hat, 6–8 cm lang und 15 mm breit.

Hauskatze: Kaum vom Kot echter Wildkatzen zu unterscheiden, ein wichtiges Unterscheidungsmerkmal ist der Fundort der Exkremente. Hauskatzenkot riecht faulig, ist häufig von weicher Konsistenz und ohne Faserreste.

Luchs: Lang, gerade (18–25 cm lang), leicht gedreht und an beiden Enden zugespitzt. Häufig finden sich darin Reste von Fell, Federn und große Knochenstücke.

Der Kot von Wildkatzen sieht fast genauso aus wie der von Hauskatzen, prüfen Sie in diesem Fall sorgfältig.

Insekten fressende Säugetiere

Die Exkremente von vielen Insektenfressern – Fledermäusen, Spitzmäusen, Desmanen, Maulwürfen und Igeln – sind sehr selten aufzufinden. Ausnahmen stellen Fledermäuse und Igel dar, die unsere Gärten besuchen.

Fledermauskot findet man unter Ruhe- oder an regelmäßigen Futterplätzen.

Fledermäuse scheiden gewöhnlich winzige, dunkle Pellets aus, die in Form und Größe denen von Mäusen ähneln. Da wir ihren Geruch kaum wahrnehmen können, wirken sie unaufdringlich. Ein sicheres Kennzeichen ist die Fingerprobe: Reiben Sie den Kot zwischen Finger und Daumen – Fledermauskot zerfällt zu Staub, der aus den winzigen Bruchstücken von Insektenpanzern besteht. Mauskot lässt sich zerdrücken und verschmieren, waschen Sie sich nach dem Test unbedingt die Hände. Älterer Mauskot wird steinhart, während sich alter Fledermauskot noch leichter zerreiben lässt als frischer.

An häufig frequentierten Ruheplätzen sammelt sich der Kot an, hier unter einem Dach.

Fledermauskot finden Sie am ehesten dort, wo sich die Tiere regelmäßig aufhalten, also an ihren Schlafplätzen oder an den bevorzugten Futterplätzen. Unter einem Dach sammelt sich der Kot direkt unterhalb der Schlafplätze, sowie vor dem Einflugsloch an. Alle Fledermausarten sind geschützt, suchen Sie daher ihre Ruheplätze nur in Begleitung eines Fachmannes auf.

In Europa leben etwa 52 Fledermausarten, die sich ausschließlich auf der Basis ihrer Ausscheidungen nicht identifizieren lassen. Es gibt allerdings einige allgemeine, hilfreiche Regeln: Wie generell bei Säugetieren hinterlassen große Fledermausarten auch größere Kotportionen. Abendsegler oder Große Hufeisennase jagen große Käfer – im Kot findet man die Überreste der Außenskelette. Unter einem Mikroskop tauchen im Fledermauskot erstaunlich viele Reste von Insekten auf, ein deutlicher Hinweis darauf, dass Fledermäuse auf Lebensräume mit reicher Insektenpopulation angewiesen sind.

Der Kot besteht aus winzigen, unverdaulichen Resten von Insekten und lässt sich zu einem feinen Pulver zerreiben – anders als Mauskot.

Übersicht über eine Auswahl von Fledermauskot

Fledermausart	Partikelgröße	Größe (Länge × Durchmesser)	Textur und Anmerkungen
Zwergfledermaus *(Pipistrellus pipistrellus)*	fein	7–9 × 1,5–2 mm	glatte, längliche Pellets, oft auf Dachböden
Braunes Langohr *(Plecotus auritus)*	mittel/grob	8–10 × 2,5–3 mm	knollig, wie eine geschälte Erdnuss, unter Ruheplätzen Dachböden und an Futterplätzen
Kleine Hufeisennase *(Rhinolophus hipposideros)*	fein/mittel	6–8 × 1,5–2 mm	kleine ovale Pellets, häufig mit intakten Insekten
Große Hufeisennase *(Rhinolophus ferrumequinum)*	grob	9–13 × 2,2–2,7 mm	Flügeldecken großer Käfer neben dem Kot an Futterplätzen
Großer Abendsegler *(Nyctalus noctula)*	mittel	11–15 × 3–3,5 mm	in hohlen Bäumen oder Fledermauskästen
Wasserfledermaus *(Myotis daubentonii)*	fein	8–9 × 1,8–2,3 mm	unregelmäßige Form, glatte Textur, in frischem Zustand etwas feucht
Breitflügelfledermaus *(Eptesicus serotinus)*	grob	8–11 × 3,5–4 mm	im Querschnitt oft oval
Fransenfledermaus *(Myotis nattereri)*	mittel	8–11 × 2,3–3,3 mm	oft mit intakten Insektenflügeln
Mopsfledermaus *(Barbastella barbastellus)*	mittel/grob	8–11 × 2,1–2,7 mm	glatt oder knollig, häufig dreigeteilt

Der Kot von Igeln ist so groß und geformt wie der kleine Finger eines Erwachsenen, er enthält Reste von Insekten.

Igel: Wenn Sie auf Ihrer Terrasse oder dem Rasen ein kleines, schwärzliches Würstchen finden, das etwa so lang und breit ist wie Ihr kleiner Finger, dürfte es sich um Igelkot handeln. Die schwarzen, glänzenden Kotwürstchen sind 4–5 cm lang bei 1 cm Durchmesser. Igel scheiden den Kot auf ihren nächtlichen Wanderungen an beliebigen Stellen aus, beispielsweise unter Vogelhäuschen, wo sie Futter suchen, oder auf dem Rasen. Die Würste sind gedreht mit runden Enden – ein wichtiger Unterschied zum Kot von Katzen und Hunden – und riechen nicht unangenehm.

Wenn Sie den Kotballen auseinanderziehen, fallen Unmengen von zusammengepressten Insekten und wirbellosen Tieren auf, die den Kot glitzern lassen, wie Teile von Käfern, Ohrwürmern, Tausendfüßern und Schnecken, deren Vertilgung den Igel bei Gärtnern so beliebt macht. Igel, die an einem toten Tier gefressen haben, scheiden feuchteren Kot mit Knochenbruchstücken und Fellresten aus.

Außerhalb der Tropen fällt Reptilienkot kaum auf. Wenn Sie eine Blindschleiche hochheben, kann es passieren, dass sie sich in Ihre Hand erleichtert – das Produkt sieht Vogelkot sehr ähnlich.

Reptilienkot ähnelt mit einem weißen und einem dunklen Anteil dem Kot eines Vogels.

Reptilienkot

Der charakteristische Kotballen eines Reptils – von Eidechsen bis Schlangen – besteht, wie bei den Vögeln (siehe S. 159), aus einer dunklen Portion unverdaulicher Reste und einem hellen Fleck Urat – ein Hinweis auf die Abstammung der Vögel von den Reptilien. Kot auf Felsen oder Mauern oder unter einem Blech dürfte von einer Schlange oder einer Eidechse stammen, doch wie immer liefern letztlich die Größe und der Lebensraum wichtige Hinweise.

Insektenkot

Die wirbellosen Tiere sind die größte Tiergruppe auf der Erde. Für Mitteleuropa wurden bisher allein weit über 30 000 Arten von Insekten beschrieben. Sie fressen sich durch Blätter, Stängel, Wurzeln, Pilze, Kadaver, Tierdung und machen sogar Jagd auf andere Insekten. Die Masse der wirbellosen Tiere produziert enorme Mengen an Ausscheidungen, die eine wichtige Rolle beim Recyceln der Nährstoffe spielen. Warum fallen uns diese Ausscheidungen dann nicht stärker auf? Wer sich auch nur annähernd für Pflanzen interessiert, sollte Insektenspuren erkennen können, seien sie auch noch so unauffällig.

Die meisten mittelgroßen Insekten hinterlassen kleine, dunkle, amorphe Flecken. In einigen Fällen kann man auch mit Hilfe von Fraß- und anderen Spuren die Art bestimmen.

Unterhalb der Fraßspuren von Schmetterlingsraupen sammeln sich auch Kotbällchen an.

Insekten filtern die stickstoffhaltigen Abfallprodukte in sogenannten Blindschläuchen aus der Blut-Körperflüssigkeit ab. Sie werden zusammen mit den unverdaulichen Bestandteilen der Nahrung über den Enddarm abgegeben. Er ist mit einer Chitinschicht ausgekleidet, die bei jeder Häutung ausgetauscht wird.

Da die Exkremente von Insekten so winzig und unauffällig sind, fallen sie nur in geschlossenen Räumen auf, in denen sie sich ansammeln können. Ich kenne zum Beispiel den Kot von Laubheuschrecken nur deswegen, weil ich sie in einem Terrarium aufgezogen habe. In der Natur verlieren sich die länglichen, scharf zugespitzten Spindeln vollständig zwischen den Pflanzen. Auch in den Kinderstuben von gemeinsam lebenden Larven und Raupen – in Pflanzenstängeln, Gallen, Samen oder zusammengerollten Blättern – sammelt sich Kot an.

Der Kot der Weidenbohrerraupe erinnert, bedingt durch ihre Nahrung, an Sägespäne, während die adulten Schmetterlinge Pellets abgeben.

Schmetterlingsraupen sind oft so hervorragend getarnt, dass sie sich nur durch ihre Exkremente verraten. Die ungewöhnlich geformten Kotbällchen der Raupe des Ligusterschwärmers stechen besonders hervor, wenn sie auf Wegplatten unter unbeschnittenen Ligusterhecken liegen. Suchen Sie dann zwischen den Blättern nach dieser spektakulär großen Schmetterlingsraupe. Gärtner mit Kohlpflanzen im Gemüsebeet kennen die etwas weicheren Exkremente des Kleinen und des Großen Kohlweißlings.

Fressende Insekten legen Kot auf Blättern, Stängeln oder Früchten ab. In Eichenwäldern kann man manchmal sogar hören, wie die Kotbällchen der zahlreichen Eichenwicklerraupen zu Boden rieseln und wie feiner Regen auf die trockenen Blätter am Boden fallen, während sich die Raupen durch die jungen Knospen der Eichen fressen.

Einige Schmetterlingsarten haben im Zuge der Evolution das Risiko reduziert, ihren Standort über den Kot zu verraten: Um Fressfeinde zu verwirren, schleudern sie den Kot mit einem borstigen Organ am Darmausgang, der Analgabel, so weit es ihnen möglich ist vom Futterplatz weg.

Die Larven des Lilienhähnchens schrecken mit ihren Exkrementen Feinde ab.

Käferlarven lassen ihren Kot einfach fallen. Viele Arten scheiden leicht klebrige Exkremente aus, die am Untergrund haften bleiben. In der Tat kleben sich einige Blattkäferlarven, etwa von Lilienhähnchen und Schildkäfer, und ein paar Schmetterlingsraupen, wie die des Kleinen Eisvogels, den Kot auf den Rücken und verwandeln sich damit in wandelnde Misthaufen. Auf diese Weise sind sie gut versteckt und schrecken Fressfeinde ab. Schauen Sie also genauer hin, wenn Sie wandernde Kothäufchen sehen.

Die dunklen Flecken, die Fliegen in der Wohnung hinterlassen, dürften wohl die meisten kennen.

Feuchte Flecken: Der sogenannte „Fliegendreck" auf dem Fensterbrett stammt von den zahlreichen Fliegen, die in unseren Wohnungen leben und dort ihre flüssigen Exkremente abgeben. Die Färbung richtet sich nach der Fliegenart und der aufgenommenen Nahrung.

Spinnen geben ihre Abfallprodukte als flüssige Exkremente ab, die vor allem die beiden Chemikalien Guanin und Harnsäure enthalten und rasch auskristallisieren. Die gelblichen bis weißen oder durchsichtigen Flecken findet man häufig direkt unter dem Versteck einer Spinne.

Mekonium überall: Tag- und Nachtschmetterlinge, Käfer oder Fliegen, die gerade aus der Puppenhülle geschlüpft sind, scheiden das flüssige Mekonium aus. Manchmal stößt man auf Blättern auf diese rote oder weiße Substanz. Ich war Zeuge, als eine Kolonie von Distelfaltern aus den Puppen schlüpfte – ihre Raupen hatten die Disteln Wochen vorher vollständig kahlgefressen. Die rot bespritzen Blätter sahen aus, als hätte dort ein Gemetzel stattgefunden.

Insekten, die aus der Puppenhülle schlüpfen, scheiden die Abfallprodukte der Metamorphose als leuchtend rotes bis rosa Mekonium aus.

Eine Schwarze Wegameise bedient sich an dem Honigtau-tröpfchen, das eine Blattlaus ausscheidet.

In der Honigtauschicht auf dem Rosenblatt hat sich ein schwarzer Schimmelpilz ausgebreitet.

Honigtau: Diese süße Substanz wird von Blattläusen als Abfallprodukt ausgeschieden – Schädlingen, die jeder Gärtner als Pflanzensauger kennt. Das Phänomen ist besonders unangenehm, wenn man seinen Wagen unter einem Baum mit Blattläusen parkt. Der Zuckerregen setzt sich auf dem Lack fest und ist nur schwer wieder zu entfernen. Blattläuse stechen ihren Saugrüssel bis in die Gefäße, die Leitbündel, der Pflanze. Da der Pflanzensaft unter Druck steht, müssen die Blattläuse nicht einmal saugen. Bei der Darmpassage entnehmen sie dem süßen Saft die Nährstoffe, die sie brauchen, und der Rest fließt durch. Wenn sich auf Blättern schwarze Schimmelpilze ausbreiten und die Blätter sich klebrig anfühlen, dann waren Blattläuse am Werk. In der Regel stellen sich auch Ameisen und Wespen ein, die Honigtau unwiderstehlich finden.

Seifenschaum: Auch Zikaden gehören zu den Pflanzensaugern. Die Nymphen der Schaumzikaden bilden aus Exkreten und Luft Blasenpakete, den sogenannten Kuckucksspeichel: Sie schlagen den teilweise verdauten Saft mit Pumpbewegungen ihres Hinterleibs zu Schaum. Wenn eine Luftblase aus dem Hinterleib austritt, wird sie durch eine nach unten gerichtete Leiste in den ausgeschiedenen Schleim geleitet. In der schaumigen Hülle versteckt sich die Nymphe vor Feinden – und lockt Naturdetektive an.

In der Tat können Sie diesen Vorgang direkt beobachten: Wischen Sie die Blasen mit einem feuchten Malpinsel ab und beobachten Sie, wie das nun ungeschützte Insekt seine Tarnung wiederherstellt. Es kommt nicht oft vor, dass ein Spurenleser das entsprechende Tier sieht, und noch seltener sieht er, wie es eine neue Spur legt.

Oben: *Unter dem selbst erzeugten, schaumigen „Kuckucksspeichel" verbergen sich die Nymphen der Schaumzikaden.*

Unten: *Die gedrehten Exkremente der Schnecken verraten Ihnen, wer sich gerade an Ihren Gartenpflanzen gütlich getan hat.*

Gedrehte Schnüre: Es gibt mehrere Arten wirbelloser Tiere, die ihren Kot zu „Schnüren" drehen, doch am häufigsten findet man den Kot von Nackt- und Gehäuseschnecken. Der Darmausgang von Schnecken liegt dicht neben der Atemöffnung auf der rechten Seite des Mantels. Die beiden Öffnungen sind nicht immer sichtbar, denn Schnecken können sie verschließen, um den Wasserverlust zu senken. Die Windungen der Schnur entstehen, wenn die Schnecke vorwärtskriecht.

Die Farbe der Exkremente hängt stark davon ab, was die Schnecken gefressen haben – grün, wenn sie lebende Pflanzen, und schwarzbraun, wenn sie tote Blätter oder an einem Kadaver gefressen haben.

Die weißen, langen Exkremente stammen von der Großen Kielnacktschnecke.

Regenwürmer sind der Freund des Gärtners, sie sorgen für gesunden Boden.

Der Kot eines Regenwurms enthält zersetztes organisches Material, das seinen Darm durchlaufen hat und nun den Boden düngt.

Die Würmer

Auch die Gruppe der Ringelwürmer scheidet lange Kotfäden aus. Die Erde fressenden Regenwürmer (Gürtelwürmer oder Clitellata) und die Sand- oder Wattschlamm fressenden Meereswürmer (Vielborster oder Polychaeta) gehören zu den Ringelwürmern. Ihre schnurförmigen, zu Häufchen aufgetürmten Exkremente bestehen im Wesentlichen aus Erde. Der Wurm frisst das Substrat, entzieht ihm im Darm die Nährstoffe und scheidet es dann weitgehend unverändert wieder aus. Der Wurmkot ist wertvoll für den Boden: Er enthält etwa 65–70 % organisches Material, das von den Würmern an die Oberfläche gebracht wird und als Langzeitdünger den Wurzeln der Pflanzen zur Verfügung steht. Regenwürmer sind wichtige Glieder im Nährstoffkreislauf, sie reichern Nährstoffe im Boden an. Dieses Phänomen können Sie direkt beobachten: Wurmkot auf nackter Erde hat fast immer eine andere Farbe als der Boden, dem er stammt.

Bäumchenröhrenwürmer haben einen Strand in Norfolk mit Massen sandfarbener Kotfäden überzogen.

Gewölle

Ein Gewölle ist eine fest zusammengedrückte Masse aus Fell, Federn und Knochen. Für den Naturdetektiv stellen Gewölle eine doppelte Herausforderung dar: Welche Vogelart hat sie ausgewürgt, und was hat dieser Vogel gefressen? Dazu muss das Gewölle in seine Bestandteile zerlegt werden. Denken Sie daran, dass einige Vogelarten bedroht oder sogar geschützt sind und nicht gestört werden dürfen.

Dieser Bienenfresser würgt gerade ein Gewölle mit den harten, unverdaulichen Resten seiner Beute aus. Er ist nur eine der vielen Vogelarten, die solche Schatzkästchen voller Informationen produzieren.

Wer produziert Gewölle?

Es gehört fast zum Allgemeinwissen, dass Greifvögel und Eulen solche Gewölle auswürgen, doch sie sind nicht die einzigen Vogelarten mit diesem Verhalten – allerdings sind ihre Gewölle – durchschnittlich zwei pro Tag – besonders auffällig.

An den Gewöllen der Eulen sind nicht nur Vogel-, sondern auch Säugetierforscher interessiert. Die Gewölle verraten mehr über die Populationen kleiner Säugetiere als jede Lebendfalle, die Forscher aufstellen. Damit sind sie auch ein Gradmesser für den Zustand des Lebensraumes.

Die Rotdrossel, die kleinste Drosselart, frisst Früchte, Beeren, Insekten, Würmer und Schnecken – harte Samen und Unverdauliches würgt sie als Gewölle wieder aus.

In den Gewöllen von Schleiereulen, die an einem zugewachsenen Fluss jagen, machten die Schermäuse nur 3 % aus. Nachdem die Ufer freigelegt wurden, nahm ihr Anteil auf 28 % zu.

Eine Feldstudie in den 1980er-Jahren ergab, dass Schermäuse im Beutespektrum einer Eule, die regelmäßig an einem Fluss in Durham jagte, einen Anteil von etwa 25 % ausmachten. Als dieser Anteil rapide auf nur noch 1 % abnahm, lieferten die Gewölle einer einzigen Eule den Beweis für eine biologische Katastrophe: Nerze, die aus Pelztierfarmen entkommen waren, räumten unter den Schermäusen auf – sie waren vom Speiseplan der Eule verschwunden.

In den Gewöllen von Eulen tauchen auch Spitzmäuse auf, die sich nur schwer fangen lassen. In Irland gelang Biologen, die minutiös die Gewölle von Eulen und Turmfalken untersuchten, eine aufregende Entdeckung. Einige Knochen, die sie zunächst nicht zuordnen konnten, gehörten zur Hausspitzmaus, einer Art, die bis dahin für Irland nicht nachgewiesen war.

Eine Langzeituntersuchung der Gewölle von Schleiereulen ergab, dass diese in der Regel nur gelegentlich Maulwürfe fressen. In einigen Populationen steuern Maulwürfe dagegen einen großen Teil

Nicht nur Eulen, sondern auch andere fleischfressende Vogelarten, wie Eisvögel, würgen Gewölle aus.

zur Ernährung bei. Außerdem ergab sich, dass Maulwürfe nur zwischen Mai und Oktober zur Beute werden. In diesen Monaten kommen sie regelmäßiger an die Oberfläche als während des übrigen Jahres – das war Biologen noch unbekannt. Der Grund für dieses Verhalten ist noch nicht geklärt.

Greifvögel und Eulen haben einen muskulösen Magen mit zwei Kammern, in dem unverdauliches Fell, Knochen und Schuppen zu einem Ballen gepresst werden. Der Ballen wandert in den ersten Magenabschnitt, wo er mehrere Stunden bleiben kann. Ein Greifvogel kann erst wieder fressen, wenn er das Gewölle über Schlund und Schnabel wieder ausgewürgt hat. Sumpfohreulen bilden ein Gewölle, nachdem sie 30–90 g gefressen haben.

Dass Gewölle niemals unangenehm riechen ist ein wichtiges Merkmal zur Unterscheidung vom Kot mittelgroßer Fleischfresser, wie Füchse und Dachse (siehe Kapitel Säugetierkot). Die meisten Gewölle sind symmetrisch geformt und liegen häufig am Boden unter einem Schlaf- oder Nistplatz. Dort finden Sie mit Federn oder kalkweißen Kotspuren weitere Indizien.

Da Schleiereulen, Reiher und einige andere Vogelarten regelmäßig dieselben Schlafplätze aufsuchen, sammeln sich am Boden darunter meist zahlreiche Gewölle. Wieder andere, wie die Waldkäuze, wechseln ihre Schlafplätze – hier finden Sie selten mehr als drei bis vier Gewölle. Auf der Suche nach Möwengewöllen bin ich meist zwischen kurzen Grasbüscheln hinter dem Strand oder auf Landzungen erfolgreich, dorthin ziehen sich die Möwen bei Flut zurück.

Unter Schlafplätzen sammeln sich viele Gewölle an.

Wie sieht das Gewölle aus?

Aussehen und Inhalt der Gewölle richten sich nach dem Speiseplan und den Verdauungssäften der Vogelart. Krähengewölle sind sehr locker, während die festen Gewölle der Möwen aus gepressten Gräten, Schuppen und Resten der Panzer von Krustentieren bestehen, Schleiereulen bilden ordentliche, lockere Gewölle.

Gewölle verraten nicht nur, welche Tiere gefressen wurden, sondern auch wer sie verspeist hat – Indizien liefern Größe und Form des Gewölles. Diese ovalen Gewölle hat eine Schleiereule ausgewürgt.

Aus den Gewöllen einer Schleiereule lässt sich das Menü eindeutig bestimmen, da viele Knochen unverdaut bleiben und die Schädel gut erhalten sind. Da Waldkäuze die Schädel ihrer Beutetiere zerdrücken, ist deren Bestimmung äußerst schwierig. Wenn der Schädel keine Identifizierung zulässt, helfen andere Knochen, wie die Beckengürtel, bei der Bestimmung.

Noch schwieriger ist die Bestimmung der Beutetiere von Habichten und Falken, denn sie reißen ihren Opfern den Kopf ab und zupfen den Körper auseinander. Da zudem ihre scharfen Verdauungssäfte die Knochen bis auf große Bruchstücke auflösen, bleiben in den Gewöllen nur Fragmente von Fell oder Federn erhalten, mit Glück auch ein paar Zähne. Um die Art eines Säugetieres aus Form und Textur einzelner Haare zu bestimmen, ist ein Mikroskop mit mindestens hundertfacher Vergrößerung erforderlich.

GESUNDHEIT UND HYGIENE

Es kommt vor, dass man ein Gewölle mit Säugetierkot verwechselt und in Kontakt mit Salmonellen geraten könnte. Gehen Sie daher mit gesundem Menschenverstand zu Werke und waschen Sie sich anschließend gründlich die Hände. Sterilisieren Sie ein Gewölle in der Mikrowelle, die Sie kurz auf volle Leistung stellen.

Gewölle bestimmen

Ein Gewölle dokumentiert den Jagderfolg des Tages oder der Nacht wie eine Zeitkapsel. Beziehen Sie für die Bestimmung Größe, Inhalt, Form und Textur und natürlich auch den Fundort des Gewölles mit ein. Ein einziges Gewölle enthält alle Information über den Jäger und natürlich auch seine Beute innerhalb eines Lebensraumes.

Von außen sieht dieses Gewölle einer Schleiereule nicht besonders spannend aus, doch es enthält die Knochen von Feldmäusen.

Wenn alte Gewölle zerfallen und Federn und Fell verwesen, bleiben nur die Knochen übrig – hier Wühlmausschädel unter dem Nistkasten einer Schleiereule.

Ein wichtiger Faktor für die Bestimmung ist die **Größe.** Denken Sie nur an den Größenunterschied von Uhu und Zwergohreule. Auch der **Inhalt** des Gewölles liefert Indizien, denn einige Arten sind Nahrungsspezialisten. Enthält das Gewölle Knochen oder nur Bruchstücke? Wie sind sie angeordnet – zufällig oder in Längsrichtung nebeneinander?

Notieren Sie sich auch **Form** und **Textur:** Einige Vogelarten, wie Schleiereulen, Baumfalken (wenn sie Insekten fressen) und Turmfalken, würgen Gewölle mit charakteristischer Form aus. Manche sind glatt und glänzend, andere borstig und faserreich, und der Inhalt ist von außen zu sehen.

Schließlich spielt auch der **Fundort** eine Rolle – ich möchte noch einmal betonen, dass Sie für die Bestimmung alle Spuren nutzen sollten. Lebensraum, Kot und Federn liefern nützliche Indizien. In einem Fall hatte ich ein Gewölle mit nach Hause genommen und war bei der Bestimmung gescheitert. Also ging ich dahin zurück, wo ich es gefunden hatte – und sah einen missmutigen Steinkauz.

Je größer die Eule, desto größer ihre Speiseröhre und damit auch die potenzielle Beute – entsprechend groß sind auch die Gewölle, hier das eines Uhus.

Eulen

Eulen würgen relativ feste, dunkelgraue bis braune Gewölle mit intakten Knochen – langen Beinknochen und Schädeln – aus, die in Feinmaterial, wie Fell und Federhärchen eingebettet sind.

Uhu: Diese riesige Eule würgt eines der größten und damit ein beinahe unverwechselbares Gewölle aus, es ist 15 cm lang und hat einen Durchmesser von 4 cm. Die Untersuchung ist spannend, denn beim Präparieren kommen die Reste unterschiedlicher Beutetiere zu Tage: Kaninchenschädel sowie alle Arten von Vögeln, Säugetieren, Eidechsen, Fischen und Amphibien. Die Gewölle liegen unter den Schlaf- und Nistplätzen, unterhalb von Klippen und Steinbruchwänden.

Schleiereule: Die relativ häufigen Gewölle der Schleiereule sind auf Bauernhöfen, am Boden von Scheunen und Gebäuden zu finden, in denen diese Eulen nisten und schlafen. Frische Gewölle sind dunkel, glänzend und fest, fast wie lackiert. Sie sind 3–5 cm lang mit einem Durchmesser von 1,5–4 cm und haben stumpfe, rundliche Enden.

Die Gewölle enthalten fast ausschließlich Reste derselben oder ähnlicher Arten von Erd- und Spitzmäusen – den häufigsten Beutetieren auf offenen Grasflächen. Manchmal finden sich auch Waldmäuse und andere Überraschungen. Die harten Teile sind im Innern des Gewölles verborgen und von außen nicht zu sehen.

Schleiereulen würgen charakteristische graue, rundliche Gewölle aus. Da die Eulen in Gebäuden schlafen und nisten, findet man ihre Gewölle relativ häufig.

Unter Bäumen mit dichtem Laub stehen die Chancen, auf Gewölle von Waldkäuzen zu stoßen, am besten. Die Eulen schlafen gerne in dichtem Efeu oder auf alten Nadelbäumen – am Boden finden Sie neben den Gewöllen auch den Kot der Eulen.

Waldkauz: Diese Eulenart ist eine der häufigsten in Europa. In baumbestandenen Gärten und im Wald findet man seine Gewölle daher relativ häufig. Dichte Nadelwälder bieten gute Chancen, eines seiner Gewölle zu finden – dort haben die Käuze ihre Schlafplätze. Die Gewölle sind länglicher als die der Schleiereule, 2–5 cm lang bei nur 1–2,5 cm Durchmesser. Sie sind grau gefärbt mit ungleichmäßiger Oberfläche, aus dem Innern ragen häufig Knochen und andere Überreste heraus. Der Inhalt besteht vorwiegend aus kleinen Nagetieren, aber auch Vögel, Frösche und Eidechsen sind häufig vertreten. Aus den Gewöllen lässt sich erschließen, dass in der Stadt lebende Waldkäuze mehr Vögel jagen. Da die Gewölle an einem Ende schmal zulaufen, können sie mit Säugetierkot verwechselt werden.

Sumpfohreule: Die Gewölle sind etwas gleichförmiger zusammengesetzt und länger und breiter als jene des Waldkauzes (2–8 cm lang bei bis zu 3 cm Durchmesser). Die Art bevorzugt offene Wiesen und Hochland. Sie finden die Gewölle meistens unter Pfosten und markanten Ansitzen, doch die Eule schläft und ruht auch am Boden. Die Gewölle enthalten Knochen von Erd- und Spitzmäusen.

Da die Sumpfohreule zu den seltenen Arten gehört, sind auch ihre Gewölle selten zu finden.

Die unregelmäßigen Gewölle der Waldohreule sind kaum von denen des Waldkauzes zu unterscheiden.

Gewölle von Zwergohreulen finden Sie am ehesten unter den Schlaf- und Ruheplätzen.

Waldohreule: Ihre Gewölle sind etwa so dick wie jene der Waldkäuze, jedoch etwas länger (2–5 cm lang bei etwa 2 cm Durchmesser) und ebenfalls unregelmäßig geformt. Waldohreulen schlafen in dichten Nadelbäumen.

Zwergohreulen: Diese Eulen würgen, entsprechend ihrer geringen Größe, kleine, rundliche Gewölle aus (2–4 cm lang bei 1–2 cm Durchmesser). Sie fressen vorwiegend kleine, wirbellose Tiere, wie Käfer und Würmer, gelegentlich auch sehr kleine Säugetiere oder Vögel, was sich in der Struktur und Form der Gewölle niederschlägt: Im Sommer halten sie sich vor allem an Wirbellose. Dann sind die Gewölle sehr zerbrechlich und zerfallen zu Staub, fast wie der Kot großer Fledermäuse – Sommergewölle sind schwarz oder dunkelbraun gefärbt. Zwergohreulen sind tagaktiv, wenn Sie frische Gewölle finden, dürfte die Eule nicht weit sein. Im Winter fressen Zwergohreulen vor allem kleine Säugetiere. Die Gewölle liegen unter ihren regelmäßigen Schlafplätzen, beispielsweise unter Zaunpfählen, Astlöchern oder Nischen in Gebäuden. Die Art bevorzugt offene Landschaften mit einzelnen, alten Bäumen. Die Gewölle der Turmfalken sehen ähnlich aus, darin sind jedoch die dünneren Knochen teilweise verdaut, während sie bei der Eule immer intakt sind.

Die Gewölle der Zwergohreule enthalten fast immer Überreste von Käfern und sind deutlich kleiner als die der anderen Eulenarten.

Weitere europäische Eulenarten

Sperbereule: Die kleinen Gewölle enthalten im Sommer vorwiegend die Knochen von Nagetieren, im Winter überwiegen die Überreste von Vögeln, etwa von Raufuß- und Alpenschneehühnern.

Raufußkauz: In den kleinen, unregelmäßig geformten Gewöllen (35 × 15 mm) finden sich Reste von kleinen Säugetieren und Vögeln, die von außen sichtbar sind.

Sperlingskauz: Kleine, im Durchschnitt 28 × 12 mm große Gewölle, die meist die Knochen von Drosseln, Kreuzschnäbeln, Trauerschnäppern und anderen kleinen Vögeln enthalten, dazu die Überreste kleiner Säugetiere, Fische und Insekten

Sperbereule

Raufußkauz

Sperlingskauz

Bartkauz

Schnee-Eule

Bartkauz: Diese große Eule würgt große, durchschnittlich 7,5 bis 10 cm lange, graue und kompakt aufgebaute Gewölle aus.

Schnee-Eule: Große, bei 2–4,5 cm Durchmesser 5–15 cm lange, lockere, unregelmäßige Gewölle mit den Resten von Kaninchen, kleinen Nagetieren und Vogelknochen. Schnee-Eulen verschlucken auch eigene Federn, die auffällig aus den Gewöllen hervorstechen.

Greifvögel

Habichte, Adler und Falken haben sehr wirkungsvoll arbeitende Verdauungssysteme mit niedrigerem pH-Wert als Eulen. Daher verdauen sie ihre Beute bis auf die widerstandsfähigen Reste.

Turmfalke: Im frischen Zustand haben die Gewölle des Turmfalken (2–4 × 1–2,5 cm) die Form eines Tropfens. Da Turmfalken viele kleine Säugetiere und Vögel fressen, sind die hellgrauen Gewölle mit dünnen Fasern durchsetzt. Gelegentlich werden Sie auch kleine Knochenstücke oder Chitinpanzer von Insekten finden. Die Gewölle können mit denen des Steinkauzes verwechselt werden.

Bei großem Beuteangebot frisst ein Turmfalke erstaunliche viele Insekten. Dann kann es schwierig werden, seine Gewölle von denen des Steinkauzes zu unterscheiden.

Wanderfalke: Die Gewölle des Wanderfalken (2–9 × 1–3 cm) sehen denen anderer Greifvögel sehr ähnlich. Sie unterscheiden sich in den Farben, enthalten aber fast immer Federstrahlen.

Baumfalke: Relativ kleine Gewölle (2–3 × 1–1,5 cm), die aber etwas rundlicher ausfallen als die des Turmfalken. Wenn sie kleine Vögel geschlagen haben, sehen sich die Gewölle der beiden Arten sehr ähnlich. Zu Beginn des Jahres dominieren im Gewölle die glänzenden Panzer von Motten, Bienen und Käfern. Wenn der Baumfalke später zu kleinen Vögeln als Beute wechselt, wird die Bestimmung schwierig. Dann enthalten die Gewölle Knochenfragmente und Federstrahlen.

Merlin: Gewölle mit Federstrahlen und Knochenbruchstücken kleiner Vögel. Sie sind etwas kleiner als die Gewölle des Turmfalken, und schwer zu identifizieren.

Das Gewölle eines Wanderfalken, Greifvögel würgen täglich etwa ein oder zwei Gewölle aus.

Mäusebussard: Die großen Gewölle (4,5–6 × 2,5–3 cm) nähern sich der Kugelform an, ein Ende ist aber spitzer als das andere. Da sie ein besonders breites Beutespektrum haben, würgen Mäusebussarde Gewölle von unterschiedlicher Farbe und Konsistenz aus: sehr helle und faserreiche, wenn sie Schafskadaver, dunkelgraue und faserreiche, wenn sie Kaninchen und andere kleine Säugetiere, körnige, wenn sie Käfer und Regenwürmer gefressen haben. Vorhandene Knochen wurden teilweise von der Magensäure aufgelöst, damit unterscheiden sie sich von den großen Eulen. Da die sehr variablen Gewölle kaum von denen anderer Greifvögel zu unterscheiden sind, müssen weitere Indizien für die Bestimmung herangezogen werden.

Die Gewölle des Mäusebussards, die man auf Wiesen und im Mischwald findet, enthalten die Knochen kleiner Säugetiere.

Rotmilane bedienen sich an den Kadavern toter Schafe, Kaninchen und Vögel, jagen aber auch lebende kleine Vögel, Säugetiere und Insekten – von allen finden sich Knochen in den Gewöllen.

Rotmilan: siehe Mäusebussard

Sperber: Kleine, rundliche Gewölle (2–3,5 × 1–2 cm), die an einem Ende rund sind, am anderen spitz zulaufen. In der Form sind sie den Gewöllen der Schleiereule recht ähnlich, enthalten aber deutlich weniger Knochenfragmente. Die Federstrahlen geben den Gewöllen auf dunklen Waldböden – dort sind sie am ehesten zu finden – ein beinahe glänzendes, hellgraues Aussehen. Suchen Sie zur Sicherheit auch nach Federn und Kot.

Sperber

Habicht

Seeadler

Oben: *Diese Gewölle wurden im Winter unter einem Schlafplatz von Weihen gesammelt. Da sie viele Federn enthalten, haben die Weihen kleine Vögel geschlagen.*

Habicht: Die Gewölle sind etwa so groß wie die von Mäusebussarden und geformt wie beim Sperber, enthalten aber mehr Federbruchstücke. Habichte schlagen auch Kaninchen und Eichhörnchen.

Adler: Große, schwer zu bestimmende Gewölle (9–11 × 3,5–4 cm), in die Fell, Federn und Knochenbruchstücke eingelagert sind, beim Seeadler wurden auch intakte Beinknochen von Vögeln gefunden. Fischschuppen und Gräten sind zwar ein guter Hinweis auf den Seeadler, allerdings kein eindeutiges Kennzeichen.

Weihen: Kleine, rundliche Gewölle, die sich kaum von denen anderer Greifvögel unterscheiden lassen. Suchen Sie unter bekannten Lieblingsplätzen, wie Ansitzen oder Schlafplätzen.

Fischadler: Locker aufgebaute Gewölle, die fast ausschließlich Gräten und Fischschuppen enthalten

Die Gewölle von Fischadlern sind selten. Da diese Greifvögel einen Kropf haben, würgen sie Unverdauliches seltener aus als Eulen.

Rabenvögel

Die Vertreter der Rabenfamilie würgen längliche, abgerundete Gewölle aus. Bei den Opportunisten mit breitem Nahrungsspektrum finden sich darin alle möglichen erkennbaren Reste, von Getreidespelzen, Samen und Tomatenkernen über Wolle, Federn und Knochen bis hin zu allerlei Abfall, wie Steinen, Schnüren und Kunststoff. Je nach der Menge des unverdaulichen Materials im Futter schwankt auch die Größe der Gewölle. Der lockere Aufbau, die Vielfalt der Inhaltsstoffe und ein auffallend fauliger Geruch unterscheiden die Gewölle der Rabenfamilie von denen der Greifvögel und Eulen.

Die Gewölle der Saatkrähen liegen unter den Schlafkolonien. Sie enthalten häufig Fasern und Pflanzen.

Die Gewölle der Raben liegen unter oder auf hohen Felsvorsprüngen, manchmal auch unterhalb von Kolonien. Besonders schwierig lassen sich die Gewölle der Rabenkrähen bestimmen.

Kolkrabe: Die Gewölle sind variabel in der Größe, aber mit 5–8 × 2–3 cm stets deutlich größer als die der übrigen Raben. Auch die unterschiedlichen Farben und der Inhalt verraten die opportunistische Lebensweise dieser Aasfresser. Sie enthalten alles Mögliche, wie Kaninchenfell, kleine Knochen und sogar Markierungsringe.

Ich habe dabei zugesehen, als eine Krähe dieses Gewölle auswürgte, wegen der zahlreichen enthaltenen Käferreste glitzerte es in der Sonne.

Rabenkrähe: Gewölle 3–7 × 1–2 cm

Saatkrähe: Gewölle 3–4 × 1–1,5 cm

Dohle: Gewölle 2,5–3 × 1–1,5 cm

Elster: Gewölle 3,5–4,5 × 1–2 cm

Alpendohle: Relativ klein, dunkel und ziemlich körnig, die Außenskelette von wirbellosen Tieren machen bis zu 50 % aus, dazu Samen und Getreidespelzen.

Diese Lachmöwe hat gerade ein ordentliches, glattes Gewölle ausgewürgt – frischer geht es nicht, die Gewölle zerfallen schnell.

Möwen

Silbermöwen haben sich an Menschen und ein Leben in den Städten angepasst und kommen inzwischen in vielen Städten in Küstennähe vor. Die Größe der Gewölle richtet sich nach der Größe des jeweiligen Vogels, die meisten sind aber kompakt gebaut, fast kugelig und enthalten ganz verschiedene unverdauliche Reste. Möwen fressen in ihrem natürlichen Lebensraum vorwiegend Fische und Weichtiere. Ihre Gewölle sind dicht gepackt mit ungeordneten dünnen Gräten und Bruchstücken, die nicht – wie bei Greifvögeln – ausgerichtet sind. Möwen, die Krustentiere fressen, würgen körnige Gewölle mit Bruchstücken der Panzer aus. Versorgen sie sich dagegen auf Feldern oder Müllhalden, enthalten die Gewölle Spelzen, Körner, außerdem Plastik, Schnurreste und alle möglichen Objekte, die in ihren Schnabel gepasst haben.

Gewöhnlich enthalten Möwengewölle Gräten und Bruchstücke der Panzer von Krustentieren, bei Möwen, die Felder absuchen, sind es auch Körner.

Watvögel

Die meisten Vogelarten im Lebensraum Küste und Watt bilden kurzlebige Gewölle aus Sandkörnchen und kleinen Resten organischen Materials. Sie fallen auf dem Untergrund fast gar nicht auf und werden daher leicht übersehen. Dass viele Watvögel etwa gleich groß sind, macht die Bestimmung der Gewölle sehr schwierig. In der Tat muss man den Vogel beim Auswürgen zusehen, um völlig sicher zu sein.

Dass Watvögel Gewölle mit Unverdaulichem auswürgen, fiel mir zum ersten Mal beim Angeln an einem Pier auf. Zufällig ruhte sich dort auch ein kleiner Schwarm Steinwälzer aus. Diese lebhaft gezeichneten kleinen Küstenvögel verbringen einen großen Teil ihrer Zeit mit der Suche nach kleinen Weichtieren, Würmern und Krustentieren. Da die Beutetiere sehr klein und schwer verdaulich sind und die Steinwälzer das Zeitfenster der Ebbe nutzen müssen, beginnt die eigentliche Verdauung erst, wenn das Watt wieder unter Wasser steht. Dann würgen sie die unverdaulichen Reste aus. Als ich später unter dem Ruheplatz nachsah, fand ich kleine Klümpchen aus Sand mit Bruchstücken von Krabben, Wurmkiefern und Fragmenten von Entenmuscheln und Weichtierschalen.

Watvögel, wie dieser Waldwasserläufer, würgen kleine, glatte, körnige Gewölle aus, die aus Schlamm, Sand und winzigen Bruchstücken ihrer Beute bestehen, man findet sie aber sehr selten.

Was steckt in einem Eulengewölle?

Eulen sind extrem erfolgreiche Jäger, die vor allem kleine Säugetiere erbeuten. Es ist sehr nützlich, die wichtigsten Beutetiere zu kennen, um überraschende Besonderheiten zu identifizieren. Ich möchte zunächst die Schädel vorstellen, die größten Knochen im Gewölle.

Die Untersuchung von Eulengewöllen ist fast eine eigene Wissenschaft für sich – und kann zur Leidenschaft werden.

Insektenfresser

Schädel und Kiefer mit geschlossenen Zahnreihen sind typisch für Spitzmäuse. Ihre kleinen, aber relativ langen und dünnen Schädel haben etwas Vogelartiges. Die spitzen Zähne sind an der Spitze orangebraun bis teefarben verfärbt. Größe und Form der Zähne liefern wichtige Indizien, um die Wasserspitzmaus – die größte Art –, Waldspitzmaus und Zwergspitzmaus zu unterscheiden.

In den Gewöllen der mitteleuropäischen Eulen finden sich insgesamt etwa zehn Spitzmausarten, weltweit gibt es über 350 Arten. Alle Spitzmäuse wirken auf den ersten Blick wie Mäuse, haben aber eine spitze Schnauze mit rüsselartiger Nase. Die Unterfamilie der Weißzahnspitzmäuse mit mehreren Arten ist, wie der Name verrät, durch ihre weißen, nicht verfärbten Zähne und einen „bewimperten" Schwanz charakterisiert, während ihre Schädel kaum von denen anderer Arten zu unterscheiden sind.

Weiterhin finden sich in den Gewöllen die länglichen Schädel von Maulwürfen, die zwar an Spitzmäuse erinnern, aber größer und massiger ausfallen. Sie haben weiße Zähne und vergrößerte Eckzähne, während die Zähne der Spitzmäuse alle etwa gleich weit aus dem Kieferknochen herausragen.

Da Fledermäuse nur selten zur Beute von Eulen gehören, tauchen deren Reste nur ab und zu in den Gewöllen auf. Charakteristische Merkmale sind ein kurzer, gedrungener Schädel und Kiefer mit spitzen, weißen Zähnen – die Vorderzähne weisen nicht nach vorn, wie bei Spitzmäusen und Maulwürfen. Die dunkle Färbung der Spitzmauszähne geht übrigens auf den Eisengehalt zurück, der die Zähne hart und scharf hält. Spitzmauszähne enthalten etwa 1 % Eisen, die weißen Zähne von Maulwürfen und anderen Säugetieren weniger als 0,01 %.

Kleine Säugetiere

Mäuse und Wühlmäuse machen den größten Anteil im Beutespektrum und entsprechend auch in den Gewöllen aus. Eine große Lücke zwischen den nagenden Schneide- und den Backenzähnen ist ein eindeutiges Erkennungsmerkmal dieser Nager.

Mäuse und Wühlmäuse lassen sich am sichersten durch den Vergleich der Backenzähne unterscheiden. In den Kiefern sitzen je drei Backenzähne, die jeweils unterschiedlich aussehen: Von oben gesehen, verlaufen die Ränder der mahlenden Kauflächen bei Wühlmäusen im Zickzack, bei Mäusen sind sie abgerundet.

Sollten Sie keine einzelnen Zähne finden, ziehen Sie die Zähne mit einer Pinzette vorsichtig aus dem Kiefer heraus.

Vorsichtig, mit dem Blick aufs Detail und den richtigen Fachbüchern können Sie jedes der unglücklichen Opfer eines Greifvogels oder einer Eule identifizieren.

Nagetiere tauchen am häufigsten in Eulengewöllen auch – achten Sie auf die orange bis braun verfärbten Nagezähne.

Die Mäusezähne haben Wurzeln und kleine, runde Höcker, Wühlmauszähne sehen wie Blöcke aus Zahnschmelz mit gewellten Oberflächen aus.

Wenn Sie die Zähne einer Wühlmaus aus dem Kiefer ziehen, sehen Sie die Reihe der Zahnfächer. Bei der Rötelmaus sind sie dreigeteilt, bei der Erdmaus, der Lieblingsbeute der Schleiereule, sitzen die Wurzeln in einer Vertiefung. Erdmäuse haben kaum sichtbar geteilte Wurzeln, vom Zahn bis zum Wurzelende ziehen sich Kämme und Furchen über die Oberfläche. Bei den Rötelmäusen sind die Zahnwurzeln durchaus erkennbar, und die Kämme setzen sich nicht bis zu den Wurzeln fort. Die selten auftauchenden Zähne der Wasserspitzmaus sehen aus wie größere Versionen der Erdmauszähne.

Wenn Sie die Zähne von Mäusen vorsichtig aus dem Kiefer ziehen, werden Ihnen glatte, runde Löcher auffallen. Das Muster dieser Wurzelabdrücke ist ein Bestimmungsmerkmal: Waldmäuse und Gelbhalsmäuse haben sechs Wurzellöcher. Reste von Gelbhalsmäusen sind allerdings selten, alle Unterkiefer, die länger sind als 16 mm, gehörten einer Gelbhalsmaus. Zwergmäuse haben sieben und Hausmäuse fünf Wurzellöcher. Nur bei den Hausmäusen sind außerdem die Schneidezähne eingekerbt. Bei größeren Backenzähnen mit zehn Wurzellöchern stand eine Ratte auf dem Speiseplan – Greifvögel schlagen häufiger junge Ratten. Bei einem Kiefer mit vier Zähnen handelt es sich um den Schädel einer Haselmaus, bei ihm befindet sich in der Ecke des unteren Kieferwinkels eine kleine Öffnung.

Kaninchen

Eulen machen gelegentlich auch kleine Kaninchen zu ihrer Beute. In den Gewöllen eines Uhus und großer Greifvögel tauchen sogar die Schädel, Zähne und Knochen erwachsener Kaninchen auf. Die Backenzähne haben zwei ovale Höcker, über die Seiten der Zähne zieht sich eine Rille.

Mauswiesel

Gelegentlich tauchen auch die großen Schädel mit großen Eckzähnen von Mauswieseln in den Gewöllen auf.

Vögel

Vogelschädel tauchen regelmäßig in den Gewöllen auf, bleiben allerdings nur selten intakt erhalten, da sie sehr dünn und zart gebaut sind. Da Vögel keine Zähne haben, liefern möglichst gut erhaltene Schnabelfragmente die sichersten Indizien für die Bestimmung. Der Schnabel verrät, um welchen Vogel es sich handelt: Lange, schmale Schnäbel sprechen für Amseln oder Stare – bei Letzteren ist der Schnabel leicht abwärts gebogen –, kurze, dicke für Finken oder Spatzen.

Andere Knochen

Im Vergleich zu Säugetier- sind Vogelknochen sehr dünn. Im Querschnitt erscheinen sie hohl oder gefüllt mit einer schwammartigen Substanz – leichte Knochen sind eine Voraussetzung für das Fliegen. Auch verwachsene Brustbeine und Kreuzbeine sowie einige andere Knochen verraten einen Vogel.

Maulwurf

Große, flache, fast plattenartige ebenso wie kurze, gedrungene Knochen stammen zweifelsfrei von den kräftigen Vorderbeinen eines Maulwurfes.

Frösche und Kröten

Amphibien haben sehr dünne und im Querschnitt zweigeteilte Knochen. Suchen Sie zur Sicherheit nach einem merkwürdigen T-förmigen Knochen – er bildet die Schädelbasis.

Fische

Schuppen und nadelartige und gezackte Gräten stammen von Fischen. Auch ihre an beiden Enden mit glatter, konkaver Oberfläche versehenen Wirbel sind charakteristisch.

In den Gewöllen von Eulen tauchen gelegentlich Fischgräten auf.

GEWÖLLE PRÄPARIEREN

Der Inhalt eines Gewölles verrät ihnen detailliert, was auf dem Speiseplan des Vogels stand. Beginnen Sie am besten mit einem Eulengewölle, denn Eulen schlucken ihre Opfer ganz. Da sie keinen Kropf und schwächere Verdauungssäfte als Greifvögel haben, würgen sie große Teile ihrer Beute wieder aus – außerdem sind die Reste besser erhalten als in den Gewöllen anderer Vögel. Im Folgenden präpariere ich das Gewölle einer Schleiereule. Man kann Gewölle inzwischen bereits im Internet erwerben, falls Sie selbst kein Gewölle finden konnten.

1.
Lassen Sie ein großes, festes Gewölle einige Augenblicke in Wasser quellen, bis es versinkt. Legen Sie es in eine große, flache Schale mit Wasser oder einer schwach konzentrierten Desinfektionslösung. Sie brauchen eine Pinzette und eine Präpariernadel, auch Cocktailspieße sind hilfreich.

2.
Zupfen Sie das Gewölle mit Pinzette und Präpariernadel vorsichtig auseinander. Sie werden rasch feststellen, dass die graue Grundmasse aus dünnen Fellhaaren besteht.

3.
Wenn die Eule Vögel gefressen hat, tauchen auch Federn auf, Wenn sich eine Eule putzt, schluckt sie manchmal auch eigene Federn herunter, die dann im Gewölle landen.

4.

Trennen Sie die Knochen. Falls Sie die Knochen als Vergleichsmaterial für später behalten möchten, werden sie für 30 Minuten in eine schwache Lösung Wasserstoffperoxid als Bleichmittel gelegt. Danach kommen sie zum Trocknen auf ein Küchentuch. Vorsicht beim Umgang mit der Säure!

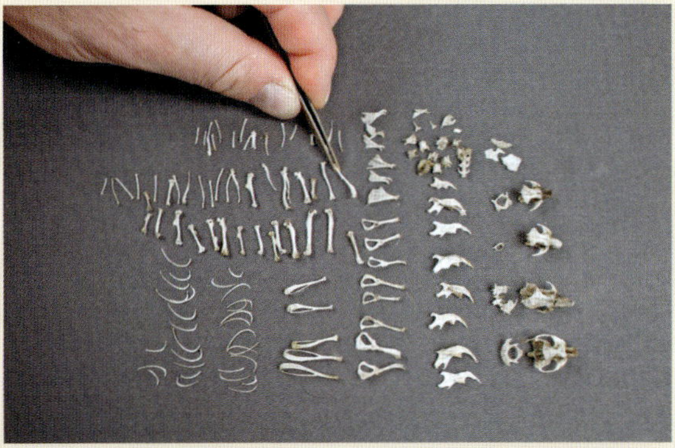

5.

Sortieren Sie als Erstes die oberen Teile der kleinen Säugetierschädel aus. Suchen Sie die dazu passenden Unterkiefer. Damit verschaffen Sie sich einen guten Überblick über die Art der Beute und die Menge der verzehrten Tiere.

6.

Suchen Sie auch nach Zähnen, Schulterblättern, Krallen und anderen auffälligen Indizien. Gelegentlich werden Sie auch Amphibienknochen, Fischschuppen oder die Schnäbel von Vögeln finden. Sortieren Sie alles nach der Größe.

Gelegentlich werden Sie auf helle Raupen oder haarige Insektenlarven stoßen – Kleidermotten, Museums- und Teppichkäfer. Sie machen sich über die Gewölle her und haben es besonders auf das Keratin der Haare abgesehen. Heben Sie die Knochen in Probengläschen – mit Silica-Säckchen als Trockenmittel – auf, oder kleben Sie sie auf einen dunklen Karton.

Tote Tiere

Jeder Kadaver eines toten Tieres stellt den Naturdetektiv vor große Herausforderungen: Starb das Tier eines natürlichen Todes, oder wurde es von einem Raubtier getötet? Da jeder Kadaver sofort von Aasfressern und Zersetzern verwertet wird, ist diese Aufgabe nicht einfach. Jedes Raubtier hat jedoch eine ganz bestimmte Vorgehensweise, die einem Detektiv dabei helfen kann, die Kernfrage zu beantworten: Wer war der Täter?

Beim Fund eines toten Tieres ergeben sich viele Fragen: Wer hat es getötet? Wie starb es? Starb es am Fundort, oder wurde der Körper bewegt? Der Naturdetektiv sucht nach Indizien und versucht, aus diesen Puzzleteilen ein Bild der Situation zusammenzusetzen.

Von Vögeln geschlagene Vögel

Federn, die rund um einen Pfahl, Felsen oder Felsgrat verstreut liegen, deuten auf einen Greifvogel als „Täter". Berücksichtigen Sie den Lebensraum, in dem die Reste um den „Rupfplatz" liegen, und die Art und Größe des Opfers, um die Identität des Greifvogels möglichst genau einzuengen. Bei stürmischem Wetter an exponierten Standorten liegen die Federn weit vom eigentlichen Rupfplatz entfernt. An Stellen mit einem größeren Federbüschel ohne weitere Indizien wurde das Opfer vermutlich geschlagen und getötet.

Oben: *Nach dem Angriff eines Greifvogels – hier ein Sperber – bleiben vor allem Federn übrig. Berücksichtigen Sie die Art des Beutetieres und andere Indizien.*

Rechts. *Ein Sperber hat diesen Baumstamm benutzt, um sein Opfer, einen kleineren Vogel, zu rupfen und zu fressen.*

Ein Greifvogel, der die Beute nicht zu den Jungen in seinem Nest trägt, sondern sie selbst frisst, fliegt damit zu einem nahe gelegenen, sicheren Platz. Er reißt seinem Opfer den Kopf in Stücke, verschluckt ihn ganz oder lässt Bruchstücke und Schnabel fallen. Dann nimmt er sich das Fleisch der Brustmuskeln und die Innereien vor – übrig bleiben oft nur die Federn und die Füße.

Wenn Sie einen Kadaver finden, suchen Sie im Brustbein nach dreieckigen Abdrücken des Schnabels. Ein Greifvogel rupft zuerst die großen und die Brustfedern aus, bevor er den Körper öffnet.

Federn, die in offenen Landschaften, wie in Salzmarschen, an Küsten und auf Klippen liegen, können von den Opfern eines Wanderfalken stammen.

Rate mal, wer zum Essen kam?

Einen Rupfplatz in waldiger Landschaft benutzen vorwiegend die im Wald jagenden Greifvögel Sperber und Habicht. Sperber sind häufiger und weiter verbreitet als Habichte. Sie schlagen meistens kleinere Vögel, obwohl größere Weibchen auch Tauben überwältigen können. Auch Habichte machen Jagd auf kleine Vögel, wenden sich aber regelmäßig auch größerer Beute, wie Ringel- und anderen Tauben, zu.

Federn und Beine kleiner Vogelarten, die verstreut neben Pfosten, Steinblöcken oder kleinen Hügeln in Heidemooren liegen, sprechen für den Rupfplatz eines Merlins. In ungestörtem Grasland oder an Feldrainen dürfte es dagegen ein Turmfalke gewesen sein.

Weihen kommen nur in bestimmten Lebensräumen vor, sie suchen sich jedes Mal einen neuen Rupfplatz. Kornweihen bevorzugen Heidemoore, Rohrweihen Feuchtgebiete. Beide schlagen vor allem kleine Sperlingsvögel. Da Turmfalken und Merline dieselbe Beute bevorzugen, benötigen Sie weitere Indizien zur Bestimmung.

Wanderfalken brauchen freien Himmel und weite Sicht, nutzen heute aber auch Städte. Sie hinterlassen die Überreste ihrer Opfer, vorwiegend Tauben, auf Felsbändern, Klippen und Freiräumen.

Diese Hinweise können nur Anhaltspunkte liefern. Ich habe Wanderfalken gesehen, die in Wäldern jagten – sie hatten ihr Nest in einem nahen Steinbruch gebaut und Sperber, die ihrer Beute in Hecken und Vorstadtgärten nachstellten.

ÜBERRESTE VON FEDERN – VOGEL ODER SÄUGETIER?

Greifvögel, die sich an einem Vogel gütlich getan haben, hinterlassen häufig geknickte, zerknautschte oder längs gespaltene Federn. Säugetiere beißen die Federn mit ihren scharfen Reißzähnen durch – der Federschaft ist sauber abgetrennt. Außerdem verklumpt Säugetierspeichel die Federn.

Mehrere unbeschädigte Federn ohne weitere Körperteile sprechen für einen Zusammenstoß, während unbeschädigte Einzelfedern vermutlich ihrem Besitzer während der Mauser ausfielen.

Die Überreste einer Zwergseeschwalbe liegen am Strand neben einer Brutkolonie – wer war der Täter?

Von Vögeln geschlagene Säugetiere

Greifvögel und Eulen, die ein Säugetier fressen, hinterlassen gewöhnlich keine Reste. Die meisten kleinen bis mittelgroßen Eulen schlingen ihre Opfer mit Haut und Haaren hinunter. Größere Eulen, die sich auch an größere Beutetiere wagen, wie Kaninchen oder ausgewachsene Ratten, reißen ihre Oper in Stücke und verschlingen sie happenweise, bis nichts oder fast nichts mehr übrig bleibt. Gelegentlich lassen sie etwas Fell, vielleicht auch ein oder zwei Beine zurück.

Hier bleibt nichts übrig: Die Schleiereule verschlingt ihre Opfer mit Haut und Haaren.

Noch schwieriger ist es, das Opfer eines Greifvogelangriffs von einem toten Tier zu unterscheiden, über das sich Füchse und andere Aasfresser hergemacht haben. Bussarde, Adler und Habichte reißen zuerst Büschel von Fellhaaren aus, bis sie den Körper ihres Opfers mit dem Schnabel öffnen. Wenn der Vogel nicht bei seinem Mahl gestört wurde, liegen rund um den Kadaver Fellstücke, Haare und Flaum vertsreut. An einem großen Tier frisst ein Greifvogel mehrere Stunden, er kehrt mehrmals wieder zurück, bis je nach Hunger des Vogels nur noch Haut und einige unverdauliche Körperteile übrig sind.

Wenn sie ungestört bleiben, machen sich Sperber und andere Greifvögel einige Zeit an ihren Opfern zu schaffen. Dabei hinterlassen sie einige hilfreiche Indizien für den Naturdetektiv.

Der Schnabel eines Bussards kehrt von kleineren Säugetieren, wie jungen Kaninchen und Ratten, das Innere nach außen, sodass vom Opfer nur eine leere Fellhülle übrig bleibt. Auf einem Baumstumpf oder Stamm im Wald liegende Kaninchen- oder Eichhörnchenreste dürften von einem Habicht stammen. Hilfreich sind außerdem Gewölle oder Schnabelspuren. Sperber spritzen rein weiße Exkremente in einigem Abstand vom Fressplatz aus, die gelblichen Exkremente eines Habichts landen in 150–200 cm Abstand. Habichte, die längere Zeit an einer großen Beute gefressen haben, hinterlassen nicht nur die auffälligen Fellhaare, sondern spritzen ihren weißen Kot sternförmig in die Umgebung.

Würger sind relativ kleine Sperlingsvögel, die kleine Säugetiere und Wirbellose jagen. Da ihnen die charakteristischen, kraftvollen Fänge der Greifvögel fehlen und sie ihre Opfer regelmäßig lagern oder verstecken, schaffen sich diese ungewöhnlichen Vögel Vorratskammern in Astgabeln oder spießen ihre Opfer auf Dornen auf, um sie zu zerteilen.

Die einzelnen Würgerarten bevorzugen unterschiedliche Beutetiere: Der Raubwürger ist eine relativ große Art, er kann sehr kleine Säugetiere, Amphibien und Nagetiere überwältigen, frisst aber auch Käfer, Schmetterlingsraupen und Laubheuschrecken.

Der kleinere Neuntöter sucht vor allem nach wirbellosen Tieren, die er auf Dornen aufspießt. Raubwürger klemmen ihre Beute eher in eine Astgabel ein.

Dornensträucher, die mit aufgespießten Käfern, kleinen Vögeln und Säugetieren „geschmückt" wurden, sind eindeutig das Werk des Raubwürgers.

Von Säugetieren erbeutete Vögel

Diese Taubenfedern wurden zusammen ausgerissen und an der Basis abgebissen. Sie sind mit Speichel verklebt – Indizien für das Werk eines Fuchses.

Der sicherste Hinweis auf ein Säugetier, das einen Vogel gefressen hat, sind Federn, die an der Basis sauber durchgebissen wurden. Ein Fuchs, der einen Vogel frisst, beißt stets zuerst von der Seite her in das Opfer. Harte Teile beißt er durch, und die mit Speichel durchtränkten Federn lässt er liegen. Manchmal hinterlassen Füchse auch ihren Kot neben der Beute.

Fast immer bleiben auch zerbissene Knochen, möglicherweise sogar mit Bissspuren, übrig. Insgesamt werden die Kadaver stärker zerstört, und Säugetiere hinterlassen ein größeres Chaos. An frischer Beute hält sich gelegentlich der durchdringende Geruch von Füchsen und Dachsen.

Von Säugetieren erbeutete Säugetiere

Kleine Säugetiere sind gerade groß genug für einen Happen. Mahlzeiten bis zu Mausgröße werden komplett und rückstandslos verschluckt. Ausnahmen stellen Maulwürfe und Spitzmäuse dar. Tote Spitzmäuse liegen häufig scheinbar unversehrt herum. Nur das verklebte, unordentliche Fell verrät, dass sie im Maul eines Raubtieres waren. Spitzmäuse markieren ihre Pfade mit einem Sekret aus Drüsen an ihren Flanken. Es scheint so abschreckend auf Säugetiere und einigen Greifvögel zu wirken, dass sie die Spitzmaus zwar töten, aber anschließend wieder ausspucken.

Spitzmäuse scheiden ein Sekret aus, das vielen Säugetiere nicht schmeckt. Sie spucken den enthaupteten oder völlig intakten Kadaver wieder aus.

Marderartige töten ihre Opfer mit einem schnellen Biss in den Nacken, Hals oder Kopf. Wenn man ihre Beute findet, die sie auf dem Weg zu einem Fressplatz fallen lassen mussten, sind nur die Bissspuren der spitzen Zähne und das durch Speichel verklebte Fell erkennbar.

Obwohl Dachse meistens kleine wirbellose Tiere fressen, mögen sie auch Igel – sie lassen nur eine leere, stachelige Hülle zurück. Dachse jagen auch gerne auf den Weideflächen von Kaninchen und fressen junge Kaninchen an Ort und Stelle auf. Das Fell ist, ähnlich wie nach einem Fuchsangriff, von innen nach außen gewendet und bis auf Magen und Dickdarm leer.

Vielfraße sind die größten Vertreter der Familie. Sie überwältigen auch größere Beutetiere im Sprung und töten sie durch einen Biss in den Nacken. Rehe und Schafe sind allerdings zu groß für eine Mahlzeit, die Vielfraße reißen sie auseinander und vergraben die Stücke für später.

Ein Kaninchenkadaver mit einem feuchten Nacken oder einer Wunde am Hinterkopf zeugt vom Überfall eines Hermelins.

Füchse fressen fast alles, große Beute schleppen sie weg und vergraben oder verstecken sie für später.

Füchse erlegen ganz unterschiedliche Beute, sie beißen ihre Opfer in den Nacken, die Nase und den Schnabel. Sie reißen häufig den Kopf ab und vergraben den Rest der Beute. Wenn sie ihren ersten Hunger gestillt haben, verstecken Füchse den Rest in kleineren Portionen für später. Diese Verstecke sind charakteristisch für Füchse: Es sind ziemlich schwache Raubtiere mit relativ kleinem Magen, er fasst maximal 10 % des Körpergewichts. Verstecktes Futter ist vor anderen opportunistischen Aasfressern sicher. Der Vorrat wird in dichtem Gebüsch verstaut oder vergraben, wenn der Fuchs wieder hungrig ist, kommt er zurück und bedient sich.

Füchse verstecken ihre Beute gerne in lockerem, sandigem Boden. Suchen Sie nach aufgewühlter Erde mit flachen Mulden. Füchse scharren Material zusammen und türmen es mit der Schnauze über das Fleisch. Manchmal schauen auch Flügel, Füße und Knochen heraus.

Da Füchse am Fressplatz urinieren, riecht es dort intensiv nach Fuchs. Sie lassen häufig Haut, Fell und

Federn liegen. Die Beine sind von Fleisch befreit, nur die Füße und die Federn rühren sie nicht an.

Füchse als Aasfresser: Mehr blieb von diesem Lamm nicht übrig, nachdem sich eine Fuchsfamilie intensiv damit befasst hatte.

Wölfe jagen im Rudel und überwältigen dabei auch große Beutetiere. Sie hinterlassen stets ein Chaos aus eindeutigen Trittsiegeln, Kot und Haaren.

Wildkatzen gehen ordentlich vor, ihre Spuren aber sind kaum von denen verwilderter Hauskatzen zu unterscheiden. Sie beginnen an der Schulter und fressen die Beine bis auf die Knochen ab. Katzen reißen nur selten die Köpfe von Vögeln oder Kaninchen ab, wenden aber die Haut von innen nach außen.

Luchse töten ihre Opfer mit einem Biss in die Kehle, hinterlassen aber ähnliche Spuren wie die kleineren Katzen – Kopf und Lungen tasten sie nicht an. Größere Beutestücke suchen sie mehrmals auf, nachdem sie ihre Opfer mit Pflanzen und/oder Schnee teilweise zugedeckt haben.

Wildkatzen sind reine Fleischfresser. Diese hat ein Kaninchen erbeutet und auf eine Eiche geschleppt, um es in Ruhe zu fressen.

Braunbären greifen gelegentlich größere Beutetiere bis hin zu Hirschen an. Sie beißen ihre Opfer in den Kopf und schlagen mit den Vordertatzen zu, bis sie stürzen. Bären beginnen ihre Mahlzeit an der Bauchseite mit den Innereien. Sie geben sich große Mühe, den gesamten Kadaver als Vorrat für später sicher zwischen Pflanzen zu verstecken.

Dieser Braunbär frisst ein Reh. Bären suchen aber auch nach Beeren, Nüssen und anderen Früchten, Wurzeln und Blättern.

DIE ECKZÄHNE DER RAUBTIERE

Gelegentlich bleiben die Bissspuren eines Raubtieres im Fleisch, auf Knochen oder Panzern erhalten. Am besten zeichnen sich die Eindrücke oder Kratzer der verlängerten Eckzähne ab.

Da es individuelle Unterschiede zwischen einzelnen Tieren derselben Art gibt und die oberen Eckzähne weiter auseinander stehen als die unteren, sind die folgenden Angaben nur als Faustregel zu verstehen.

Amerikanischer Nerz *(Neovison vison)* 9–11 mm

Schottische Wildkatze *(Felis silvestris grampia)* 18 mm

Luchs *(Lynx lynx)* 25–35 mm

Vielfraß *(Gulo gulo)* 25–35 mm

Fuchs *(Vulpes vulpes)* 26–30 mm

Dachs *(Meles meles)* 28–30 mm

Wolf *(Canis lupus)* 35–50 mm

Braunbär *(Ursus arctos)* 45–65 mm

Wildkatzen sind echte Raubtiere mit Eckzähnen als perfekten Jagdwerkzeugen: Sie packen die Beute, halten sie fest und schneiden ins Fleisch.

Die Überreste der Mahlzeit

In diesem Kapitel geht es um die Reste, die Tiere nach einer Mahlzeit übrig lassen. Je nach Art des Tieres und der bevorzugten Mahlzeit können diese Reste sehr unterschiedlich ausfallen. Es scheint schwierig zu sein, zwischen natürlich gestorbenen und nun verwesenden Tieren und den Resten einer Mahlzeit zu unterscheiden. Mit wachsender Erfahrung liefern aber Details, Muster und Anordnung genügend Indizien, um die Situation zu klären.

Bei näherer Untersuchung stellt sich dieser Abfallhaufen als Überreste von Krebsen heraus, die von einem Nerz gefressen wurden.

Fast vollständig abgenagte Fische am Wasser wurden von einem Fischotter oder Nerz gefressen.

Fisch auf dem Tisch

Wenn Sie einen angefressenen Fisch nahe am Wasser finden, ist wahrscheinlich entweder ein Fischotter oder ein Nerz dafür verantwortlich. Beide fressen zuerst Kopf und Innereien und nagen auch das kleinste Stück Fleisch ab, bis nur noch die Wirbelsäule und die harten Teile des Kopfes übrig sind. Die Haut wird häufig bis zum Schwanz zurückgeschoben, wo sie sich zusammenrollt.

Viele Vögel fressen Fische: Große, beinahe völlig abgefressene Exemplare waren möglicherweise Beute eines Fischadlers, sofern dieser in der Region vorkommt. Auch Reiher töten manchmal große Fische und lassen sie dann liegen – sie verraten sich durch Stichwunden, die der Schnabel hinterlassen hat.

Amphibien

Jedes Jahr im Frühling machen sich Frösche und Kröten auf den Weg in ihre Laichgewässer, um sich zu paaren. Der Lärm, den sie dabei veranstalten, lockt zahlreiche Fressfeinde an – Reiher, Störche, Nerze, Fischotter, Igel, Füchse, Dachse und andere mehr.

Die Amphibien, die im Frühling massenhaft zu ihren Laichplätzen wandern, wirken unwiderstehlich auf Iltisse und andere Raubtiere.

Die meisten Säugetiere bevorzugen Frösche, ihnen fehlen die Hautdrüsen, die den Kröten ihren unangenehmen Geschmack verleihen. Viele Tiere fressen Frösche komplett, Vögel spießen sie auf und schlucken sie als Ganzes.

Während Beine und Köpfe stets gefressen werden, bleiben gewöhnlich die Haut, vor allem Krötenhaut, manchmal auch die Laichpakete übrig, welche die Weibchen mit sich herumtragen.

In direkter Nähe von Städten sind Füchse die wichtigsten Raubfeinde, sie hinterlassen angebissene Frösche und Massen von Laich. Nerze töten viele Frösche, fressen aber nur einige und verstecken den Rest für später in Wurzellöchern oder unter Schuppen, wo ganze Frösche oder Teile als Vorrat liegen bleiben.

Gelegentlich schnappen sich Fischotter und Nerze auch Kröten, fressen aber nur die Beine: Sie beißen an der Hüfte zu, ziehen die Haut wie einen Strumpf von den Beinen und fressen die Beinmuskeln. Da manche Kröten diese Prozedur zumindest einige Zeit überleben, bieten sie einen schrecklichen Anblick, wenn man zufällig auf sie stößt. Ich habe auch Bussarde beobachtet, die Kröten töten, die Innereien fressen und Haut und Beine liegen lassen.

Zerschmetterte Gehäuse

Singdrosseln sind regelmäßige Gäste in unseren Gärten. Diese schlägt eine Schnecke gegen einen Ambossstein, um das Haus zu zertrümmern.

An Land sind die Gehäuse von Schnecken das häufigste Zeichen für ein Weichtier-Festmahl. Wenn neben einem spitzen Stein, einer Treppe, einem harten Baumstamm oder anderen Objekten, die sich als „Amboss" eignen, haufenweise zerbrochene Schneckengehäuse liegen, haben Sie die „Schmiede" einer Singdrossel entdeckt. Die Drosseln fressen das ganze Jahr über Schnecken, aber wenn im Winter der Boden gefriert, suchen sie in Gartenmauern, Hecken, Böschungen, Rissen und Spalten nach Schnecken und tragen sie zu ihrer Schmiede.

Unter den Nagetieren sind vor allem Rötelmäuse als Schneckenfresser bekannt, gelegentlich aber auch Waldmäuse, Wanderratten, Gelbhalsmäuse und Erdmäuse. Wenn Sie in einem versteckten Loch, unter Wellblech, in einem Vogelnest oder unter einem Baumstamm auf einen Haufen Schneckengehäuse stoßen, haben Sie die Speisekammer eines Nagetieres entdeckt. Sehen Sie sich, um ganz sicherzugehen, die Schalen genau an: Nagetiere fressen sich von den inneren Windungen zum Fleisch vor, während die äußere Windung intakt bleibt.

Diese Schneckenhäuser wurden an den inneren Windungen aufgenagt – das Werk einer Erdmaus.

Fischotter holen Teichmuscheln vom Grund und knabbern am Schalenrand, bis sie ins Innere gelangen.

Schalen öffnen

Unter der Wasseroberfläche, im Schlamm oder Schlick leben viele Weichtiere, sowohl in Salz- als auch in Süßwasser.

Man nimmt an, dass **Fischotter** sich an Süßwassermuscheln gütlich tun und Muschelschalen an Flusufern vom Appetit dieser Raubtiere stammen. Ob sie tatsächlich für die Bissspuren an der Kante von Muschelschalen verantwortlich sind, die gelegentlich gefunden werden, ist noch ungesichert. Zumindest schließt der Abstand der Zahnspuren Fischotter nicht aus. Möglicherweise gibt es Populationen, die gelernt haben, wie man an das Muschelfleisch gelangt, und die ihr Wissen an die Nachkommen weitergeben.

Nerze sollen gelegentlich Weichtiere fressen, diese spielen aber, wie Untersuchungen gezeigt haben, auf ihrer Speisekarte keine besondere Rolle.

Schermäuse ergänzen wie ihre Verwandten an Land ihre pflanzliche Nahrung gelegentlich mit Weichtieren. Dazu brechen sie so lange Stücke aus der Schalenkante von Süßwassermuscheln, bis sie den Schließmuskel zerbeißen können.

Wanderratten fressen regelmäßig viele Arten von Weichtieren. Für Naturdetektive ist es eine echte Herausforderung, ihre Spuren von denen anderer Nagetiere zu unterschieden – ziehen Sie zusätzliche Indizien in Betracht. Ratten können ausgezeichnet schwimmen und tauchen im Gezeitenbereich sogar nach Futter. Ich habe einmal eine große Ratte gesehen, die nach einer Muschel tauchte und sie wegschleppte. Wanderratten halten die Muscheln aufrecht und beißen sich durch ein Ende, bis sie an den Schließmuskel gelangen. Die Reste ihrer Mahlzeiten hinterlassen sie als kleine Abfallhaufen aus Muscheln mit Bissspuren auf der Schale.

Wie die Kotspuren eindeutig beweisen, hat hier ein Nerz gefressen. Man erkennt deutlich die Reste von Krebsen, darunter auch die Magensteine (weiße Knöpfe) dieser Krustentiere.

Die **Bisamratten** haben sich, ausgehend von Pelztierfarmen, auf dem europäischen Kontinent ausgebreitet. An ihren Fressplätzen mit Pfaden, Kot und anderen Hinweisen finden sich auch Süßwassermuscheln, welche sie besonders mögen.

Austernfischer sind Muschelfresser. Die Tiere benutzen drei Techniken, um die Schale einer Muschel zu knacken: stechen, aufmeißeln oder zertrümmern.

Austernfischer zeichnen sich durch besonderes Geschick beim Fang und Öffnen diverser Weichtiere aus, sie bevorzugen Herz- und Miesmuscheln. Die Vögel holen die Muscheln mit einer bemerkenswerten Technik aus ihren Panzern. Der Ökologe John Goss-Custard hat das Fraßverhalten dieser Vögel genau untersucht und herausgefunden, dass sie unterschiedliche Techniken anwenden. Er gliedert die Austernfischer in drei „Zünfte“, deren Schnabelformen sich in einigen Details unterscheiden. Es gibt „Messerstecher“, „Meißler“ und „Hämmerer“, die jeweils charakteristische Schnabelspuren auf den Schalen hinterlassen.

Alle Muschelschalen, an denen sich eindeutige Schnabelspuren finden, lassen sich einer der Austernfischer-„Zünfte“ zuordnen. Die „Hämmerer“ sind am leichtesten zu erkennen. Sie holen sich eine Muschel zwischen den Felsen heraus – in der Regel schnell wachsende Tiere mit dünnen Schalen – und klemmen sie in einer Spalte oder zwischen den Füßen ein. Dann hämmern mit ihrem schweren, stumpfen Schnabel gegen die Schale, bis sie an der Gelenkseite aufbricht und der Vogel sich das Muschelfleisch schnappen kann.

Die „Meißler" nehmen sich die Muscheln an Ort und Stelle vor. Sie suchen nach einer dünnschaligen Muschel und meißeln sich von der Öffnung her einen Weg durch die Schale. Die leeren Schalen haben eine Nut am dünnen Rand – gegenüber dem Gelenk.

Bei den „Messerstechern" handelt es sich meist um junge oder weibliche Austernfischer. Sie klemmen die Muschel ein, stecken ihren dünnen, spitzen Schnabel zwischen die Schalenhälften, schneiden den Schließmuskel durch und hebeln die Schalenhälften auseinander. Bis auf eine oberflächliche Verletzung der Schale bleiben die leeren Muscheln unbeschädigt.

Die Hämmerer und Meißler machen sich auch über die „Helme" der Napfschnecken her. Sie suchen nach Arten mit besonders dünnen Schalen, wie *Patella aspersa*. Dann schlagen sie mit dem Schnabel an die Stellen mit dem schwächsten Fußmuskel – auf beiden Seiten des Kopfes.

Der Schnabel eines Austernfischers ist ein Mehrfachwerkzeug. Er wächst dreimal schneller als menschliche Fingernägel. Dieser Vogel schiebt ihn zwischen die Schalenhälften einer Miesmuschel und hebelt sie auf.

Dieser Austerfischer benutzt seinen Schnabel wie ein Stemmeisen, er schiebt ihn unter die Schale und hebelt die Napfschnecke vom Fels.

Schulp

Diese weichen weißen „Mini-Surfbretter" werden an vielen Küsten an Land gespült. Sie sind die einzigen festen Überreste von Echten Tintenfischen (Sepien) und wegen der Farbe sehr auffällig. Der Schulp ist aus den Schalen der Weichtiere hervorgegangen – er besteht aus Kalziumkarbonat – und übernimmt im Körper der Tintenfische eine Skelettfunktion. Wenn Sie die weißen Oberflächen etwas genauer betrachten, werden Ihnen merkwürdige kleine, dreieckige Abdrücke von Schnabelhieben auffallen. Hier haben sich Vögel, insbesondere Möwen, am angespülten Aas bedient.

Links: *Diese Muschel ist einem „Bohrer" zum Opfer gefallen. Das glatte Loch in der Schale hat die Halsband-Mondschnecke gebohrt.*

Achten Sie an Schulpen auf die Abdrücke von Schnäbeln: Möwen fressen die angespülten toten Sepien und hinterlassen Schnabelspuren im Material.

Angebohrte Schalen

Viele Schnecken, an den Meeresküsten haben härtere und dickere Schalen als ihre Verwandten an Land. Sie liegen zwischen angespültem Material zusammen mit den Schalen von Muscheln, die sich normalerweise tief in den Sand eingraben. Die Schalen sind mit sauberen Löchern punktiert – das Werk räuberischer Schnecken.

Bei diesen Schneckenarten – den „Austernbohrern" – ist die Raspelzunge in ein Werkzeug umgewandelt, das wie ein Bohrer funktioniert. Es sitzt an der Spitze eines dehnbaren Rüssels und raspelt ein Loch durch die Schale. Zur Unterstützung scheidet die Schnecke von Zeit zu Zeit Säure aus einer Drüse ins Bohrloch aus, um den Kalk aufzulösen.

Je nach Dicke der Schale und Größe der räuberischen Schnecke zieht sich das Bohren und Auflösen über Stunden hin – eine Gerippte Purpurschnecke ist 8–16 Stunden damit beschäftigt. Dabei dauern die Produktion und das Ausscheiden der Säure viel länger als das Bohren, für jede Minute Bohren muss die Schnecke 30 Minuten lang Säure ausscheiden. So arbeiten sich die Schnecken aber selbst durch härteste Schalen und Gehäuse.

Purpurschnecken kriechen über eine Kolonie Seepocken. Sie raspeln ein Loch in die Schale und fressen die Weichtiere – übrig bleiben leere Schalen.

Da die Größen der räuberischen Schnecken und ihrer Opfers variabel sind, basiert das Bestimmen der Art des jeweiligen „Austernbohrers" auch auf Vermutungen.

Die **Halsband-Mondschnecke** lebt auf Sandstränden und hat sich auf eingegrabene Muscheln spezialisiert. Sie hinterlässt ein sauberes Loch von 2–3 mm Durchmesser mit sauber gefrästem Rand, der außen weiter ist als innen. Die Schnecke bohrt ihr Loch neben dem Umbo, dem verdickten Mittelteil der Schale.

Die Gerippte Purpurschnecke bohrt kleine, Löcher in Austernschalen.

Die **Nordische Purpurschnecke** ist ein Aasfresser, bohrt aber auch lebende Muscheln und Seepocken an. Sie löst die Schale mit der Säure aus ihrer Drüse an und schabt sich einen Weg durch die Schale zum Fleisch. Durchlöcherte Muscheln an einer Felsenküste fielen wahrscheinlich der Purpurschnecke zum Opfer.

Gerippte Purpurschnecken haben ein breites Beutespektrum – besonders mögen sie aber Herzmuscheln. Das Markenzeichen ausgewachsener Tiere sind 2 mm breite, steil abgeschrägte Löcher.

Urosalpinx cinerea ist eine amerikanische Schneckenart, die zusammen mit eingeführten Zuchtaustern in europäische Gewässer gelangte, sich ausbreitete und nun kommerzielle Austernbänke bedroht. Als typischer Austernbohrer macht sie sich vor allem über junge Austern mit dünnen Schalen her und hinterlässt nur knapp 1 mm weite Löcher in den Schalen, die nicht so stark abgeschrägt sind wie die der Halsband-Mondschnecke.

Bohrende Schwämme

In diese harte Muschelschale hat sich ein Bohrschwamm eingegraben. Wenn das Tier stirbt, bleibt die durchlöcherte Schale übrig.

Wie schafft es ein weicher Schwamm, einen harten Felsen oder eine Schale zu durchlöchern? Die Antwort lautet: durch Mikroerosion. Die frei schwimmenden Larven des Bohrschwamms setzen sich auf einer Schale – mit oder ohne Bewohner – oder einem Kalkfelsen fest. Dann schaben sie mit mikroskopisch kleinen Nadeln, den sogenannten Filopodien, winzige Kalkschnipsel aus dem Untergrund. Zusätzlich scheiden die Schwämme ätzende Sekrete aus, die den Kalk auflösen und Rinnen und Hohlräume in Fels und Muschel schaffen. In diesen Rinnen und Hohlräumen lebt der Schwamm, der sich immer tiefer eingräbt und Ausläufer ins Wasser sendet.

Wenn sich die Schwämme auf der Schale eines lebenden Weichtieres festsetzen, stirbt der Bewohner, weil seine Schale spröde wird und ihm keinen Schutz mehr bieten kann. An Meeresküsten werden regelmäßig Schalen oder Felsstücke angespült, die von Bohrschwämmen zersetzt wurden.

Viele zerborstene Muschelschalen auf der Promenade sind wahrscheinlich das Werk der raffinierten Silbermöwen.

Zerplatzende Muscheln

Wenn Sie auf Felsen, asphaltierten oder betonierten Flächen zerbrochene Reste von Muschelschalen finden, haben Sie das Werk besonders cleverer Möwen oder Rabenkrähen vor sich. Es ist bekannt, dass sie mit einer Muschel, vorzugsweise einer Miesmuschel, auffliegen und sie auf harte Oberflächen fallen lassen. Ich habe beide Vogelarten mehrfach dabei beobachtet, wie sie bis zu 20-mal dieselbe Muschel fallen ließen, bis der Aufprall die Schale aufplatzen ließ und die Vögel zu ihrer Mahlzeit kamen.

Eine noch elegantere Abwandlung dieses Verhaltens wurde bereits in mehreren Städten am Meer beobachtet: Die Rabenkrähen dort hatten gelernt, Autos als „Nussknacker" zu verwenden. Sie warfen die Muscheln vor eine Ampel auf die Straße und holten sich das Muschelfleisch, sobald die Autoreifen die Schale geknackt hatten und die Straße frei war.

Das unregelmäßige Loch, die eingedrückten Ränder und der Rest Eigelb verraten, dass aus diesen Eiern kein Junges geschlüpft ist.

Dieses Blässhuhnei wurde von einer Krähe geöffnet – beachten Sie das einzige große Loch.

Vogeleier – vor der Zeit geöffnet

Ein zerbrochenes Vogelei, das weit entfernt von seinem üblichen Nistplatz im Gras liegt, ist eine Herausforderung für den Naturdetektiv: Woher stammt das Ei, und wie kommt es dorthin? In der Tat kommen ähnliche Situationen recht häufig vor und verlangen nach Aufklärung: Haben die Eltern die Eierschalen entsorgt, damit sie keine Räuber anlocken, oder war ein Räuber der Schuldige?

Zerbrochen und geschnappt

Ein Raubtier, das ein Vogelei aufbricht, hinterlässt andere Spuren als der Jungvogel, der aus dem Ei geschlüpft ist. In vielen Fällen ist die Beschädigung allerdings so groß, dass der genaue Hergang kaum aufzuklären ist. Wenn die Eierschale von außen aufgebrochen wurde, waren ein Schnabel, eine Klaue oder Zähne daran beteiligt. Obwohl Räuber die Eier meistens ausschlecken, sprechen Reste von Inhalt eindeutig dafür, dass das Ei von außen geöffnet wurde.

Wenn Vögel ein Ei fressen wollen, schlagen sie es in der Mitte auf, fast immer verkleckern sie etwas vom Inhalt. Unter den Säugetieren gibt es viele Eierdiebe; sie öffnen das Ei und schlecken gewöhnlich alles auf. Füchse zerbrechen das Ei im Maul und verschlucken seinen Inhalt. Dann lassen sie die Schale fallen und wenden sich dem nächsten Ei zu.

Ein Fuchs macht sich über das Nest eines Fasans her. Er zerbeißt die Schalen, frisst den Inhalt und hinterlässt ein Chaos leerer Eierschalen.

Einige kleinere räuberische Säugetiere gehen subtiler vor: Sie beißen das Ei nur an einer Seite auf, drücken aber dabei die Schalenränder nach innen. Mit viel Glück hinterlassen die Räuber punktförmige Bissspuren der Eckzähne. Messen Sie den Abstand der Eckzähne von Lochmitte zu Lochmitte.

Gelegentlich stoßen sehr engagierte Naturdetektive auf intakte, vergrabene Eier – etwa aus einem Hühnerstall gestohlene Eier in einem Gartenbeet, an Stränden, in Sandbunkern von Golfplätzen oder lockerer Erde. Sie stammen fast immer von Füchsen, die sich bedient haben, wo es viel zu holen gab, und die Eier für später vergraben haben.

EIN EI NACH DEM SCHLUPF

Wenn ein Vogelbaby das Licht der Welt erblicken will, muss es sich seinen Weg durch die Kalkschale hacken. Dazu lockert es die Schale mit einem speziellen Eizahn – einem harten Fortsatz auf dem Schnabel – oder hackt mit dem Schnabel Risse hinein. Dann drückt es gegen die Schale, bis sie aufplatzt. Übrig bleibt ein geöffnetes Ei, dass an ein aufgeschlagenes Frühstücksei erinnert oder das in mehrere, ungleich große Stücke zerbrochen ist. Das wichtigste Kennzeichen sind die von innen nach außen gebrochenen Schalenränder.

Selbst wenn Sie das Entenküken nicht sähen, dürften Sie bei dem Ei oder der abgesprengten Kappe aus den Bruchkanten schließen, dass aus diesem Ei ein Vogel geschlüpft ist.

Solche Haufen großer, gelber Insektenflügel findet man regelmäßig unter den Fressplätzen von Fledermäusen.

Fledermausabfälle

Einige Fledermausarten jagen große Nachtschmetterlinge und Käfer und lassen die nährstoffarmen Flügel und Flügeldecken liegen. Das Braune Langohr, das mit Vorliebe große Motten jagt, trägt die erbeuteten Tiere zu Fressplätzen und nimmt sie dort auseinander. Da sich an solchen Orten viele Mitglieder derselben Fledermauskolonie versammeln, türmen sich unter den Sitzplätzen Köpfe, Flügel und andere Körperteile am Boden auf.

Auch andere Fledermausarten, wie die Große Hufeisennase, benutzen solche Fressplätze. Sie bevorzugen allerdings Mistkäfer, Feldmaikäfer und andere große Käferarten. Dazu suchen sie am liebsten offene, von Menschen gebaute Räume auf, wie Scheunen, aber auch zum Beispiel Veranden, wo sie am ehesten auffallen. Daneben nutzen sie alle Höhlen, die ihnen Schutz und Sicherheit bieten.

Zombie-Raupen

Eine Reihe parasitischer Wespenarten legt ihre Eier in die Körper lebender Wirtstiere. Die Raupen von Schmetterlingen gehören zu den bevorzugten Zielen der Wespen. Es kommt nicht selten vor, dass eine lebende Schmetterlingsraupe von zahlreichen gelben, flaumigen Kokons umgeben ist. Die Wespenlarven fressen die Raupe bei lebendigem Leib auf.

Die wichtigsten Vertreter dieser parasitischen Insekten gehören zur Familie der Brackwespen – sie verwandeln Raupen in Zombies.

Parasitische Wespen sah ich zum ersten Mal im Garten meiner Mutter, wo Kohlweißlingsraupen an der Kapuzinerkresse fraßen. Als Kind war ich geschockt und fasziniert zugleich, als 28 Maden ihre Köpfe durch die Haut der Raupe steckten. Dann verließen sie den Körper ihres Wirtes, welcher schlaff zurückblieb, und traten in das nächste Stadium ihres Lebenszyklus ein: Sie verpuppten sich in einem Kokon.

Es gibt viele Tausend Arten parasitischer Wespen, und sie suchen sich ihre Wirte aus einem breiten Spektrum von Insekten aus. Kokons auf einem unglücklichen Wirtstier sind charakteristisch für die *Apanteles*-Wespen. Schlupfwespen *(Aphidius)* saugen in ihrem zweiwöchigen Leben 200–300 Blattläuse aus, sie sind wichtige

Unten: *Diese Schlupfwespe legt ein Ei in eine Blattlaus. Die Larve entwickelt sich vollständig innerhalb der Blattlaus und lässt nach dem Schlüpfen nur eine leere Hülle mit einem Loch darin zurück.*

Links: *Die Raupe des Kohlweißlings bietet den Larven der Apanteles-Wespe Schutz und Nahrung zugleich. Hier haben die Larven bereits die gelben Kokons gesponnen, aus denen die erwachsenen Wespen schlüpfen.*

Helfer bei der biologischen Schädlingsbekämpfung. Charakteristisch für die Schlupfwespen sind die leeren Hüllen der Blattläuse mit einem Loch, aus dem die Wespenlarve geschlüpft ist.

Eine weitere Gattung spezialisierter Parasiten sind die Marienkäfer-Brackwespen *(Dinocampus)*. Ihren Angriff überleben nur etwa 25 % der befallenen Marienkäfer. Die aus dem Ei schlüpfende Wespenlarve frisst den Marienkäfer von innen aus und lähmt seine Beine durch einen Biss in die Nerven, sie bleibt im Wirt, bis sie als ausgewachsene Wespe schlüpft. Möglicherweise profitiert der Parasit von der Warnfarbe des Marienkäfers, der wegen seines Geschmacks von Fressfeinden gemieden wird. Gelegentlich findet man die leeren Hüllen dieser unglücklichen Zombies wie festgeklebt auf Blättern und Stängeln.

Diese Laubheuschrecke fiel einem parasitischen Pilz zum Opfer. Kurz vor ihrem Tod kletterte sie einen Grashalm hoch – dort herrschen die besten Bedingungen für die Verbreitung der Pilzsporen.

Eine Insektenpuppe oder ein Ei mit einem winzigen, sauberen Loch (Sie müssen wirklich sehr genau hinsehen, um es zu entdecken) wurde möglicherweise von einer anderen parasitischen Wespenfamilie angebohrt, den Erzwespen. Sie suchen sich für die Eiablage gewöhnlich noch weiche Puppen verschiedener Insekten aus, am auffälligsten sind Schmetterlingsraupen. Suchen Sie mit der Lupe in einer Puppe, die an einer Mauer oder einem Pfosten klebt, nach einem Ausflugsloch. In einer einzigen Puppe eines Tag- oder Nachtschmetterlings finden über 100 Wespenpuppen Platz.

Ein tödlicher Pilz

Wollig aussehende Fliegen oder Laubheuschrecken, die man an Gräser oder Blütenköpfchen angeklebt findet, sind für gewöhnlich die traurigen Überreste eines Angriffs parasitischer Pilze. Diese in Insekten lebenden Pilze beginnen ihren Lebenszyklus als mikroskopisch kleine Sporen auf dem Körper eines Insekts. Von dort wachsen sie in den Körper ihres Wirts ein und verändern dessen Verhalten. Kurz vor seinem Tod wandert das Insekt an die Spitze der Pflanze – dort werden die Pilzsporen vom Wind verweht.

Dieses unterirdische Wespennest hat ein Dachs aufgewühlt. Sein dichtes, raues Fell schützt ihn vor den Stacheln der Wespen.

Nesträuber

Wenn Sie auf zerbrochene Waben. Brutkammern und zahlreiche tote und verletzte Bienen oder Wespen stoßen, haben Sie die Überreste eines ausgeraubten, unterirdischen Nestes entdeckt. Solche Angriffe sind in aller Regel das Werk von Dachsen, die Larven und vor allem den süßen Honig schätzen.

Grünspechte machen sich dagegen über die Nester von Ameisen her. Sie plündern die Hügel vieler Arten aus, von den Hügeln der Wiesenameisen im Gras bis zu den großen Hügeln der Roten Waldameise. Obwohl die Spechte nur selten eine Kolonie komplett auslöschen, sehen geplünderte Nester ziemlich chaotisch aus.

Für Grünspechte sind Wiesenameisen eine leicht verfügbare Beute. Aufgewühlte Ameisenhaufen und die unverdaulichen Reste der Ameisen im Kot sind sichere Indizien.

Fundstücke und Überreste

Knochen können überall auftauchen, und mit etwas Glück stolpern Sie sogar über ein vollständiges Skelett, das Ihnen einen Einblick in die innere Mechanik eines Tieres ermöglicht. Leider ist es aber wahrscheinlicher, dass Ihnen nur ein einzelner Knochen in die Hände fällt. Nun ist es an Ihnen herauszufinden, zu welchem Tier er gehört und an welcher Stelle er ins Skelett passt.

Vielleicht finden Sie sogar heraus, wie diese Krähe endete – aber den Schädel überhaupt als „Krähe" zu bestimmen ist schon eine befriedigende Leistung.

Nackte Knochen

Knochen dienen als innere Stütze für die weicheren Teile des Körpers – das ist ihre wichtigste Aufgabe. Alle Wirbeltiere – Säugetiere, Vögel, Reptilien, Amphibien und Fische – haben ein Skelett. Junge, wachsende Knochen sind flexibel und bestehen teilweise aus Knorpel, doch 50 % des Knochenskelettes bestehen aus der harten, kristallinen Kalziumverbindung Hydroxyapatit. Es macht die Knochen äußerst widerstandsfähig gegen Zerfall.

Unten links: *Knochen können unterschiedlich dick und groß sein, lassen sich aber einer bestimmten Position im Skelett zuordnen. Auch diese Ansammlung Fledermausknochen entspricht dem Bauplan eines Säugetierskelettes, wenn auch in deutlich modifizierter Form.*

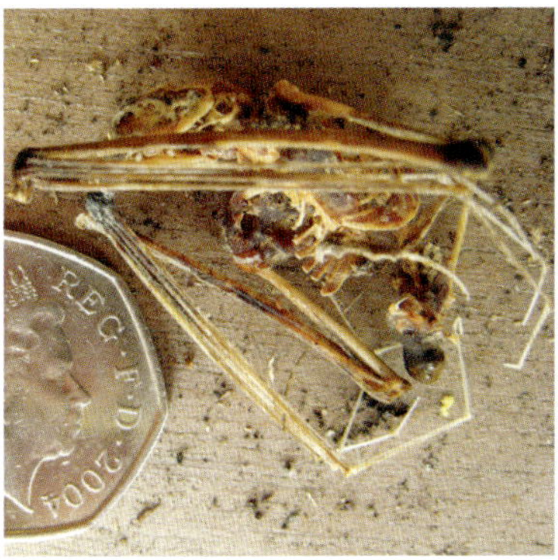

Die Zuordnung der Knochen ist allerdings nicht leicht – es gibt zu viele davon. Ein Mensch hat je nach Alter etwa 300 verschiedene Knochen, bei einer Schlange können es doppelt so viele sein. Die Osteologie, die Lehre von den Knochen, ist faszinierend und füllt Lehrbücher, daher kann ich nur wenige, einführende Tipps geben. Schädel sind Glücksfälle, weil sie leicht zu bestimmen sind. Dennoch möchte ich mit Skelettknochen beginnen. Ihre Bestimmung ist anspruchsvoller, aber Sie werden häufiger auf einzelne Knochen ohne Schädel stoßen.

Obwohl diese Knochen eines Pferdes viel größer und massiger sind als die Fledermausknochen daneben, werden Sie bei genauer Untersuchung viele Ähnlichkeiten entdecken.

Im Folgenden finden Sie die charakteristischen Baupläne von Vögeln, Säugetieren, Fischen, Reptilien und Amphibien. Sie geben einen groben Überblick über die Tiergruppe und ob Sie ein Schulterblatt, einen Beinknochen, Rippen, Becken usw. vor sich haben.

Dieses Skelett gehörte einem Damhirsch, wie die Farbe des Fells und das Geweih verraten. Zu bestimmen, wie das Tier zu Tode gekommen ist und wer das Fleisch entfernt hat, stellt jedoch eine größere Herausforderung dar.

Säugetierknochen

Alle Säugetierskelette (siehe Bild unten) folgen demselben Grundbauplan. Trotz Variationen von Art zu Art besteht ein Skelett aus denselben Elementen. Der Schädel, der das Gehirn schützt, sitzt an einem Ende der Wirbelsäule. Etwas weiter unten setzen die Rippen an, die den Brustkorb bilden, er umgibt schützend die inneren Organe und unterstützt die Vorderbeine. Bei den meisten, wenn auch nicht allen Arten läuft die Wirbelsäule in einen Schwanz aus. Die individuelle Größe, Länge und Dicke jedes einzelnen Knochens charakterisieren eine Tierart und deren Lebensweise.

Skelett einer Spitzmaus

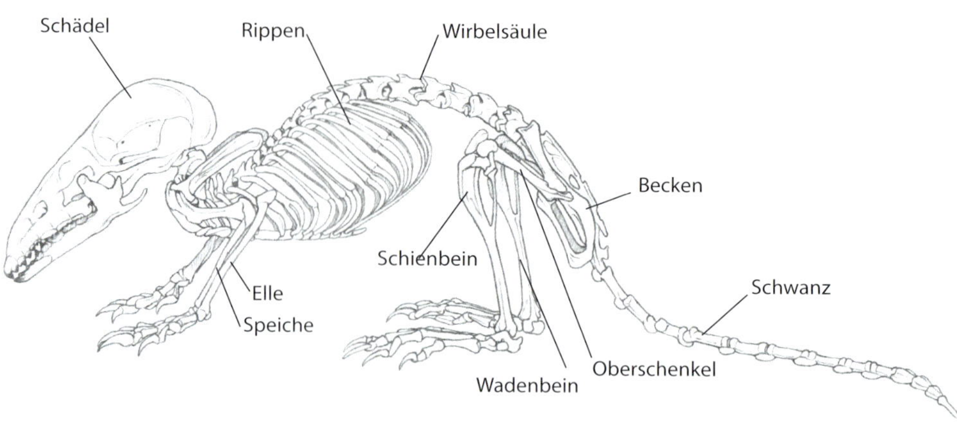

Vogelknochen

Vogelskelette weisen mehrere zusammengewachsene Knochen aus. Damit sinkt – bei verbesserter Stabilität – das Gewicht des Vogels. So sind beispielsweise die Beckenknochen Hüft- (Ilium), Sitz- (Ischium) und Schambein (Pubis) mit einigen Wirbeln zu einer kahnförmigen Struktur verwachsen. Sehen Sie sich die Knochen eines Grillhähnchens genauer an, sie entsprechen dem Grundbauplan eines Vogelskeletts.

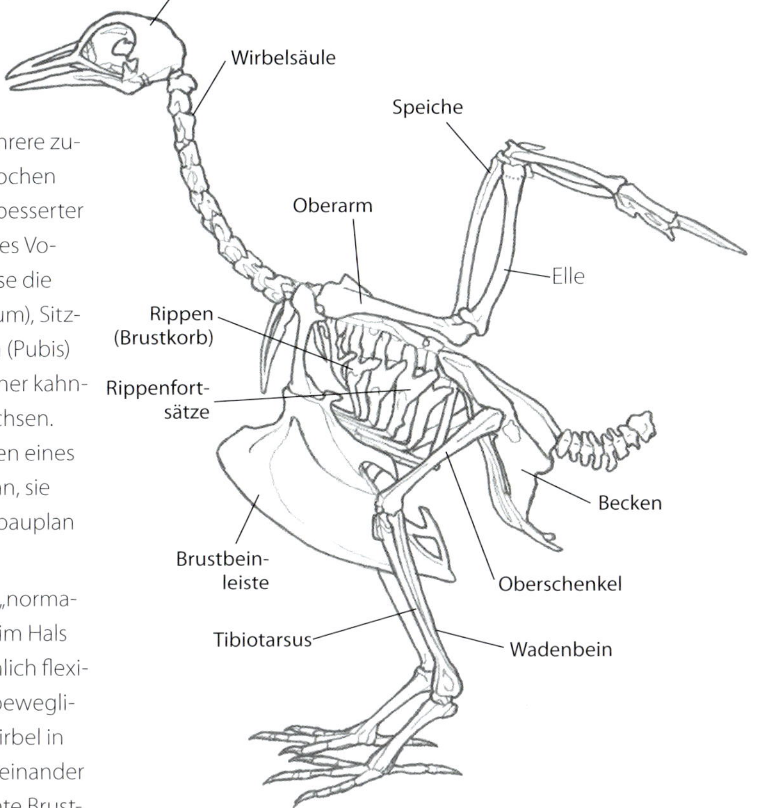

Skelett einer Taube

Vögel haben nur wenige „normale" Wirbel, nur die Wirbel im Hals und im Schwanz sind ähnlich flexibel gelagert wie die der beweglicheren Säugetiere. Die Wirbel in der Rückenmitte sind miteinander verschmolzen, der gesamte Brustkorb bildet ein festes Gegengewicht, um die Belastunq der schlagenden Flügel auszugleichen. Auch die Rippen eines Vogels unterscheiden sich von den denen der Säugetiere: Sie sind abgeflacht und tragen hakenförmige, nach hinten gerichtete Fortsätze.

Am Strand bestehen gute Chancen, Schädel und Knochen zu finden, wie dieses gut erhaltene Skelett einer Möwe. Es ist allerdings schwierig, eine Möwe nur anhand von Schädel oder Beinknochen zu bestimmen.

DER INNERE BAU DER KNOCHEN

Da die meisten Arten an das Fliegen angepasst sind, haben die Knochen der Vögel einen charakteristischen inneren Bau. Der Evolutionsdruck hat dafür gesorgt, dass Vögel sehr leichte, aber stabile Knochen besitzen. Im Querschnitt bestehen sie aus zahlreichen vernetzten Verstrebungen – dichter an den Gelenken, weniger dicht in der Mitte. Die „pneumatisierten" Knochen sind sogar an das Atmungssystem angeschlossen. Die Bauweise aus verstrebten Balken nutzt der Mensch auch bei Flugzeugen, Fahrrädern und anderen Konstruktionen, die leicht und dennoch stabil sein müssen.

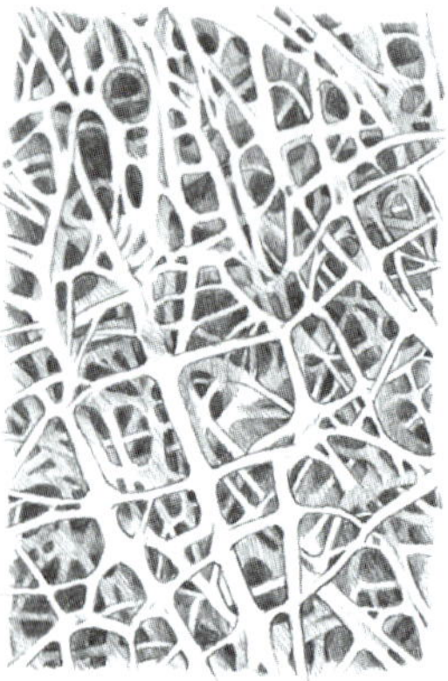

Vogelknochen

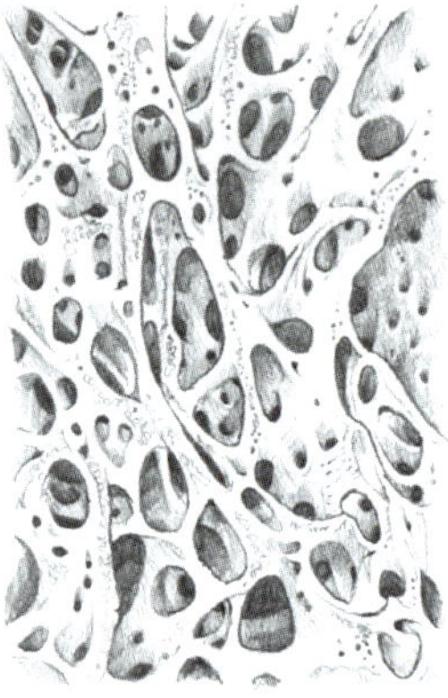

Säugetierknochen

Bei den meisten Fischen bestehen die Gräten aus Knochenmaterial, nur wenige Arten besitzen ein Knorpelskelett. Die Schwimmmuskeln setzen an der Wirbelsäule an.

Die Fortsätze greifen in die nächste Rippe und verbessern die Stabilität und den Schutz der inneren Organe.

Das Brustbein ist zu einer kielartigen Leiste vergrößert, an der die Flugmuskeln ansetzen. Beim Grillhähnchen ist das der große, flache Knochen, an dem das „Brustfleisch" ansetzt. Auch das Gabelbein ist eine charakteristische Bildung der Vögel – es besteht aus den gleichen Knochen wie unser Schultergürtel.

Fischknochen

Jeder, der schon mal herzhaft in eine gegrillte Forelle gebissen hat, kennt die zahlreichen dünnen Gräten, die man dann zwischen den Zähnen hat. Als Lebewesen des Wassers sind Fische nicht auf das feste Skelett eines Landtieres angewiesen. Der Auftrieb im Wasser gibt einem Fisch genügend Halt und Stabilität, sodass bei ihm selbst große Knochen zarter und dünner ausfallen.

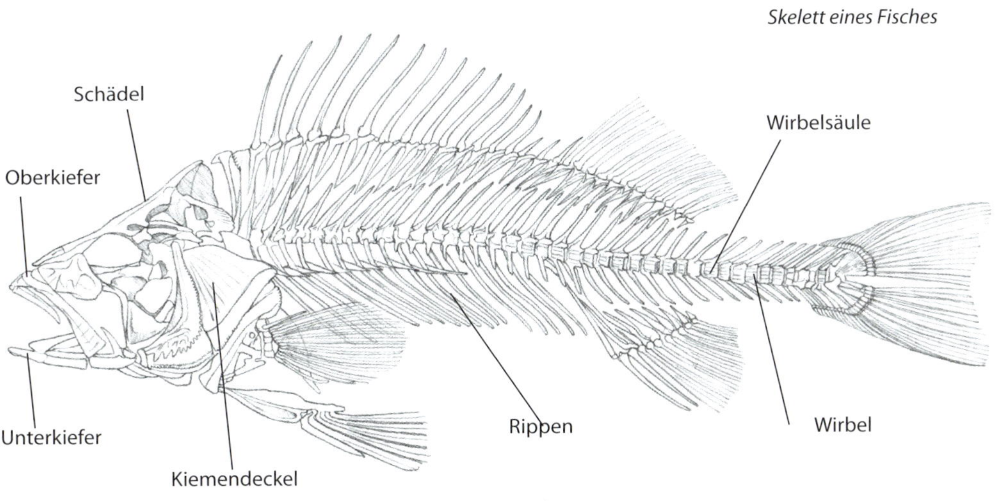

Da sich die Knochen des Kopfes leicht voneinander lösen, findet man selten intakte Schädel. Meistens bleiben nur der Kiefer mit den Zähnen oder der knöcherne Kiemendeckel, die äußere Abdeckung der Kiemen, erhalten. Fischskelette findet man selten einzeln; wo eines ist, liegen häufig noch mehr – unter den Ruhe- oder Nistplätzen Fische fressender Vögel oder an den Fressplätzen von Nerzen und Fischottern.

Die Fischart mithilfe zerfallener Skelette oder einzelner Knochen in Gewöllen zu bestimmen ist bei den leichten, zierlichen Knochen eine echte Herausforderung.

Halten Sie Ausschau nach charakteristischen Wirbeln mit spitzen Fortsätzen unterschiedlicher Länge – je nach Position im Fischkörper und der jeweiligen Fischart. Auch die glatten, konkaven Wirbeloberflächen sind typisch.

Schuppen und größere Knochenscheiben liefern weitere Indizien, frische Exemplare tragen noch die Originalfarbe, ältere bleichen glasig aus. Betrachten Sie die Scheiben mit einer Lupe: Das Anzahl der konzentrischen Ringe verrät das Alter des Fisches. Manchmal tauchen auch Zähne auf. Während die meisten sehr einfach gebaut sind, haben einige Arten mahlende Schlundzähne. Sie sehen zwar nicht wie Zähne aus, sind aber wichtig für die Bestimmung.

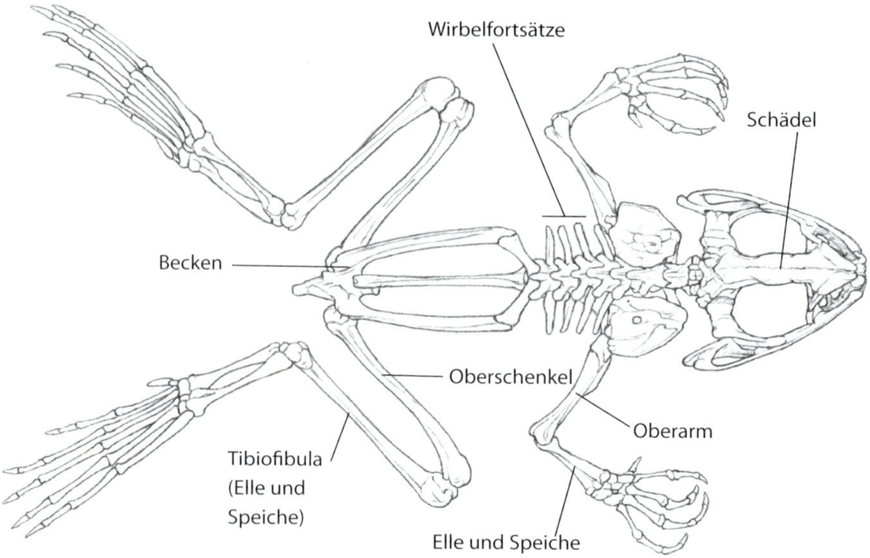

Reptilien- und Amphibienknochen

Die Knochen, auch die Schädel, von Fröschen, Kröten und Salamandern sind so zerbrechlich und leicht, dass ihre Skelette schnell zerfallen. Es ist daher sehr schwierig, einzelne Knochen zuzuordnen. Frösche haben keine Rippen, allerdings Wirbelfortsätze, die dicker sind als bei Fischen.

Bei dieser teilweise aufgefressenen Blindschleiche ist der zarte Bau der langen Wirbelsäule gut erkennbar.

Die langen Knochen der Hinterbeine sind bei allen Amphibien und Reptilien charakteristisch aufgebaut. Sie tauchen gelegentlich in den Gewöllen von Eulen auf, vor allem Waldkäuze scheinen eine Vorliebe für Frösche zu haben. Da die beiden Unterschenkelknochen miteinander verwachsen sind, weist der so entstandene Knochen im Querschnitt eine Rille auf. Frösche haben in der Regel längere Beinknochen als Kröten.

Skelettelemente

Nach den Grundbauplänen möchte ich mich nun den Skelettelementen zuwenden. Wie kann man lernen, die vorliegenden Fundstücke besser zu verstehen? Was verraten sie uns über das lebende Tier? Wie groß war es? Wie ernährte es sich? Konnte es gut hören, oder hatte es ein ausgeprägtes Riechvermögen? In einigen Fällen lässt sich sogar das Geschlecht feststellen und natürlich auch die Art, zu der das Tier gehört hat, und was die Todesursache war.

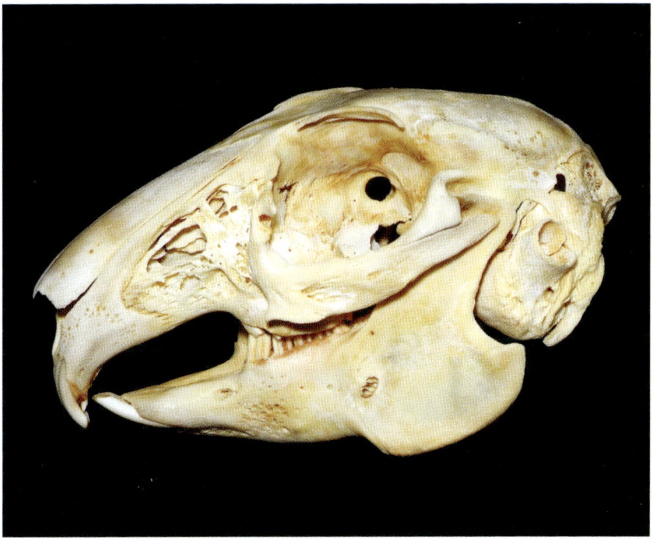

Häufig hilft es, sich das Fleisch um den Schädel vorzustellen. Ergänzen Sie zwei lange große Ohren, und Sie sehen ein Kaninchen mit seinen Nagezähnen und den Augen.

Dieses Tier verlässt sich auf seine Augen. Hätten Sie bei diesem Exemplar, dem die spitzen Eckzähne abhandengekommen sind, auf eine Katze getippt?

Der Schädel

Der Schädel besteht im Wesentlichen aus zwei Teilen, dem Oberschädel und dem Unterkiefer. Der Oberschädel umgibt und schützt das empfindliche Gehirn und ist der Ort der wichtigsten Sinnesorgane – Augen, Ohren, Nase und Maul. Im Bau des Schädels spiegelt sich die Lebensweise des Tieres wider. Schon Form und Größe des Schädels, die Form der Zähne, die Größe der Augenhöhlen und der Paukenhöhle, des Sitzes des Mittelohres, verraten, ob das Tier Räuber oder eher Beute war und welche Sinne für das Tier am wichtigsten waren.

Wenn Sie beispielsweise den Schädel eines Kaninchens betrachten, fallen die große, schwammige Nasenhöhle und die Paukenhöhlen am hinteren unteren Schädel auf – Kaninchen haben ein besonders gut ausgebildetes Hör- und Riechvermögen. Andererseits verraten die großen, nach vorn gerichteten Augenhöhlen einer Katze, dass sie sich vor allem auf ihre Augen verlässt.

Da ein Schädel das Gehirn schützen soll und robust gebaut ist, bleibt er noch lange nach dem Tod gut erhalten. Bei vielen Exemplaren lässt sich mit etwas Kenntnis die Tierart bestimmen. Schauen Sie sich bei Museumsexponaten zuerst die Schädel an, versuchen Sie daran das Tier zu erkennen, und überprüfen Sie das Ergebnis in den Erläuterungen.

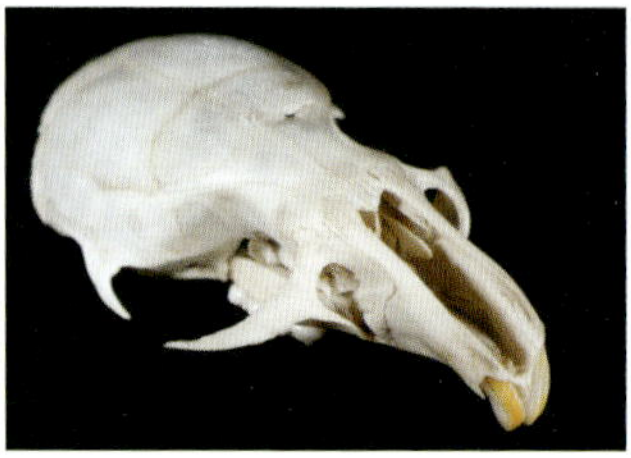

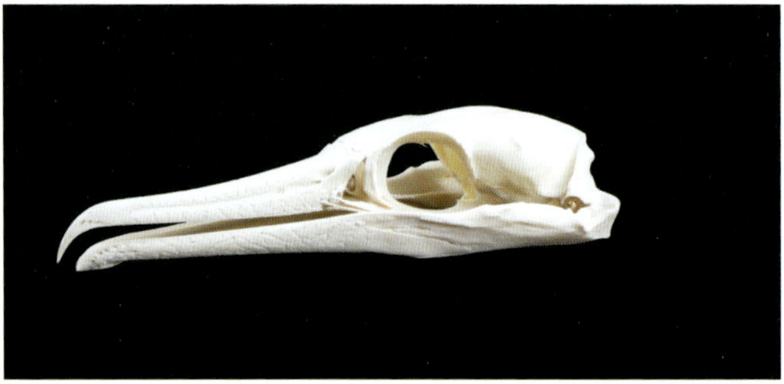

Oben: *Charakteristisch für diesen Mausschädel sind die gelben Schneidezähne.*

Links: *Ein Kormoran – eindeutig ein Vogel, der Hakenschnabel verrät den Fischfresser.*

Unten: *Die Stockente kann man sich als lebendiges Tier vorstellen.*

Die hier zusammengestellten Schädel demonstrieren die Vielfalt der Formen und Funktionen. Sobald Sie eine gewisse Erfahrung haben und wissen, worauf Sie achten müssen, wird die Bestimmung bis hinunter zur Art leichter. Achten Sie auf die Größe des Schädels, die Form der Zähne – sofern vorhanden – und die Bedeutung der Sinnesorgane, die sich im Bau des Schädel abzeichnet.

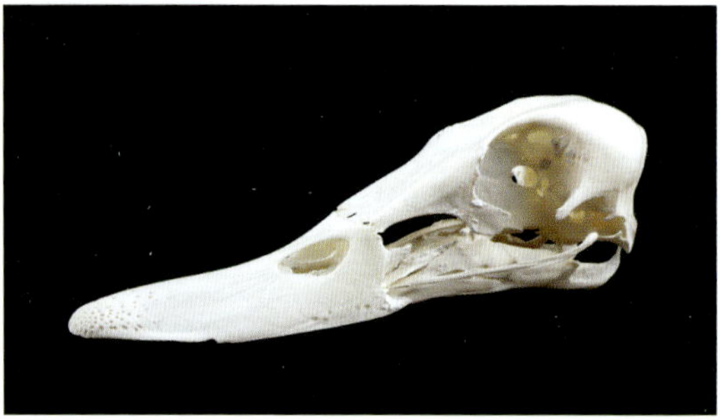

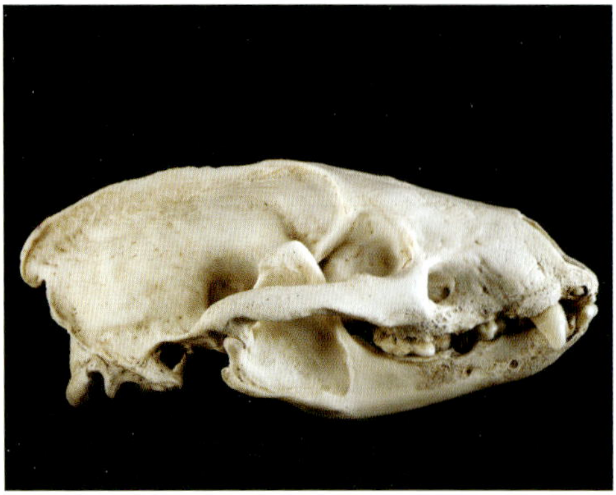

Der große Kamm auf dem Schädel, ein kräftiger Unterkiefer und die ausgeprägten Eckzähne verraten das Raubtier. Dachse fressen zwar vorwiegend Wirbellose, verteidigen aber kämpferisch ihr Revier.

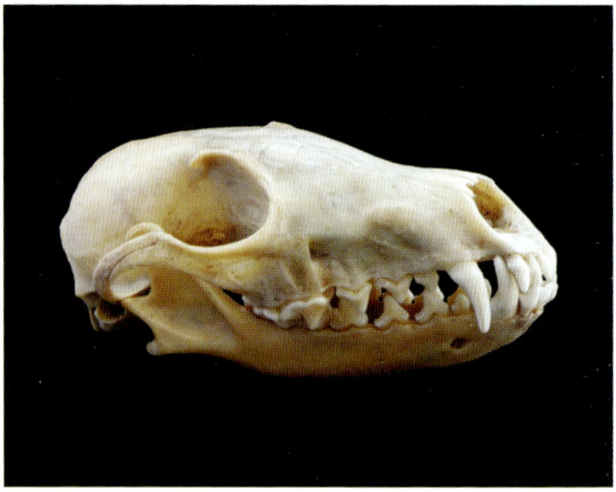

Die lange Schnauze dieses Schädels spricht für ein gutes Riechvermögen, die Zähne für einen Fleischfresser. Es ist ein Fuchsschädel, Füchse fressen vorwiegend Nagetiere, aber auch Früchte und Insekten.

SCHÄDEL ERKENNEN

Achten Sie auf die folgenden Merkmale, wenn Sie einen Schädel betrachten:

1. Form, Art und Zahl der Zähne verraten, ob sie einem Pflanzen-, Fleisch- oder Allesfresser gehörten.

2. An den großen Jochbeinen setzen die Kaumuskeln an. Die Jochbeine bestimmen stark die Schädelform und sagen etwas über die Bissstärke aus.

3. Form und Größe der Schnauze zeigen an, welche Bedeutung der Geruchssinn für diese Tierart hat.

4. Die Größe der Augenhöhlen – und damit der Augen – ist ein Indikator für das Sehvermögen. Seitlich am Kopf sitzende Augenhöhlen gehören Arten, die auf Rundumsicht angewiesen sind.

5. Die Größe und Form der Paukenhöhlen verrät etwas über das Hörvermögen des Tieres.

6. Je größer der Gehirnschädel, desto intelligenter dürfte das Tier sein.

Dieser Schädel gehörte einem Hirsch: Die oberen Schneidezähne fehlen, alle Backenzähne sind gleich groß und gleich geformt, das Tier fraß Rinde, Blätter und Nüsse.

Experten lesen das Alter eines Dachses an seinen Zähnen ab. Mit dem Alter nehmen die weißen Flecken auf den Zähnen zu, die einen Abrieb von Zahnschmelz bedeuten.

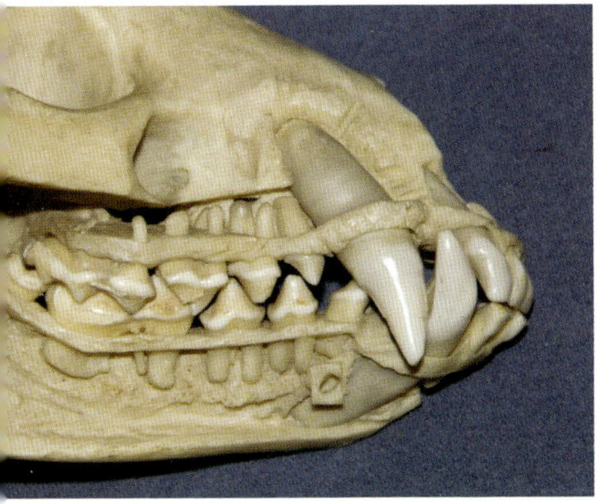

Zähne

Wenn sich die Zähne oder ein Teil des Kiefers erhalten haben, handelt es sich um ein Säugetier, einen Fisch, ein Reptil oder eine Amphibie – für Vögel wären Zähne schlicht zu schwer. Frösche haben nur winzige Zähne im Oberkiefer sowie Gaumenzähne in der Mitte der Gaumenplatte, Kröten sind zahnlos. Molche und Salamander haben sehr feine, einfach gebaute Zähne in Ober- und Unterkiefer – sie sind extrem klein und kaum zu erkennen. Eidechsen, darunter auch Blindschleichen, haben mehr Zähne, als man erwartet, auch die sind aber sehr klein und unauffällig.

Die Zähne von Säugetieren sind viel auffälliger und hilfreich für den Naturdetektiv. Zahl, Form und Vielfalt erzählen uns, wie alt das Tier war und was es fraß, und oft lässt sich anhand der Zähne die Art bestimmen.

Das Säugetiergebiss besteht aus Schneide-, Eck-, Vorbacken- und Backenzähnen. Die Anzahl der jeweiligen Zahntypen wird in der sogenannten Zahnformel angegeben, beispielsweise:

Dachs (oben) 3.1.3.1 (unten) 3.1.3.1

oder Reh (oben) 0.0.3.3 (unten) 3.1.3.3

Die Zahnformel gibt die Zahl der Schneide-, Eck-, Vorbacken- und Backenzähne oben und unten an – die obere Reihe stellt den Ober-, die untere den Unterkiefer dar.

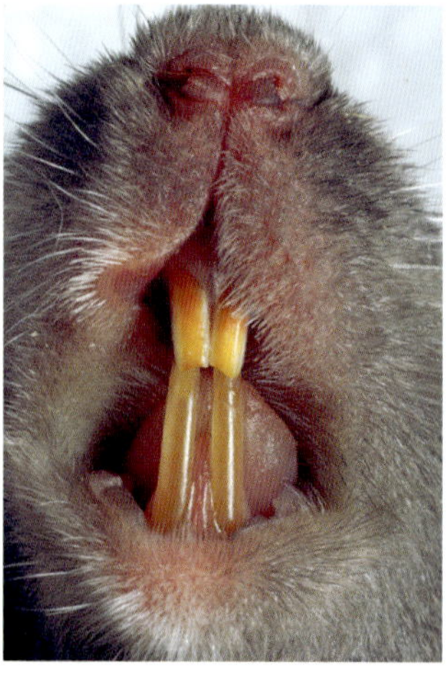

Die Schneidezähne von Nagetieren, wie dieser Wanderratte hier, schärfen sich beim Gebrauch.

Schneidezähne schneiden und beißen die Nahrung ab. Bei Kaninchen und Hasen ist die Zahl der Zähne reduziert, und die Schneidezähne sind die am häufigsten benutzten Zähne. Sie wachsen ständig weiter und werden kontinuierlich durch das Nagen abgenutzt. Die mit hartem Zahnschmelz überzogene Vorderseite nützt sich nicht so stark ab wie die weiche Hinterseite aus Dentin – so bleibt immer eine scharfe Schnittkante erhalten. Für Anfänger sehen die Schneidezähne von Kaninchen und anderen Nagern ähnlich aus, doch bei genauerem Hinsehen fallen hinter den beiden Kaninchenzähnen zwei winzige weitere Schneidezähne auf. Bei Schafen, Ziegen und einigen anderen Tieren sitzen nur im Unterkiefer Schneidezähne, die gegen eine harte Gaumenplatte im Oberkiefer arbeiten.

Kaninchen gehören nicht zu den Nagetieren, haben aber ähnlich gebaute Schneidezähne, um Futter zu schneiden oder abzunagen.

Eckzähne oder Fangzähne sind bei Fleischfressern, aber auch vielen Allesfressern kräftig entwickelt. Diese vier langen Zähne lassen das Gebiss von Katzen und Hunden bedrohlich aussehen. Ihre Aufgabe ist es, die Beute zu packen und sicher festzuhalten, wenn die Raubtiere mithilfe ihrer kräftigen Hals- und Kopfmuskeln ihre Opfer zerreißen. Tiere, die ihre Beute in einem Stück verschlucken oder

Raubtiere, die ihre Beute packen und festhalten, brauchen große Eckzähne.

Füchse gehören zur Familie der Hunde und Wölfe – ihre Schädel sind ähnlich gebaut.

glitschige Beute jagen, beispielsweise Robben und Zahnwale, wie Delfine, haben zahlreiche scharfe, spitze Zähne, die allerdings nicht alle aus Eckzähnen gebildet sind.

Vielen Pflanzenfressern fehlen die Eckzähne völlig, während sie bei anderen Arten vorhanden sind. Bei Hirschen sitzen zwar Eckzähne im Unterkiefer, sie sind jedoch inzisiform, haben also die Form von Schneidezähnen. Muntjak und Chinesisches Wasserreh tragen Eckzähne im Oberkiefer, die wie kleine Stoßzähne verlängert sind. Sie werden wie die Geweihe der größeren Hirsche bei Rivalenkämpfen als Waffen eingesetzt.

Vorbacken- und Backenzähne (Prämolaren, Molaren) sitzen im hinteren Teil des Kiefers. Ihre Form ist sehr variabel und auf die jeweilige Nahrung ausgerichtet. Daher sind sie bei der Bestimmung einer Art äußerst hilfreich. Zu den Pflanzenfressern gehören auch die Tiere, die Samen, Nüsse und Früchte fressen. Sie zermahlen ihr Futter mit den breiten, mit Rillen und Höckern be-

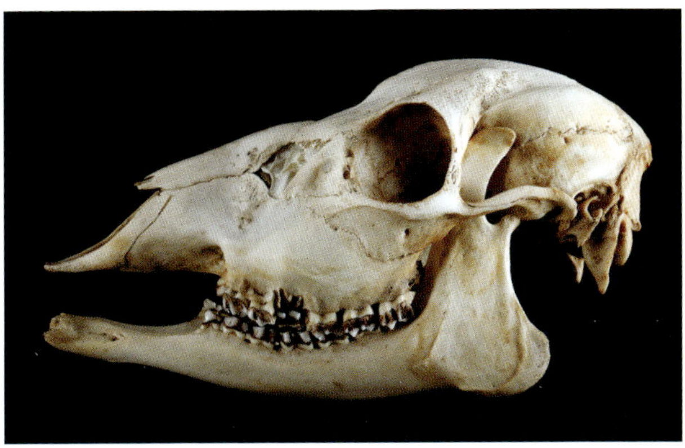

setzten Oberflächen wie zwischen zwei Mühlsteinen. Die meisten Fleischfresser müssen dagegen Fleischstücke abschneiden können. Bei ihnen sind Vorbacken- und Backenzähne als **Reißzähne** mit scharfen, gegeneinander arbeitenden

Oben: *Einen ähnlichen Schädel könnten Sie auf einem Spaziergang entdecken, der Unterkiefer ist noch vorhanden. Größe, Form und der große Kamm auf dem Gehirnschädel verraten den Dachs.*

Rechts: *Insektenfresser, wie dieser Igel, haben spitze Zähne, um Insektenkörper festzuhalten und diese zu knacken.*

Kanten versehen, die wie die Schneiden einer Schere funktionieren und Fleisch in Stücke schneiden.

Die Zähne von Allesfressern liegen in der Form dazwischen. Tiere wie Bären und Dachse haben einerseits scharfe, schneidende Vorbackenzähne, andererseits flache, mahlende Backenzähne.

Insektenfresser, wie Fledermäuse, Spitzmäuse oder Igel, brauchen scharfe, spitze Zähne, mit denen sie glatte oder harte Insektenpanzer packen und knacken können.

Die Zähne der Säugetiere stecken mit den Zahnwurzeln in Kiefertaschen, den Zahnfächern, die Zahnwurzeln sind von hartem Zahnzement umschlossen. Der Zement wird jährlich um eine Schicht erweitert. Ein Querschnitten durch eine Zahnwurzel, die mit speziellen Chemikalien aufbereitet und gefärbt wurde, zeigt die Schichten des Zahnzements als Ringe. Wenn die Zähne gesund und gleichmäßig gewachsen sind, erlauben diese Schichten Rückschlüsse auf das Alter des Tiere, ähnlich wie die „Jahresringe" eines Baumes.

Die Zahl der Zähne, der Abrieb und ihre Stellung geben Aufschluss über das Alter des Tieres. Wie die Menschen bilden auch andere Säugetierarten eine Generation oder mehrere Generationen Milchzähne vor den dauerhaften Zähnen. Jungtiere unterscheiden sich häufig in der Zahl der Zähne von den Erwachsenen, und ihre Zähne sind kleiner und spitzer. Wenn man das Entwicklungsmuster einer bestimmten Art kennt, kann man allein von Zähnen auf das Alter des Tieres schließen (siehe Kasten „Zahnalterung eines Pflanzenfressers", S. 246 f.). Das Alter von mittelgroßen bis großen Fleischfressern zu bestimmen ist schwieriger – diese Tiergruppe wurde nicht so gründlich erforscht. Eine grobe Unterscheidung zwischen jung und alt ist allerdings über die Abnutzung der Zähne möglich. Nach einer Faustregel nimmt die Zahnhöhe von Schneide- und Eckzähnen mit jedem Lebensjahr um 10 % ab.

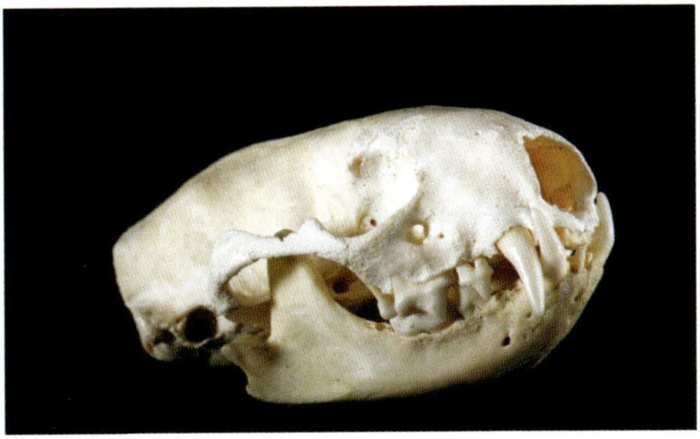

Dieser Schädel weist viele Merkmale eines Dachsschädels auf. Er ist aber kleiner und gehört einem Hermelin, welcher ebenfalls ein Mitglied der Marderfamilie ist.

Zum Glück findet man nur selten isolierte Zähne, sodass der übrige Schädel weitere Indizien für die Altersbestimmung liefert. Bei Dachsen und anderen Tieren verändert sich die Schädelform innerhalb des ersten Lebensjahres. Der Knochenkamm auf dem Schädel, an dem die Kiefermuskeln ansetzen, wird mit zunehmendem Alter höher und dicker.

Im Rahmen des Alterungsprozesses verschmelzen die Knochenplatten des Gehirnschädels stärker miteinander. Die Nahtstellen (Suturen), die sich als deutliche Zickzacklinien abzeichnen, sind bei Jungtieren breiter und besser zu sehen. Später schließen sie sich und fallen weniger auf. Außerdem werden die Knochenplatten im Zuge der sogenannten Ossifikation mit dem Alter dicker und knorriger.

An diesem Keilerschädel fallen die Mahlzähne eines Pflanzenfressers und die mächtigen, spitzen Hauer auf. Sie wachsen ständig weiter und dienen diesem Allesfresser als Waffen im Kampf.

ZAHNALTERUNG EINES PFLANZENFRESSERS – DER DAMHIRSCH

Junge Damhirsche werden mindestens drei bis vier Monate lang gesäugt. Nach sechs Monaten haben sich die ersten bleibenden Zähne gebildet, und die Kitze beginnen, Pflanzen zu fressen.

Wie viele Säugetiere haben auch Damhirsche Milchzähne, die im Alter von sechs Monaten gewechselt werden. Schädel, bei denen sich kleine Spitzen vorne im Maul zeigen – neben bereits vorhandenen Zähnen – stammen von einem etwa sechs Monate alten Tier.

Eine Damhirschkuh mit einem vier Monate alten Kitz

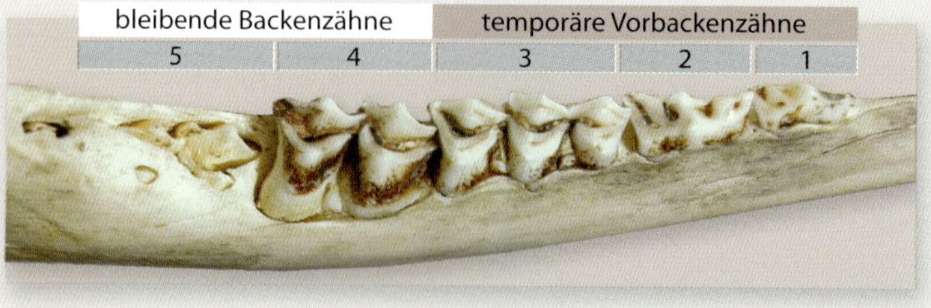

6 Monate

Einem Damhirsch, der jünger ist als sechs Monate, fehlen einige der Backenzähne erwachsener Tiere. Ein Unterkiefer mit vier bis fünf Backenzähnen – drei Prämolaren und ein bis zwei Molaren – gehört also einem Kitz. Der dritte Vorbackenzahn hat drei Höcker.

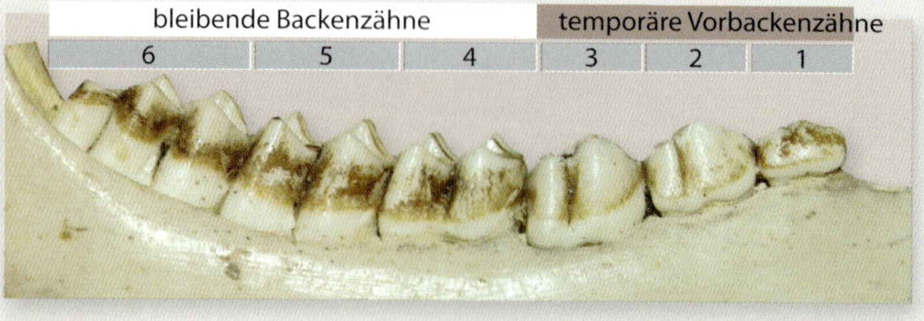

20 Monate

Bei einem Tier, das älter ist als eineinhalb Jahre, sind alle Zähne vorhanden, also sechs Vorbacken- und Backenzähne. Die Backenzähne sind hinten im Kiefer durchgebrochen, die Vorbackenzähne sind abgerieben (sie fallen schließlich aus und werden von bleibenden Vorbackenzähnen mit zwei statt drei Höckern ersetzt). Die neuen Zähne fühlen sich scharf und kantig an, weil sie noch nicht abgenutzt sind.

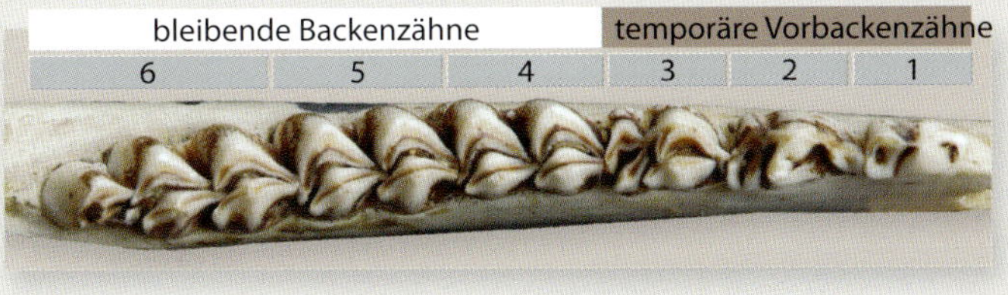

2 Jahre

Im Alter von etwa zwei Jahren sind Damhirsche vollständig ausgewachsen. Die dreihöckrigen Vorbackenzähne wurden durch zweihöckrige Zähne ersetzt, auch die übrigen Vorbackenzähne haben zwei Höcker. Die Backenzähne, insbesondere der erste, haben zwei scharfe Höcker aus weißem Schmelz über dunklem Dentin. Der dritte Backenzahn ist etwas abgenutzt.

3 Jahre

Bei dreijährigen Damhirschen sind alle Backenzähne etwas abgenutzt, das Dentin ist nun in Form breiterer Bänder in den abgenutzten Zähnen sichtbar. Auch der dritte – letzte – Backenzahn wird nun etwas flacher.

4 Jahre

Bei vierjährigen Damhirschen sind alle Backenzähne abgerundet und werden stumpf. Das Dentinband des ersten Backenzahns ist doppelt so dick wie der weiße Zahnschmelz.

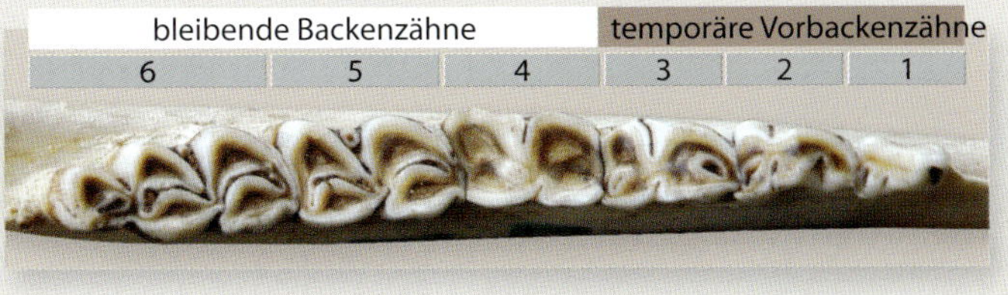

älter als 4 Jahre

Bei Tieren, die älter sind als vier Jahre, zeigen die Zähne unterschiedliche Abnutzungserscheinungen. Die vorderen Backenzähne sind flach, glatt oder sogar konkav. Bei neunjährigen oder noch älteren Tieren sind alle Zähne fast bis auf das Zahnfleisch abgenutzt.

SCHÄDEL – WEISSER ALS WEISS

Viele Naturforscher sammeln die gefundenen Schädel und Knochen als Belegexemplare oder einfach, weil sie attraktiv aussehen. Allerdings sind sie nur selten perfekt weiß gebleicht.

Ich bleiche Knochen am liebsten durch Mazeration – eine kontrollierte Form der Verrottung. Dazu lege ich die Knochen in Wasser und überlasse sie den natürlichen Abbauprozessen. Wenn Bakterien die Weichteile zersetzen, entsteht eine entsetzlich stinkende Brühe, denn hoher Nährstoff- und niedriger Sauerstoffgehalt bieten Bakterien optimale Bedingungen. In warmem Wasser läuft der Prozess schneller ab: Im Sommer ist der Schädel eines Fuchses oder Dachses innerhalb von zwei Wochen sauber.

Übrig bleiben voneinander gelöste, saubere Knochen. Der große Vorteil der Mazeration ist, dass selbst winzige Knochen erhalten bleiben. Sie sinken zu Boden und können vorsichtig aus der Flüssigkeit gesiebt werden.

Spülen Sie die Knochen in frischem Wasser und in einem schwachen Spülmittel und Peroxid (zum Wäsche bleichen) nach. Nehmen Sie keine Haushaltsbleiche – sie macht die feinen Knochen spröde. Lassen Sie die Knochen an der Luft trocknen.

Außergewöhnliche Schnäbel

Wenn Sie einen intakten Vogelschädel finden, sollte Ihnen zumindest die Bestimmung der Gruppe keine Probleme bereiten. Schnäbel sind sehr aussagekräftige Bestimmungsmerkmale, denn sie sind an eine bestimmte Nahrung angepasst. Leider sind Schnäbel oft zarter als Kieferknochen mit Zähnen und zerbrechen leicht.

Schnäbel sind mit einer Hornscheide überzogen, in der artspezifische Pigmente eingelagert sind. Hinzu kommen weitere Indizien, wie Hornzähnchen, bei Sturmvögeln auch die Nasenlöcher. Manchmal bleibt die Hornscheide erhalten, doch meist bricht oder gleitet sie ab, sodass nur der Knochenschnabel übrig bleibt.

Ein vollständiger Schädel ist ein Geschenk, denn er erleichtert die Bestimmung. Dieser gehört einer Saat- oder Rabenkrähe.

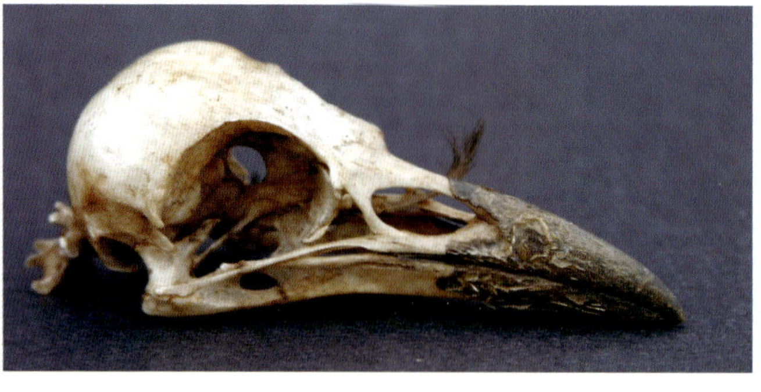

Trauerente (ohne Schnabelscheide)

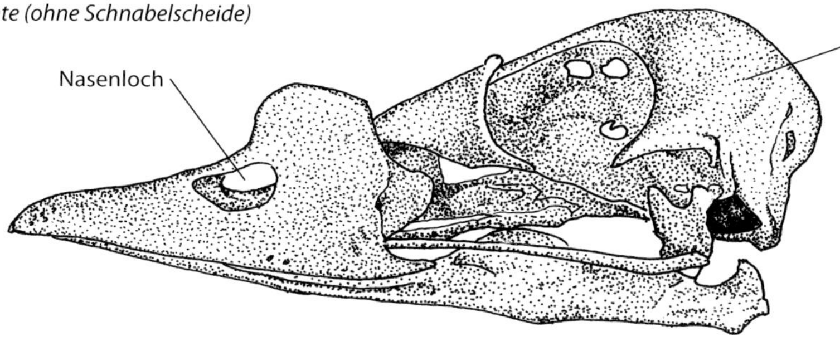

Trauerente (mit Schnabelscheide)

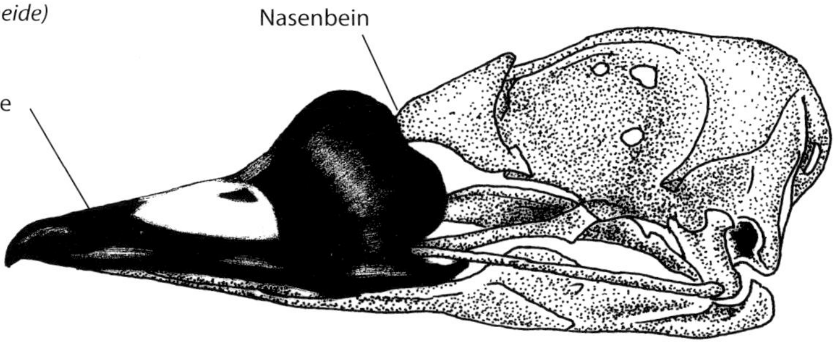

SPUREN AUF DEM SCHÄDEL

Viele Raubtiere, die ein Beutetier töten, beißen gezielt in den Schädel und hinterlassen dabei deutliche Spuren ihres Angriffs. Der Naturdetektiv kann daraus den Angreifer ermitteln.

Besonders viele Tiere werden von Autos auf der Straße getötet. Diese Opfer erkennt man an der Wucht des Aufpralls: Die Knochen wurden vom Punkt des Aufpralls in alle Richtungen gedrückt. Bei erschossenen Tieren sieht man das Einschussloch und sehr lokale Schäden.

Die Eckzähne eines Raubtieres sind dazu gebaut, die Kraft der Kiefermuskeln beim Biss auf eine kleine Fläche zu konzentrieren. Die Zähne hinterlassen saubere Löcher mit definiertem Abstand. Der Abstand zwischen den Eckzähnen ist ein Bestimmungsmerkmal.

Auch Greifvögel hacken häufig in den Kopf, die größten Wunden reißen sie am Hinterkopf. Dort zeichnen sich dann dreieckige Eindrücke des Schnabels ab. Wenn ein Greifvogel das Brustfleisch seines Opfers abreißt, trifft der Schnabel oft auch den dünnen, flachen Knochen des Brustbeins und hinterlässt Spuren.

Da Knochen viel Kalzium und andere Minerale enthalten, findet man häufig Knochen oder Geweihe, die von Tieren angeknabbert wurden, deren Gebiss dafür kräftig genug ist. Dabei entstehen schräge, gerade Schabespuren auf der Knochenoberfläche. Kleine Nagetiere, Kaninchen oder Eichhörnchen versorgen sich regelmäßig mit den Mineralen aus Knochen. Suchen Sie nach den Eindrücken der Schneidezähne – ihr Abstand ist ein charakteristisches Bestimmungsmerkmal für die Tierart. Auch Ziegen und Schafe nagen die Knochen an, Hirsche „recyceln" so sogar abgeworfene Geweihe, abgenagte Geweihknochen sehen kantig aus. Raubtiere der Katzen- und der Hundefamilie beißen Kerben in die Knochen. Da Katzen gewöhnlich härter zubeißen, hinterlassen sie tiefere, schmalere Kerben und Eindrücke als Hunde und Füchse.

Hüllen und Häute

Gliederfüßer, die Arthropoden, müssen regelmäßig ihr festes Außenskelett, Reptilien ihre alte, starre Haut abstreifen, um wachsen zu können. Die leeren Hauthüllen, die sie zurücklassen, geben dem Naturdetektiv einen Einblick in das Leben dieser Tiere. Reptilien und viele Wirbellose führen ein verstecktes Leben – ohne ihre abgestoßenen Häute wüssten wir oft nicht einmal, dass sie ganz in unserer Nähe existieren.

Insekten streifen die alten Körperhüllen ab, wenn sie wachsen oder in ein anderes Stadium ihres Lebenszyklus übertreten.

Reptilien

Reptilien – Eidechsen, Schlangen und Wasserschildkröten – werfen regelmäßig ihre alten Häute ab. Die schneller wachsenden Jungtiere häuten sich wesentlich häufiger als ältere Tiere, die nur noch geringfügig wachsen.

Der Häutungsprozess und damit auch die Form und Qualität der alten Haut unterscheiden sich von Art zu Art. Eidechsen und Wasserschildkröten wechseln ihre Haut nach und nach in kleinen, unauffälligen Stücken, die nur selten gefunden werden.

Schlangen streifen dagegen häufiger längere Abschnitte ihrer Haut ab. Manchmal findet sich sogar ein „Natternhemd", eine komplette Hülle, doch meistens reißt die Schlange während der Häutung ihre alte Hülle in Stücke, die allerdings größer sind als bei Eidechsen.

Bei Schlangen beginnt die Häutung am Maul. Sie reiben die Haut ab oder quetschen sich durch enge Spalten, um sie abzustreifen, dann kriechen sie aus ihrem „alten" Maul heraus. Ein gut erhaltenes Natternhemd weist noch alle Oberflächenmerkmale des Schlangenkörpers mit der durchsichtigen Augenschuppe und einer etwas helleren Version der Färbung auf, was die Bestimmung der Art ermöglicht.

Eidechsen, wie diese Waldeidechse, streifen ihre Haut in Fetzen ab, die man nur mit viel Glück entdeckt.

Wie bereits erwähnt, häuten sich Eidechsen stückweise. Achten Sie auf das Muster der Schuppen, wenn Sie ein kleines Hautstück finden (es stammt fast immer vom Rücken oder von den Flanken der Eidechse). Die rechteckigen Bauchschuppen sind etwas größer als die übrigen Körperschuppen und in mehreren Reihen angeordnet.

Dagegen sind die Bauchschuppen von Schlangen viel länger und breiter als Eidechsenschuppen. Eine Bauchschuppe überspannt die gesamte Körperbreite der Schlange. Bei den beiden häufigsten Schlangen, Ringelnatter und Kreuzotter, sind die Bauchschuppen kräftig gekielt. Die Schuppen der Kreuzotter sind etwas rundlicher, und auf dem Rücken ist meist noch andeutungsweise das Zickzackmuster zu erkennen. Die Schuppen der Ringelnatter sehen dagegen wie flache Reiskörner aus, bis auf schwache Flecken auf der unteren Flanke sind die Schuppen nicht gezeichnet.

Die Schuppen auf dem Bauch und dem Rücken der seltenen Schlingnatter sind dagegen völlig glatt und nicht gekielt.

Blindschleichen streifen ihre Häute im Ganzen ab, wie faltige, alte Socken. Sie erinnern zwar auf den ersten Blick an eine Schlangenhaut, haben aber im Unterschied zu Natternhemden glatte, rundliche Rücken-, Flanken- und Bauchschuppen.

Die alten Häute von Ringelnattern sind relativ häufig zu finden. Viele Schlangen streifen ihre alte Haut im Ganzen oder doch in großen Stücken ab. Die verblichenen Farbmuster und die Schuppenformen ermöglichen eine Bestimmung.

HÄUTE KONSERVIEREN

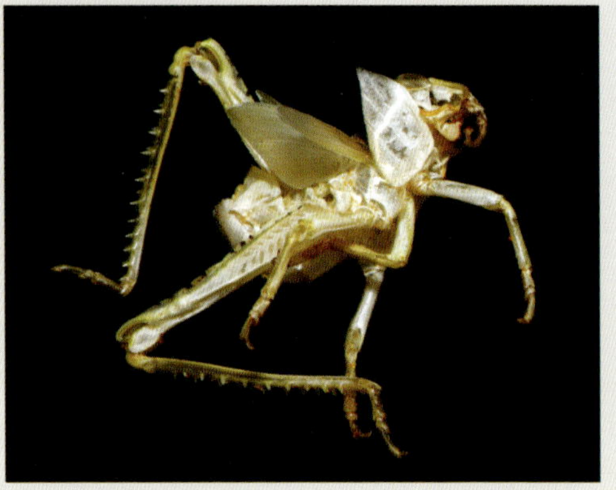

Die meisten gefundenen Häute sind vertrocknet und spröde. Wenn das natürliche Öl vollständig verdunstet ist, werden sie empfindlich und zerbrechlich. Es gibt allerdings einen einfachen, praktischen Trick, um solche leeren Hüllen, sei es von Krebsen, Heuschrecken, Schlangen oder Libellennymphen, haltbar zu machen: Legen Sie die Haut in heißes Wasser, und warten Sie ab, bis sie wieder weich ist. Holen Sie die leere Hülle vorsichtig aus dem Wasserbad, und breiten Sie sie auf einem Brett aus. Natternhemden von Schlangen lassen sich nur unter großen Schwierigkeiten entrollen, aber bei guten Exemplaren lohnt sich der Aufwand. Mit unendlicher Geduld und viel Vorsicht können Sie die Schlangenhaut vollständig entrollen und flach auf einem dunklen Karton montieren, damit das Farbmuster zur Geltung kommt.

Die Hüllen von Gliederfüßern werden genauso behandelt. Bringen Sie Beine und Haut mit Pinzette und Cocktailspießen in eine natürliche Position und fixieren Sie die Hülle mit Nadeln auf der Unterlage, danach trocknen lassen. Die ausgetrocknete Haut ist dann wieder sehr spröde. Nun können Sie die Hülle genau untersuchen oder auf einer Unterlage fixieren. Solche Belegexemplare erleichtern die Bestimmung von Libellennymphen, denn die trocknen Häute, die Exuvien, weisen dieselben Merkmale wie lebende Tiere auf.

1) trockene Nymphenhülle

2) rehydrieren in Wasser

3) mit Nadeln auf einem Karton fixieren

4) fertig präparierte Nymphenhülle

Gliederfüßer

Als ich neulich meinen alten Gartenschuppen abgerissen habe, war ich erstaunt über die zahlreichen leeren Schmetterlingspuppen und Hausspinnenhüllen, von den zahllosen leeren Hüllen der Blattläuse gar nicht zu reden. Letztlich gab diese Erfahrung den Anstoß, kurz auf diese häufig übersehenen Spuren einzugehen.

Der Panzer, das Außen- oder Exoskelett, der Gliederfüßer besteht aus dem Protein Chitin. Bei Krebstieren ist das Chitin durch eingelagertes Kalziumkarbonat verstärkt. Am lebenden Tier ist das Exoskelett robust, im trockenen Zustand wird es spröde und zerfällt.

Ein Exoskelett dient als stützende und schützende Hülle, hat allerdings einen gravierenden Nachteil: Ein Tier kann nur dann wachsen, wenn es seinen starren Panzer periodisch abwirft und einen neuen, größeren bildet. Daher müssen sich Krebse, Insekten, Spinnen und Tausendfüßer regelmäßig häuten. Die abgeworfenen, leeren Hüllen sind eine äußerst nützliche Hilfe für den Naturdetektiv.

Wenn die Zeit für einen Wechsel der Hülle reif ist, schlüpfen die Tiere in der Regel in einem Zug heraus, sodass ein komplettes leeres Exoskelett übrig bleibt. Dass unser Planet bei der Unzahl der Insekten nicht von leeren Hüllen bedeckt ist, ist der Tatsache zu verdanken, dass die proteinreichen Hüllen bald zersetzt oder aufgefressen werden.

Asseln häuten sich zunächst zur Hälfte und fressen die alte Hülle auf. Hier ist zu sehen, dass gerade das Vorderteil abgestoßen wurde.

Lebenszyklus eines Pfauenauges

Puppe

Der Schmetterling schlüpft.

Raupen (Larven)

Erwachsener Schmetterling

Eier

Leere Hüllen des Lebens

Gelegentlich müssen Sie Ihre Vorstellungskraft benutzen und geduldig suchen. Diese „Glühbirne" ist die Puppenhülle der Hainschwebfliege daneben.

Manchmal ist kaum zu erkennen, ob das leblose Fundobjekt ein totes Tier oder nur eine leere Hülle nach der Häutung ist. Tiere, die nicht im Wasser leben, lassen gewöhnlich eine farblose Exuvie zurück. Das gilt insbesondere für Insekten ohne vollständige Verwandlung, wie Laubheuschrecken oder Grillen – ihre Exuvien sehen aus wie Geister ihrer lebenden Form.

Larvenhüllen behalten zwar ihre Pigmente, verlieren aber die Form. Beim Schlüpfen reißt die alte Hülle an einem Spalt hinter dem Kopf auf und wird abgestreift. Am häufigsten findet man die leeren Exuvien der Larven von Schmetterlingen, Blattkäfern und Marienkäfern.

Im Frühling und Sommer finden Sie am Ufer von Bächen und Seen die leeren Hüllen von Libellennymphen. Sie kleben meist an Pflanzenstängeln, die sich aus dem Wasser erheben. Der Schlitz hinter dem Kopfabschnitt der Exuvie, wo die adulten Tiere ihre Nymphen verlassen haben, ist genauso gut zu erkennen wie die weiß gestreifte Luftröhre. Die Hüllen von Wasserinsekten sehen ähnlich aus, wenn die Tiere unter Wasser schlüpfen, steigen ihre Exuvien zur Oberfläche auf.

Auch Krebstiere und Tausendfüßer häuten sich. Die leeren Hüllen von Asseln und Hundertfüßern sind wegen ihrer feuchten Lebensräume nur selten zu finden. Asseln streifen jeweils nur die Hälfte ihrer Hüllen ab, dann fressen sie die weiche Haut auf. Manchmal liegen ihre sehr hellen, leeren Hüllen unter Stämmen oder Steinen.

Bei Meerestieren ist die Unterscheidung zwischen toten Tieren und gehäuteten Panzern noch schwieriger. Suchen Sie den Strand nach den leeren Hüllen von Krebstieren ab, um sich einen präzisen Überblick über die Meeresfauna einer Region zu verschaffen.

Bei der Häutung reißt der Panzer, der Carapax, eines Krebses entlang einer Sollbruchstelle am Hinterleib und an den Scheren auf. Dann zwängt sich das Tier rückwärts aus der alten Haut. Krebse ziehen sich zur Häutung in Verstecke zurück, denn sie dauert mehrere Tage, an denen der Krebs in seiner noch weichen, neuen Haut Raubtieren schutzlos ausgeliefert wäre. Wenn Sie einen leeren Krebspanzer am Strand finden, suchen Sie nach dem Riss am Hinterleib. Dort können Sie den Panzer wie eine Motorhaube hochklappen – das Innere ist völlig sauber.

Insekten mit einer vollständigen Verwandlung, wie Käfer, Fliegen, Tag- und Nachtschmetterlinge, hinterlassen bei der letzten Häutung – von der Puppe zum adulten Tier – die Puppenhülle. Dieser Übergang markiert die letzte Verwandlung im Lebenszyklus. Da adulte Tiere häufig andere Mundwerkzeuge als die gefräßigen Larven besitzen und die Puppenhülle nicht fressen können, bleibt diese leer und intakt zurück.

Im Frühling und Sommer findet man im Umfeld von Teichen die leeren, an Pflanzen klebenden Hüllen von Libellennymphen.

Die leere Hülle einer Strandkrabbe. Krebstiere sind Gliederfüßer wie die Insekten und müssen regelmäßig aus der Haut schlüpfen, um wachsen zu können.

Der Übergang von der Puppe zum adulten Tier ist die letzte Häutung im Leben dieser Insekten. Die Puppenhülle enthält alle Informationen, um die ausgeschlüpfte Insektenart zu bestimmen. Leider weiß ich von keinem guten Bestimmungsbuch, in dem alle Puppenhüllen abgebildet sind.

Tagschmetterlinge kleben ihre Puppen an offenen, exponierten Stellen an, während die Puppen der Nachtschmetterlinge (Motten) unter der Erde liegen, in Kokons oder unter Abfall versteckt sind. Viele Schmetterlinge tarnen ihre Puppen. Sie werden, häufig schräg, an Seidenfäden an der Spitze des Hinterleibs aufgehängt und mit einem dünnen Seidenband um die Mitte der Puppe fixiert.

Schmetterlingspuppen gehören zum Mumientyp: Während sich die Raupe innerhalb der Puppe zum Schmetterling entwickelt, sind alle Körperanhänge eng an den Körper gepresst. Mit einer Lupe können Sie das Insekt innerhalb der Puppe betrachten. Beginnen Sie mit dem Kopf – die Abdrücke der Augen sind auffällig – dann untersuchen Sie die Unterseite. Die Rinnen und Streifen entsprechen den Beinen, dem Rüssel und den Antennen. Quer über die Rückseite der Puppenhülle sind die glatten Flächen der Flügel angepresst, sogar

Theoretisch können Sie jeden Schmetterling anhand der Puppenhülle bestimmen. Diese hängt an einer Brennnessel und gehörte einem Admiral.

Rechts: *Viele Nachtschmetterlingsarten spinnen sich in einen Seidenkokon ein, der artspezifisch sein kann.*
Unten: *In dieser Hülle spielt sich die Umwandlung der Larve in das adulte Insekt ab. Die leere Hülle verrät, um welches Insekt es sich handelte.*

die Adern sind dort zu erkennen. Sollten Sie zufällig das schlüpfende Tier beobachten, sehen Sie sogar die Farbe der Flügelunterseiten. Die Segmente des letzten Abschnitts entsprechen dem frei beweglichen Hinterleib.

Auch Käfer und Fliegen schlüpfen aus Puppen. In der Tat liefern sie Gerichtsmedizinern bei Gewaltverbrechen wichtige Hinweise darauf, wann der Tod eines Opfers eintrat und welchen Bedingungen es ausgesetzt war: Die Art der Käfer und Fliegen sowie das jeweilige Stadium ihrer bekannten Lebenszyklen liefern die Indizien.

Die meisten Schmeißfliegen und mehrere andere Fliegenarten entwickeln sich in einfachen segmentierten Hüllen (Puparien), die keine Rückschlüsse auf das Insekt darin zulassen. Raubfliegen, Schnaken und andere entwickeln sich dagegen in typischen Puppenhüllen. In stehenden Gewässern findet man die Puppen von Stech- und anderen Mücken, die wie Flöße an der Wasseroberfläche schwimmen.

Diese Puppenhülle einer Raubfliege ist von großer Schönheit. Das filigrane Objekt ist schwer zu bestimmen.

Die Puppen von Käfern sehen genauso bizarr und vielgestaltig aus wie die zugehörigen erwachsenen Käfer. Wenn Sie zu den Glücklichen gehören, die eine Käferpuppe finden sollten, sehen Sie die bleiche, geschrumpfte Version eines adulten Käfers vor sich: Flügel, Beine, Augen und Kiefer sind von außen sichtbar. Im Unterschied zu den Schmetterlingspuppen, bei denen alle Gliedmaßen unbeweglich fest an den Körper gepresst sind, können Käfer, Bienen und Wespen ihre Glieder innerhalb der sogenannten freien Puppe bewegen.

Leere Puppen, die von einem Parasiten befallen waren, verraten sich durch ein ziemlich auffälliges Austrittsloch des Parasiten. In den meisten Fällen ist es sauber gebohrt und befindet sich an anderer Stelle als das Schlupfloch des Insekts.

Bei einer Käferpuppe sind die Glieder und andere Körperteile von außen gut erkennbar.

Federn und Fell

Tiere verlieren regelmäßig Fell oder Federn. Ein Naturdetektiv kann herausfinden, von welchem Tier sie stammen, ob sie im Zuge eines natürlichen Prozesses ausfielen oder ob ein Raubtier daran beteiligt war.

Nicht jede Vogelfeder ist so charakteristisch wie die Flügelfeder eines Eichelhähers. Wenn Sie sich in der Anatomie eines Vogels auskennen, sind aber begründete Vermutungen möglich.

Diese Szene verrät, dass ein Fasan von einem Säugetier – nach der Größe der ausgespuckten Federbissen vermutlich von einem Fuchs – gefressen, zumindest aber gerupft wurde.

Feder gefunden?

Federn sind wunderbare Fundstücke, und sie faszinieren mich, seit ich ein Junge war. Ich konnte nie widerstehen und hob sie auf – bis heute. Ich sammelte die Federn in einem Notizbuch und versuchte, sie einem Vogel zuzuordnen. Manche Federn sind so auffällig, dass ihr Träger auf der Hand liegt: der Spiegel einer Ente, das schachbrettartige Azurblau und Schwarz auf dem Daumenfittich eines Eichelhähers oder die Schwanzfeder eines Fasans.

Bei den Konturfedern mancher kleiner Vögel ist die Bestimmung dagegen sehr viel schwieriger und kann selbst für versierte Ornithologen zur Herausforderung werden. Machen Sie sich zunächst mit dem Körperbau eines Vogels vertraut, damit Sie ein Gefühl dafür entwickeln, wohin die Feder gehören könnte. Dann werden Sie den Eichelhäher nicht nur an den charakteristischen leuchtend blauen Flügelfedern, sondern auch an einer Schwanzfeder oder,

mit viel Erfahrung, auch an einer Brustfeder erkennen. Alles dreht sich um die Details. Je genauer Sie hinsehen, desto mehr verraten die Indizien.

Die durchtrennten Federkiele und die Größe der Federn verraten, dass hier ein Fuchs einen toten Schwan gefressen hat.

Federn verraten uns manchmal etwas über den Gesundheitszustand ihrer Träger: Federn mit Längsstreifen verraten, dass der Vogel sich nicht optimal ernährt hat. Federn können auch erzählen, wohin sich der Vogel zur Ruhe zurückzieht und sogar, dass sein Nest ausgeplündert wurde – es gibt zahllose Möglichkeiten. Ausführlichere Informationen bieten ornithologische Bestimmungsbücher.

Ein typischer Greifvogel

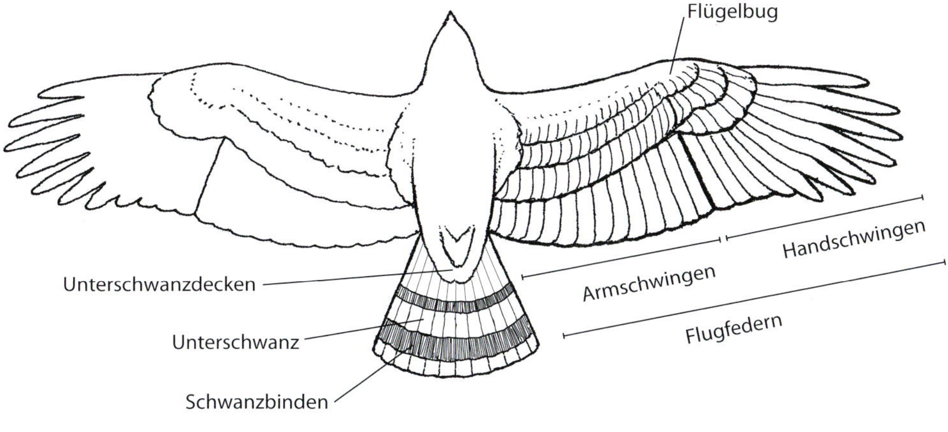

GEBOGENE FEDERN GLÄTTEN

Ein Notizbuch ist sehr praktisch, um darin Blätter, Blüten und Federn flach und gut geschützt aufzuheben. Wenn Sie ein paar interessante Federn entdecken und das Buch gerade nicht dabeihaben, müssen Sie das Fundstück in die Tasche stecken. Sollten es auf dem Weg nach Hause die Form verloren haben, bringt ein Kessel mit kochendem Wasser alles wieder in Ordnung.

Halten Sie die Feder mit einer Pinzette vor den Dampf, der aus dem Kessel austritt. Das Keratin wird dank seines „chemischen Gedächtnisses“ wie durch ein Wunder wieder gerade.

Fell und Haare

Jedem Tier fallen im Laufe des Tages einige Haarsträhnen aus. Für einen Naturdetektiv sind solche Haare wichtige Indizien, um das Vorkommen bestimmter Tierarten zu bestätigen. Haare finden Sie gehäuft an Stellen, wo sich die Tiere kratzen oder ihr Fell pflegen.

Suchen Sie den Boden vor einem Dachs- oder Fuchsbau oder der Höhle eines Bären ab, um Fellhaare aufzuspüren. Sollten Sie tatsächlich keine Haare finden, drücken Sie ein Klebeband auf den Boden – daran bleiben sie haften.

Ein Damhirsch hat sich beim Fellwechsel dieses Büschel rauer Deckhaare ausgerissen.

Auch Kratzbäume und Stacheldrahtzäune lohnen die Mühe, dort reißen sich vorbeikommende Tiere stets ein paar Haare aus. Dabei werden Ihnen zwei Typen von Haaren auffallen: Die äußeren Deckhaare sind relativ steif und schützen den Körper vor Regen und Wind, zwischen den feineren, flaumigen Wollhaaren wird Luft eingeschlossen, welche eine Isolationsschicht bildet, die den Körper wärmt oder kühlt.

Wie hoch über dem Boden Sie abgerissenen Haare an Bäumen, Pfählen oder an Draht finden, gibt

Ihnen einen Hinweis auf die Größe des Tieres. Die „höchstgelegenen" Haare stammen gewöhnlich von großen Nutztieren, wie Kühen oder Pferden, doch weiter unten verfangen sich auch die Haare von wilden Tieren. Berücksichtigen Sie Haushunde und Katzen, deren Haare für Verwirrung sorgen könnten. Suchen Sie bekannte Tierpfade oder Fährten ab, die unter oder zwischen Hindernissen, wie Drähten oder dornigen Büschen, hindurchführen.

Ein Klassiker: Haare am Stacheldraht. Achten Sie auf die Höhe des Haarbüschels. Damit lässt sich eine Reihe von Tierarten zumindest sicher ausschließen.

Manchmal werden bei Revierkämpfen oder während der Paarungszeit Fellbüschel im Kampf ausgerissen. Katzen kämpfen gewöhnlich auf dem Rasen, aber auch Kaninchen verlieren dort Haarbüschel. Während der Brunft des Rotwilds reißen die Hirsche während der Zweikämpfe einander ganze Haarbüschel aus.

Wem gehörte dieses Haar?

Kaninchen reißen einander vorwiegend im Kampf kleine Büschel sehr weicher, kurzer Haare aus. Die Wollhaare sind hellgrau, die relativ festen, braun-schwarz gebänderten Deckhaare fallen erst bei genauer Untersuchung auf. Die Haarspitzen sind häufig schwarz gefärbt, sie geben dem Kaninchenfell das melierte Aussehen.

Dachse haben kräftige, 1,5–4 cm lange Deckhaare. Sie sind ziemlich starr, drahtig und zweifarbig: Über die weißen Haare verläuft mittig ein auffälliger, schwarzer Streifen. Rasierpinsel werden traditionell aus Dachshaaren hergestellt.

Unten links: *Weiche, graue Wollhaare und die charakteristisch gefärbten Deckhaare des Kaninchens fallen beim Haarwechsel oder Rivalenkämpfen aus.*

Unten rechts: *Betrachten Sie diese Haare mit einer Lupe, um die verräterischen Details zu entdecken. Dachshaare wirken meliert, weil mitten über die Deckhaare ein schwarzer Streifen verläuft.*

Links: *Die Haare eines Hirsches sind hohl und grob, aus der Nähe betrachtet erscheinen sie gekräuselt und wellig.*

Rechts: *Ein Büschel roter Haare an einem Stacheldraht. Die Haarfarbe verrät den Fuchs.*

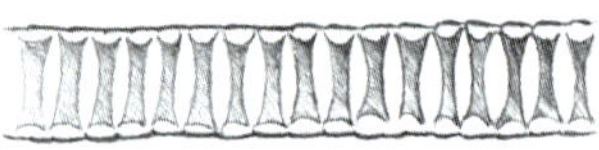

Im Längsschnitt kann man in den Haaren von Spitzmäusen x-förmige Strukturen erkennen.

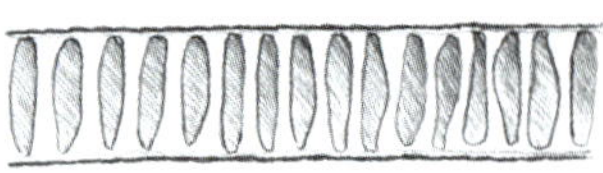

Haselmäuse haben viel dünnere Haare als Mäuse und Wühlmäuse, sie sind hell sandfarben. Unter stärkerer Vergrößerung sehen sie Spitzmaushaaren etwas ähnlich.

Hirsche haben dicke, hohle und sehr borstige Haare, die gekräuselt-wellig aussehen. Wenn Sie ein solches Haar biegen, knicken Sie es um.

Füchse streifen sich häufig Haare an den untersten Drähten eines Stacheldrahtzaunes ab, wenn sie sich darunter durchquetschen. Sie sind an der Basis hellgrau und an den Spitzen einheitlich braun.

Die Bestimmung von Haaren anderer Tiere ist schwierig. Hier begibt sich der Naturdetektiv auf das Gebiet der Forensik – mit einem Mikroskop mit 400-facher Vergrößerung.

Haare unter dem Mikroskop

Unter dem Mikroskop zeigen sich Farbe, Textur, Schuppenstruktur der Haaroberfläche und der innere Aufbau, die Medulla. Die Medulla ist bereits im normalen Lichtmikroskop gut zu erkennen. Um die Schuppen und die Textur zu analysieren, brauchen Sie dagegen einen Abdruck des Haares. Drücken Sie das Haar in einen dünnen Film warmer Gelatine auf einem Objektträger, lassen Sie es abkühlen, und ziehen Sie das Haar ab. Bei 400-facher und stärkerer Vergrößerung wird nun der Schuppenaufbau der Haaroberfläche sichtbar. Hier einige Beispiele von Haaren europäischer Säugetiere, wie sie sich unter dem Mikroskop zeigen.

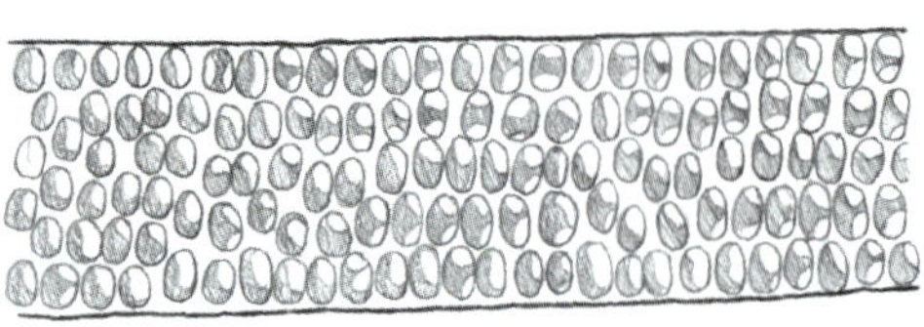

Mäusehaare sind an einer Seite eingekerbt, und die Schuppen sehen aus wie mit der Laubsäge ausgesägt.

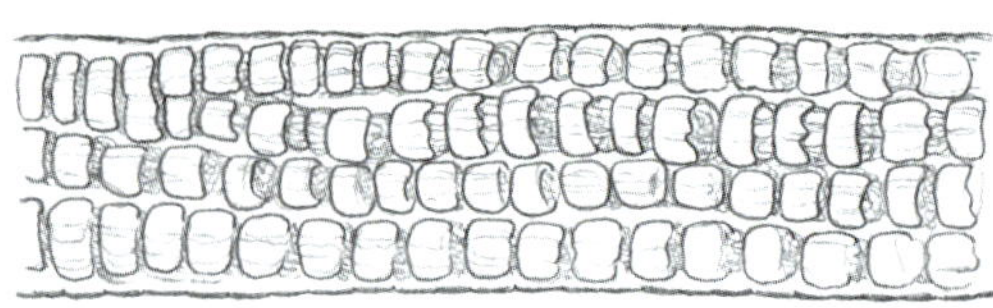

Die dünnen Haare der Kaninchen haben eine breite Medulla und eine dünne Haut. Die Medulla ist mit längs verlaufenden, leiterartigen Strukturen angefüllt.

HAARFALLE

Kleine Säugetiere lieben enge Röhren. Etwas Klebeband bringt sie dazu, ein paar Haare für eine Untersuchung zu spenden. Mit diesem Trick überprüfen Biologen die Population bestimmter Säugetiere. Die Haare werden im Mikroskop untersucht und die Tierarten so bestimmt.

1.

Röhrenfallen sind sehr einfach gebaut: ein kurzes Stück Bambus- oder Leitungsrohr, dazu Klebeband und Köder.

2.

Schneiden Sie in ein Bambusrohr von 2–3 cm Durchmesser zwei einander gegenüberliegender etwa 2 cm tiefe Kerben in den Rand.

3.

Spannen Sie ein Klebeband (Klebeseite nach oben) in die Kerben. Füllen Sie als Köder Erdnussbutter oder Früchte ein, und legen Sie die Falle auf den Boden. Für Haselmäuse und andere Baumtiere wird sie an einen Ast gebunden.

4.

Tiere, die sich von dem Futter und dem sicheren Platz anlocken lassen, hinterlassen Haare auf dem Klebeband, die Sie später unter dem Mikroskop analysieren können.

Geheimnisse in Seide

Seide ist eine besondere Substanz. Sie besteht aus einem komplexen Protein, das von vielen wirbellosen Tieren zu unterschiedlichen Zwecken eingesetzt wird. Am bekanntesten sind die Fallen und Netze der Spinnen sowie Eihüllen und Kokons. Ein Objekt aus Seide hält noch lange, nachdem es nicht mehr gebraucht wird.

Rechts: *Spinnen leben seit Millionen von Jahren auf unserem Planeten und nutzen Seide für die unterschiedlichsten Zwecke.*

Unten: *Der Große Gabelschwanz baut seinen Kokon aus Holz- und Rindenstückchen, die er mit Seidenfäden überzieht.*

Kokons

Die Seide, die wir Menschen als Naturmaterial für Stoffe und Kleidung gewinnen, wird unter anderem von den Raupen der Nachtschmetterlinge aus der Familie der Saturniidae zum Kokon gesponnen. Zum Spinnen von Seide sind aber fast alle Motten fähig.

Art und Position des Kokons hängen von der jeweiligen Art ab und können als Bestimmungsmerkmale dienen. Allerdings ist es keineswegs leicht, zwischen Kokons, Eihüllen und Verstecken aus Seide zu unterscheiden.

Die meisten Mottenarten spinnen rautenförmige Kokons aus Seide, doch einige der sehr kleinen Arten und die Raupen einiger Tagschmetterlinge rollen einfach ein Blatt oder einen ähnlichen Pflanzenteil zusammen und „vernähen" die Ränder ihres Baumaterials zu einer soliden Wohnung.

Die Raupe eines Russischen Bären webt an ihrem „Schlafsack".

Zwischen dünnen, flexiblen und dicken, festen Kokons gibt es alle denkbaren Zwischenstufen. Schwärmerraupen weben unter der Erde lockere Säcke, die an ein Fischernetz erinnern. Der Große Gabelschwanz verspinnt Holzfasern mit Seide zu einem Kokon. Sie werden so fest, dass man sie nur mit Hammer und Meißel von einen Baumstamm oder Holzpfahl entfernen kann.

Die Kokons von behaarten Schmetterlingsraupen, wie dem Bärenspinner, dem Schlehenspinner und dem Schwan – einem Eulenfalter –, sind mit zahlreichen Haaren mit Stachelspitzen bewehrt und mit Gift getränkt. Sie schützen die Raupen in einem Lebensabschnitt, in dem sie sehr verletzlich sind.

Wenn die Puppe aus dem zarten Kokon des Widderchens herausragt, ist die Motte bereits erfolgreich geschlüpft.

Wenn Sie die Oberfläche eines Kokons genauer betrachten, können Sie die einzelnen Seidenfäden erkennen, mit denen sich die Schmetterlingsraupe eingesponnen hat, bevor sie in die Puppenruhe überging.

Die meisten Kokons stammen sicherlich von Nachtschmetterlingen, doch auch andere Insekten verbergen ihre Puppen unter Seide. Gelegentlich findet man die nur 3 mm langen rautenförmigen, papierartigen Kokons einer Florfliege. Wenn Sie diese aus Seide gebauten Hüllen genauer betrachten, fallen die Fäden auf, mit denen sie in der Unterlage verankert wurden. Blattwespen

Seidengespinste tauchen an den unwahrscheinlichsten Orten auf. Diese nur wenige Millimeter langen Tönnchen sind Kokons einer parasitischen Wespe.

Rechts: *Obwohl man bei Seide meist an Spinnen und Motten denkt, weben auch Blattwespen Kokons aus Seide.*

weben ähnliche, allerdings viel größere Kokons, welche mindestens 7 mm lang sind. Wenn die Spitze des Kokons von innen sauber abgeschnitten wurde, ist das adulte Insekt geschlüpft – der Deckel hängt noch am Kokon.

Die parasitischen Brackwespen weben kleine weiße, gelbe oder braune Kokons, so groß wie ein Reiskorn. Sie haften in Gruppen an einer toten oder sterbenden Raupe oder einem Käfer, ihrem Wirt.

Die Raupen des Goldafters gehören zu den häufigsten Zeltwebern. Da sie in großer Zahl vorkommen und ihre Schutzdächer an auffälligen Stellen anlegen, sind sie leicht ausfindig zu machen.

Zelte

Insekten spinnen aus Seide aber auch größere schleierartige Strukturen. Darunter leben sie geschützt vor den Elementen und den Augen hungriger Raubtiere. Mehrere Arten von Schmetterlingsraupen spinnen solche weißen Zelte, die in Sträuchern und Bäumen sofort auffallen.

Die Raupen von Goldafter, Schwan und Pappelspinner verkriechen sich im Winter in Kapseln aus Seide, um die Kälte überstehen zu können. Die Raupen des seltenen Skabiosen-Scheckenfalters spinnen ähnliche Larvenzelte.

Sie sind wasserdicht und vertragen sogar die winterliche Überschwemmung der Feuchtgebiete, in denen ihre Erbauer leben. Über die Gespinste lässt sich diese Art relativ leicht aufspüren, denn Raupen sind leichter zu finden als Schmetterlinge.

Die Gespinste um die Spitzen von Brennnesseln sind häufig das Werk von Schmetterlingen. Dichte, weiße Gewebe, die aus größerer Entfernung zu sehen sind, wurden wahrscheinlich vom Kleinen Fuchs oder einem Pfauenauge angelegt. Unter dem Schutzdach des Gespinstes fressen die Raupen in relativer Sicherheit an den Blättern der Brennnessel. Bei Sonnenschein nehmen manche Schmetterlingsraupen ein Sonnenbad auf der seidenen „Hängematte", auch Skabiosen-Scheckenfalter zeigen dieses Verhalten.

Wenn die Raupen größer werden, spinnen sie seidene Fäden von Pflanze zu Pflanze, um als Gruppe zusammenzubleiben. Erst die älteren Raupen trennen sich wieder voneinander und bauen dann ein anderes Zelt: Sie beißen die Mittelrippe eines Blattes durch, „nähen" die umklappenden Blattspreiten mit Seide zu einer Rolle zusammen und kriechen hinein.

Traubenkirschen-Gespinstmotten legen ganz besonders spektakuläre Seidenzelte an. Diese Art kann sich explosionsartig vermehren, dann hüllen die Raupen einen Baum, meist blühende Laubbäume, vollständig in weiße Seide ein. Zuerst verschwinden die Blätter unter einem weißen Vorhang – darunter fressen die Raupen. Bevor sie sich in ihren Kokons in der Rinde verpuppen, verkleiden sie auch Äste und Stämme mit Seide. Wenn sie von einem leer gefressenen Baum auf einen anderen wechseln, hinterlassen sie wehende Seidenvorhänge.

Im Sommer tragen die meisten gesunden Brennnesseln ein Häubchen aus Seide. Darunter fressen Schmetterlingsraupen, wie hier des Kleinen Fuchses, aber auch Pfauenaugen, Admirale, C-Falter und viele Mottenarten.

Traubenkirschen-Gespinstmotten sind besonders fleißige Seidenweber. Manchmal verhüllen sie ganze Bäume.

Dieses Netz soll keine Beute fangen, unter dem schützenden Zelt verbergen sich die Eier und Jungspinnen der Jagdspinne.

Fangnetze, wie dieses einer Radnetzspinne, sind die wahrscheinlich raffinierteste Form, Spinnenseide zu verarbeiten.

Auch einige Spinnen weben dichte Schutzdächer aus Seide. Besonders auffällig fallen die „Kinderstuben" der Jagdspinnen aus. Diese dünnbeinige Spinnenart biegt die Spitzen von Gräsern und anderen hohen Pflanzen zusammen und überzieht sie mit einer dicken Schicht aus Spinnenseide. Unter dem Schutz des Daches bewacht die Spinne ihren Eiersack. Die Wasserspinne *Dolomedes* spinnt ähnliche dichte weiße Gespinste. Der wichtigste Unterschied zwischen den Gespinsten von Spinnen und Schmetterlingsraupen ist die Sauberkeit: Spinnen sind sozusagen sauberer und ordentlicher. Raupen hinterlassen ihre Ausscheidungen als dunkle Flecken, manchmal verfangen sich auch leere Raupenhüllen im Gespinst, und in der Nähe finden Sie stets angeknabberte Blätter.

Wenn die Raupen einiger Schmetterlingsarten einen Baum verlassen müssen – eilig auf der Flucht vor dem Wetter oder vor Raubtieren – oder sich unter der Laubstreu am Boden verpuppen wollen, lassen sie sich an einem gut sichtbaren, fein gesponnenen Seidenfaden zu Boden gleiten.

Seidenweber und Netzdesign

Spinnen sind Meister in der Verarbeitung von Seide. Jede Spinne setzt Seide zumindest einmal während ihrer Individualentwicklung ein – das gilt auch für die Spinnenarten, die nie ein Fangnetz bauen. Fast alle Spinnen ziehen einen Abseilfaden hinter sich her, wenn sie fallen, oder kleben beim Klettern ab und zu ein Sicherheitsseil an, ähnlich wie Bergsteiger. Um Lücken zu überbrücken, lassen sie das Ende eines Seidenfadens davonschweben, bis er irgendwo haftet. Seidenfäden dienen auch als Fallschirme beim Sprung von Grashalm zu Grashalm oder als Gleitschirme, um sich vom Wind davontragen zu lassen. Eine betaute Wiese mit schwebenden Spinnen sieht spektakulär aus!

Spinnenarten, die Fangnetze bauen, sind besonders hoch spezialisiert. Zum Glück für den Naturdetektiv sind die Muster von Spinnennetzen typisch für Familien, manche sogar für die Art. Es gibt viele Formen von Seide, und jede Spinne kann eine oder mehrere davon herstellen. Es folgen einige besonders leicht zu identifizierende Netzformen und ihre Baumeister.

Radnetze, die bekannteste Form eines „Spinnennetzes“, werden von mehreren Spinnenfamilien konstruiert. Man kann sie nach Größe, Farbe der Seide, Ausstattung und natürlich auch nach der lauernden Spinne selbst einer bestimmten Gruppe oder Art zuordnen. Gartenspinnen bauen große, auffällige, aber einfache Netze. Wespenspinnen *(Argiope)* bauen eine verdickte Zone, das Stabilimentum, in die Mitte ihres Netzes. Dickkieferspinnen lassen die Spirale in der Netzmitte weg, und Sektorspinnen *(Zygiella)* lassen in ihren Radnetzen einen ganzen Sektor aus. Die Meta-Webspinnen legen ihr Radnetz innerhalb eines eckigen Rahmens an.

Große Trichter aus weißer Seide in dichter Vegetation, vor allem in Stechginster, sind das Werk von Labyrinthspinnen. Tupfen Sie mit einem Grashalm auf das Netz, um die Spinne herauszulocken.

Links: *Baldachinspinnen bauen glocken- oder kuppelförmige Netze, auf deren großer Oberfläche sie Insekten fangen.*

Unten links: *Dieses unordentliche Netz aus bläulicher Spinnenseide ist das Werk einer Amaurobius-Spinne, die in Mauern oder auf Fensterbänken zu Hause ist.*

Unten rechts: *Eine weibliche Spinne der Art* Coelotes atropos *in ihrem Netz, sie baut röhrenförmige Netze unter Stämmen und Schutt.*

Kuppel- oder schüsselförmige Netze: Baldachinspinnen

Große, trichterförmige Netze in Sträuchern: Labyrinthspinnen

Mit Seide ausgekleidete Tunnel und viel Seide am Eingang: wahrscheinlich *Amaurobius*-Spinnen

Mit Seide ausgekleidete Tunnel unter Schutt und mit einem Seidenkragen: wahrscheinlich *Coelotes*-Spinnen

Oben links: *Fischernetzspinnen sind besonders räuberische und faszinierende Spinnen. Sie weben ihre Netze mit geraden, langen Speichen aus Seide auf alten Mauern oder auch in Löchern.*

Oben rechts: *Spinnen haben ein zartes Netz zwischen Heidekrautpflanzen gewoben.*

Unten links: *Solche leichten, etwas unordentlichen Seidennetze werden von mehreren Arten von Hausspinnen in Kellern und Nebengebäuden aufgespannt.*

Unten rechts: *Das etwas chaotische Netz einer Zitterspinne.*

Mit Seide ausgekleidete Tunnel mit radförmig ausgelegten Stolperfäden könnten von *Segestria*-Fischernetzspinnen stammen.

Unregelmäßig geformte Netze über Pflanzenspitzen sind das Werk von Kräuselspinnen der Familie Dictynidae.

Mit Seide ausgekleidete Tunnel oder Spalten in Schuppen und Häusern mit einem großen, dreieckigen Abschnitt am Eingang dürften von Kellerspinnen der Gattung *Segestria* stammen.

Verknäuelte, unordentliche Netze werden von mehreren Spinnenarten angelegt, im Haus stammen sie in der Regel von Zitterspinnen, draußen eher von Arten der Gattung *Theridion*.

Frühmorgens, wenn der Tau noch nicht verdunstet ist, sieht man Spinnennetze besonders deutlich. Diese wurden von Baldachinspinnen angefertigt.

Netze im Wasser

Die Wasserspinne spinnt eine Taucherglocke aus Seidenfäden, die sie mit Luft füllt.

Eine Wasserspinne und die Raupen mehrerer Motten spinnen Seidengespinste unter Wasser. Allerdings bekommen Sie die „Taucherglocken" der Wasserspinne oder die Hüllen und Kokons der Raupen nur zu Gesicht, wenn Sie gezielt und sorgfaltig danach suchen.

Wenn Sie Steine in einem Bach hochheben, stoßen Sie vermutlich auf die zarten Gespinste von Köcherfliegenlarven – ohne Köcher –, die in schnell fließendem Wasser hängemattenartige Netze sehr präzise zwischen Steinen und anderen Objekten aufspannen. Diese Larven sind Aasfresser, sie ernähren sich von organischem Material, aber auch von anderen Tieren, die sich im Netz fangen. Sie weben sich auch ihren sackartigen Unterschlupf aus Seidenfäden.

Dieser an Baumwolle erinnerte Ballen in der Ecke eines Gartenschuppens war vermutlich der Eisack einer Spinne.

Eine Kürbisspinne bewacht ihren großen Eisack.

Eihüllen

Eine feste, aus Seide gewebte Kugel oder ein unregelmäßiger Ball, in dem sich etwas zu verstecken scheint, ist mit großer Sicherheit der Eisack einer Spinne. Zu den zahlreichen Formen gehören die wunderschönen Seidenbecher von *Argiope,* die winzigen, hängenden Säcke von *Ero* und *Theridiosoma,* die kleinen, an Spiegeleier erinnernden Kokons einiger Baldachinspinnen sowie die unregelmäßigen Bälle der Hausspinnen.

Massenhaft Eier und Eierkapseln

Es gibt ganz unterschiedliche Hüllen, die Jungtiere enthalten und sie schützen sollen, von Eiern – Vogeleier wurden bereits oben besprochen – und Eikapseln bis zu Kokons und Schleimpaketen. Viele dieser Hüllen sind sehr robust, sodass ein Naturdetektiv hier ein weites Feld vorfindet.

Eier des Nachtpfauenauges, wie bei jeder Art sind sie artspezifisch, von charakteristischer Farbe, Größe, Form und im typischem Lebensraum.

Viele potenzielle Schmetterlinge: Diese kegelförmigen Eier stammen vom Baumweißling, ähnliche Eier legen jedoch viele Arten.

Die Kleinsten der Kleinen

Wirbellose legen ihre Eier entweder einzeln oder gruppenweise, mit oder ohne besondere Hülle – sie sind fast so vielgestaltig wie die Tiere, die sie legen. Die meisten Eier sind kugelig, oval oder kegelförmig. Aus der Nähe betrachtet, weisen sie oft wunderschöne Rillen oder attraktive Oberflächenformen auf. Die Bestimmung der Art verlangt detektivische Fähigkeiten. Am einfachsten wäre es, sie bis zum Schlüpfen des Insekts zu pflegen und zu beobachten – das Thema würde jedoch ein eigenes Buch füllen.

Tag- und Nachtschmetterlinge legen ihre Eier fast überall ab, am häufigsten auf Pflanzen, wo sie am ehesten auffallen, aber auch an anderen Orten. Manchmal liegen sie in Gruppen, ordentlich gestapelt,

Oben links: *Ein unverwechselbares Ei, das bizarr auf einer Borste balanciert, ist ein Werk der Florfliegen.*

Oben rechts: *Durchscheinende und perfekt kugelförmige Eier, die sich in der Erde befinden, wurden von Schnecken gelegt.*

flach ausgebreitet oder eher zufällig verteilt. Einige Schmetterlinge verstecken ihre Eier unter Blättern oder Kot, andere Eier tragen schützende Haare. Eier von Florfliegen sitzen am Ende von haarartigen Fäden und erinnern an die Sporenkapseln von Moosen.

Schneckeneier sind winzige, glasige Kugeln, die für gewöhnlich an einem feuchten Ort abgelegt werden, wo sie weder der Sonne noch dem austrocknenden Wind ausgesetzt sind. Im letzten Stadium ihrer Entwicklung können Sie im Innern der Eier die winzigen Embryonen (S. 277) sehen, die bereits die Form von Schnecken erkennen lassen.

Staubläuse verstecken ihre Eier unter einer Seidendecke.

Eihüllen

Gelegentlich werden Sie Eihüllen entdecken, die sich bei genauerem Hinsehen als dichte Ansammlung einzelner Eier entpuppen, wie Mückeneier, die als dunkle „Flöße" auf stehenden Gewässern treiben. Mir sind häufig seidene Hüllen aufgefallen. Darin fand ich aber nicht, wie erwartet, die Eier von Spinnen, sondern Raupen oder sogar adulte Spinnen. Ich möchte Sie ermuntern, eigene Erfahrungen zu machen.

Staubläuse haben 1–2 mm lange Eikapseln, die als weiße, seidige Flecken auf Rinde und Blättern liegen.

Einige **Schaben** tragen ihre Eikapseln, die Ootheken, am, andere im Körper, wieder andere legen sie ab. Die Kapsel sieht schaumig aus und erstarrt an der Luft.

Regenwürmer legen ihre Eier in 1 mm langen, gelblichen bis braunen, birnenförmigen Kapseln ab. Sie werden leicht übersehen, suchen Sie im Komposthaufen danach.

Die Eikapseln des **Egels** sehen denen des Regenwurms ähnlich, sie kleben an Blättern und Zweigen oder unter Steinen im Süßwasser.

Schalenschildläuse und Schildläuse verbergen ihre Eier unter einer flaumigen, weißen Wachsschicht, gelegentlich klebt oben noch der Überrest des Weibchens.

Oben links: *Einige Schabenarten tragen ihre Eikapseln, die Ootheken, mit sich herum, andere legen sie ab.*

Oben rechts: *Kleine zitronenförmige Eikapseln zwischen verrottenden Pflanzen oder in der Erde stammen von Würmern.*

Weibliche Schildläuse legen ihre Eier in auffälligem weiße Flaum ab. Die Jungen schlüpfen nach zehn Tagen.

Oben: *Egel deponieren ihre Eikapseln – von fädigen Kugeln bis zu flachen flaschenförmigen Gebilden – an der Unterseite von Wasserpflanzen oder unter Steinen*

Am Strand

Am Strand finden Sie regelmäßig sehr ungewöhnliche und charakteristische Eiermassen. Besonders groß und auffällig sind die Eipakete der Gewöhnlichen Wellhornschnecke, die nach einem Sturm an die Küste gespült wurden. Es sind hellgelbe bis weiße unregelmäßig geformte Pakete. Die schwammartigen Gebilde sind so stabil, dass früher damit die Decks von Booten geschrubbt wurden. Eigentlich handelt es sich um große Mengen von Kapseln mit Massen von Eiern – jede der linsenförmigen Kapseln in dem Paket enthält bis zu 80 Eier. Wenn Sie ausgetrocknete Pakete schütteln, hören Sie das Klappern der kleinen, toten Schnecken im Innern der Kapseln.

Diese großen Eipakete der Gewöhnlichen Wellhornschnecke werden regelmäßig an Küsten angespült. Jede „Linse" enthält zahlreiche Eier.

Rochen und kleine Hai legen ihre Eier in schützenden Kapseln ab – jede Art mit einer spezifischen Farbe und Form. Wer die Kapseln bestimmt, erhält eine gute Übersicht über die Artenvielfalt vor der Küste, ohne nass zu werden.

An Felsenküsten leben kleinere Arten der Wellhornschnecke. Sie legen in Spalten oder unter Überhängen dicht gedrängt kleine, gelbe, kegelförmige Eikapseln ab.

Die Eikapseln von Haien und Rochen sind artspezifisch und geben Hinweise darauf, welche Tierarten im offenen Wasser vor der Küste leben. Frische, feuchte Eikapseln sehen aus wie flache, eckige Ledertaschen. Jeder der vier Ecken ist zu einer Art Horn verlängert. Bei einigen Arten sind diese Fortsätze sogar wie Ranken gewunden, die sich um Wasserpflanzen legen und das Ei zwischen den Pflanzen festhalten.

Kleine karamellfarbene, vasenförmige Hüllen mit gedrehten Fortsätzen enthalten die Eier kleiner Haiarten, meist des Dornhais.

Breitere und dunklere Eikapseln mit eher kurzen hornartigen Verlängerungen an den Ecken werden von unterschiedlichen Arten von Rochen abgelegt.

Im Frühling werden weintraubenartige Ballen aus ledrigen schwarzen Eiern an die Küste gespült – Tintenfischeier. Die merkwürdigsten und dabei wunderschönen Eihüllen stammen allerdings von der Halsband-Mondschnecke. Sie sehen aus wie breite, aus Sandkörnern geformte Halsbänder und sind so zerbrechlich, dass die Eiermassen nur im feuchten Zustand von dem beinahe gummiartige Schleim zusammengehalten werden. Wenn die nassen Eipakete an den Strand gespült werden und austrocknen, zerfallen sie rasch.

Oben links: *Tintenfischeier, die von Frühlingsstürmen angespült werden, erinnern an ledrige Trauben.*

Oben rechts: *Diese zierliche Struktur ist ein Eipaket der Halsband-Mondschnecke – ein komplexes Gebilde aus Sand, Schleim und Eiern.*

Unten: *Froschlaich dürfte allgemein bekannt sein. Es ist allerdings zusätzlich möglich, die Froschart nach der Größe des Ballens und dem Lebensraum zu bestimmen.*

Eier in Gallerte

Die gallertartige Masse, in die Weichtier- und Amphibieneier eingebettet sind, besteht aus einer Mischung von Proteinen und anderen Stoffen, die im Wasser extrem aufquillt. Die Gallerte schützt die Eier vor Fressfeinden und Austrocknung.

Wenn zahlreiche von Gallerte umgebene Eier in einer ungeordneten Masse zusammenliegen, handelt es sich um den Laich von Fröschen – dazu braucht man kein Bestimmungsbuch. In Europa sind es höchstwahrscheinlich die Eier des Grasfrosches.

Achten Sie darauf, wie die Eiermassen abgelegt wurden, wie groß die Laichklumpen und wie groß die Eier sind. Zusammen mit der Farbe der Embryonen (vgl. S. 274) innerhalb der Eier sind Sie in der Lage die Arten zu bestimmen.

Kugelförmige Eier mit Embryonen in ihrem Zentrum, die zudem an Pflanzen kleben, wurden von Molchen abgelegt. Molche kleben ihre Eier normalerweise einzeln an die Blätter untergetauchter Teichpflanzen.

Amphibieneier

Art	Größe des Eis Embryo/Ei	Farbe des Embryos	Anmerkungen
Grasfrosch *(Rana temporaria)*	8–10 mm 2–3mm	schwarz/dunkelgrau mit weißem Fleck auf der Unterseite	große, schwimmende Klumpen
Springfrosch* *(Rana dalmatina)*	9–12 mm 2–3 mm	dunkelbraun mit heller Unterseite	kleine, frei schwimmende Klumpen
Kleiner Wasserfrosch* *(Pelophylax lessonae)*	7–8 mm 1,5 mm	braun mit cremeweißer Unterseite	in kleinen Klumpen an Wasserpflanzen, nah an der Oberfläche
Seefrosch* *(Pelophylax ridibundus)*	5–6 mm 1,5 mm	braun mit cremeweißer Unterseite	in kleinen Klumpen an Wasserpflanzen, im tiefen Wasser
Teichfrosch *(Pelophylax kl. esculentus)*	7–8 mm 1,5 mm	braun mit cremeweißer Unterseite	kleine, frei schwimmende Klumpen
Erdkröte *(Bufo bufo)*	1,5–2 mm	schwarz	Eier in zweireihigen Schnüren
Kreuzkröte* *(Epidalea calamita)*	1–1,5 mm	schwarz mit weißer Unterseite	Eier in einreihigen Schnüren
Teichmolch *(Lissontriton vulgaris)*	3 mm 1,5 mm	grau oder braun	Eier einzeln in Blattfalten untergetauchter Pflanzen
Nördlicher Kammmolch *(Triturus cristatus)*	4,5 mm 2 mm	hell gelblich weiß	Eier einzeln in Blattfalten untergetauchter Pflanzen

* Bei Tieren, die in speziellen Lebensräumen oder mit begrenzter Verbreitung vorkommen, sollten Sie zur Sicherheit Verbreitungskarten zurate ziehen.

Diese kleinen, dichten Eierklumpen hat ein Teichfrosch abgelegt.

Der Amphibienlaich in Teichen stammt gewöhnlich vom Grasfrosch.

Unten: *Die Erdkröte legt ihre Eier in doppelreihigen Laichschnüren ab.*

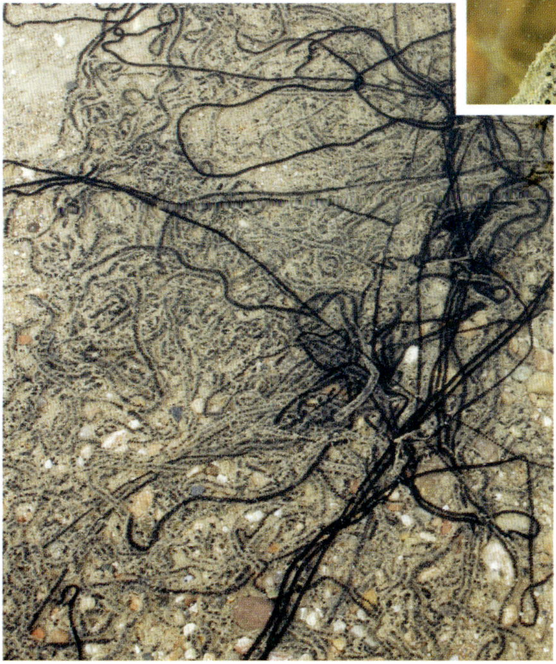

Unten: *Eier, die in einfacher Reihe in einen flachen Teich gelegt wurden, stammen von der Kreuzkröte.*

Oben: *Molchlaich ist längst nicht so auffällig wie der von Fröschen und Kröten. Suchen Sie im Frühling sorgfältig gefaltete Blätter von Wasserpflanzen ab: Diese Larve des Kammmolches wird bald ausschlüpfen.*

Verwechseln Sie die Eier von Molchen nicht mit den Eipaketen anderer Wassertiere, etwa Schnecken und Köcherfliegen. Viele Teichschnecken legen Eier mit einer Gallerthülle und kleben sie an untergetauchte Pflanzen und andere Objekte. Wenn Sie ein solches Eierpaket in einem späten Stadium der Entwicklung durch die Lupe betrachten, erkennen Sie in jedem Ei bereits die Miniversion der Schnecke.

Die Große Schlammschnecke klebt ihre Eipakete an Wasserpflanzen und Objekte unter Wasser.

***Theodoxus* (Kahnschnecke):** 1 mm lange Kapseln, acht Embryonen

Gewöhnliche Schnauzenschnecke: 10–15 mm lang, auf Steinen

Große Schlammschnecke: 50–60 mm lang, wurstähnlich, 300 Embryonen

***Lymaea* (Schlammschnecke):** 5–10 mm, rundliche Eipakete

Posthornschnecken: oval, bis 30 mm Durchmesser, 70 Embryonen

Tellerschnecken: 2–3 mm lange, kugelige Eihüllen, meist vier

Auch Köcherfliegen umhüllen ihre Eier mit gallertartiger Masse. Die größten Arten legen die größten Eier: *Phryganea grandis* klebt ihre Eier ringförmig an Steine und Unterwasserpflanzen. Die Eier anderer Köcherfliegen werden in unterschiedlichen Formen abgelegt, von Teppichen bis Würsten. *Triaenodes*-Eier kleben in Ringen unter Schwimmblättern.

Die Eipakete der Köcherfliegen erinnern an die Eier von Landschnecken.

Die unzähligen Mückeneier werden ebenso leicht übersehen wie die langen dünnen Gallertfäden mit Eiern des Saitenwurms – sie hängen auf Unterwasserpflanzen wie Girlanden. An der Küste finden Sie Gallertmassen mit den Eiern von Meeresschnecken.

Diese gedrehten Gallertpakete sind eindeutig die Eierschnüre einer Meeresschnecke.

Auf Algen finde ich regelmäßig die kleinen, mit Gallerte umhüllten, c-förmigen Eipakete der stumpfen Strandschnecke.

Achten Sie auch auf die gallertartigen, tropfenförmigen Eipakete der Meereswürmer. *Eulalia* klebt ihre grünen Eier auf Algen fest und überzieht sie mit einer sehr dünnen Gallertschicht. Sie müssen aber sehr genau hinsehen, um etwas einem Ei Ähnliches zu erkennen.

Dieses glibbrige, quallenartige Gebilde ist in Wirklichkeit das Eipaket eines Kalmars.

Die braunen Eihüllen des Sandwurms sind am Substrat befestigt. Zu bestimmten Zeiten des Jahres tauchen in Gezeitentümpeln sehr merkwürdige, auffällige Massen von Eiern auf, die an rosa, gelbe oder weiße Fäden von Luftschlangenspray erinnern – sie wurden von Meeresschnecken dort abgelegt.

Von Zeit zu Zeit tauchen auch die Eiermassen von *Loligo*-Kalmaren an den Küsten auf, die vom Meeresboden abgerissen wurden. Sie sehen aus wie bananenförmige Gelee-Würste, die an der Basis miteinander verbunden sind.

Glossar

Bioregion: Durch geografische und Umweltbedingungen geprägte Region mit charakteristischer Flora und Fauna

Burg oder **Festung:** Besonders großer und hoher Maulwurfshügel in Lebensräumen mit hohem Grundwasserstand oder häufigen Überschwemmungen

Carapax: Kopfschild der Krebstiere und oberer Teil der Schildkrötenschale

Distal: Körperanhänge, die vom Körper weg gerichtet sind

Exuvie: Die abgeworfene Haut von Tieren, beispielsweise das Natternhemd der Schlangen oder die Puppenhüllen von Insekten

Galle: Eine Wucherung einer Pflanze, die durch den Befall mit einem Parasiten artspezifisch angeregt wird

Häutung: Abwerfen der alten Körperhülle oder Haut

Kambium: Das zarte Teilungsgewebe an der Peripherie von Gehölzen teilt Phloem (Nährstoffleitung) und Xylem (Wasserleitung).

Kloake: Eine Körperöffnung der Vögel, in die Darmausgang, Harnwege und die Fortpflanzungsorgane münden

Mauser: Der regelmäßige Federwechsel der Vögel – jahreszeitlich oder im Zusammenhang mit der Paarung

Nymphe: Ein Entwicklungsstadium von Insekten – vor allem der Libellen – ohne vollständige Verwandlung

Ökoregion: Eine Region, die durch bestimmte Umweltbedingungen, Klima, Geologie und Landformen geprägt ist

Ootheken: Eihüllen von Gottesanbeterinnen und Schaben

Radula: Zungenartiges Reiborgan der Schnecken zum Abschaben von Pflanzengewebe.

Tausendfüßer: Eine Unterklasse der Gliederfüßer (Arthropoden) mit einem segmentierten Körper und einem Paar Antennen. Die Tausendfüßer im eigentlichen Sinn (Doppelfüßer) besitzen zwei, die Hundertfüßer ein Beinpaar pro Körpersegment.

Verknöcherung: Umwandlung von weichem Gewebe zu Knochen durch Einlagerung von Kalziumverbindungen

Dank

Die Verlage danken Julie Dando, Alice Ward und Jasmine Parker für die Bildsuche, Wendy Smith für das Lektorat, Krystyna Mayer für das Lesen der Korrekturfahnen, Helen Snaith für das Erstellen des Registers, Julie Bailey für ihre Unterstützung des Projekts sowie allen Mitarbeitern.

Bildnachweis

Der Bloomsbury Verlag dankt den folgenden Fotografen und Einrichtungen für das Überlassen von Copyright-geschützten Fotos. Wir haben uns bemüht, alle Bildautoren zu nennen, und bitten im Voraus für eventuelle Fehler oder Auslassungen um Entschuldigung. Bitte informieren Sie uns gegebenenfalls über solche Missgeschicke, damit wir sie in zukünftigen Ausgaben korrigieren können.

o. = oben, l. = links, r. = rechts, o.l. = oben links, o.M.l. = oben Mitte links, o.M. = oben Mitte, o.M.r. = oben Mitte rechts, o.r. = oben rechts, M.o. = Mitte oben, M.l. = Mitte links, M. = Mitte, M.r. = Mitte rechts, u. = unten, u.l. = unten links, u.M.l. = unten Mitte links, u.M. = unten Mitte, u.M.r. = unten Mitte rechts, u.r. = unten rechts

FLPA = Frank Lane Picture Agency, SS = Shutterstock

Schmutztitel AlexussK/SS, **Titel** Rückseite Nick Baker, Vorderseite Eduard Kyslynskyy/SS, **6** Marcel Nijhuis/SS, **7** o.l. Nick Baker, r. Tomasz Otap/SS, **8** Patrick Poendl/SS, **9** Graham Taylor/SS, **10** o. Bryan Eastham/SS, u. CoolR/SS, **11** Karin Jaehne/SS, **12** Nick Baker, **13** o., M, u. Nick Baker, **14** o., u. Nick Baker, **15** o.l., o.r., u. Nick Baker, **16** o.l., o.r., u. Nick Baker, **17** David Hughes/SS, **18** PeJo/SS, **19** Nick Baker, **20** o., u. Nick Baker, **21** Nick Baker, **22** Nick Baker, **23** l David Dixon, M. Carsten Medom Madsen/SS, **24** l. Pi-Lens/SS, M. trouvik/SS, **25** o. Jill Reid Images/SS, M.l. T.Allendorf/SS, M. P.Fabian/SS, u. Anastasija Popova/SS, **26** M. Vaidas Bucys/SS, u. Wolf Design/SS, **27** M. Rumo/SS, M.r. Rey Kamensky/SS, u. Croato/SS, **28** o. Photoman **29**/SS, u. Guy J. Sagi/SS, **29** o. bofotolux/SS, M.l. Lone Wolf Photos/SS, M.r. Elliotte Rusty Harold/SS, u.l. Rob Hainer/SS, u.r. Menno Schaefer/SS, **30** o., u. Nick Baker, 31 o. Natali Glado/SS, m. David Dixon, u. Rebecca Nason, **32** M, u. Michael Lawrence und John Ferguson, **33** o., M. u. Michael Lawrence und John Ferguson, **34** o., u. Nick Baker, 35 o.l., o.r. Nick Baker, **36** o. Pi-Lens/SS, u. Kurt/SS, **37** jps/SS, **38** o. David Dixon, u. Wolfgang Kruck/SS, **39** o. Michael Durham/FLPA, M. Art_man/SS, u. SeDmi/SS, **40** o. Volodymyr Burdiak/SS, u. Eduard Kyslynskyy/SS, **41** o. Nick Baker, u. slowfish/SS, **42** o.l. Jasenka Luksa/SS, o.r. Bob Orsillo/SS, u. Susan Montgomery/SS, **43** o. Tom Reichner/SS, M. Kelvin Pulker, **44** o. CreativeNature.nl/SS, u. Sascha Burkard/SS, **46** o. Richard Schramm/SS, u.r. scattoselvaggio/SS, **47** o. Scott E Read/SS, u. Matthew Cole/SS, **48** Menno Schaefer/SS, **49** o. PRILL/SS, u. Dennis Donohue/SS, **51** Foto Natura Stock/FLPA, **52** 72286210/SS, **53** David Dohnal/SS, **54** Jody/SS, **55** David Dixon, **56** Gail Johnson/SS, **57** o. Pim Leijen/SS, u. Nick Baker, **58** o.,u. David Dixon, **59** Eduard Kyslynskyy/SS, **60** Nadezhda Bolotina/SS, **61** o. DavidYoung/SS, u.l. Chris and Tilde Stuart/FLPA, u.r. Dieter H/SS, **62** Amanda Hsu/SS, **63** o.l. Rebecca Nason, u.r. Gary K Smith/FLPA, **64** Jason Mintzer/SS, **65** o. David Dixon, u. Rich Cook, **66** o. David Dixon, M. Julie Dando, **67** o., u. David Dixon, **68** Nick Baker, **69** o. u. David Dixon, **70** o. Nick Baker, u. Jeffrey Van Daele/SS, **71** o. Nick Baker, u. Ms.K/SS, **72** o. David Dixon, M. Nick Baker, u. bojangles/SS, **73** o. Nick Baker, u. Dieter Hopf/Imagebroker/FLPA, **74** u. David Dixon, **75** o. Mike J Thomas/FLPA, **76** o. David Dixon, u. Andrew Parkinson/FLPA, **77** o. David Dixon, u. David Hosking/FLPA, **78** o.r. Paul Hobson/FLPA, u.l. nbiebach/SS, u.r. Debbie Steinhausser/SS, **79** o., u. Michael Chinery, **80** o.l. Jirí Hodecek/SS, M. Sergey Plakhotin/SS, u. Steve McWilliam/SS, **81** o.r. Stocksnapper/SS, M.l. Nick Baker, u.r. Michael Chinery, **82** o. Nigel Cattlin/FLPA, u. Dr. Morley Read/SS, **83** o. QUAN ZHENG/SS, u. Richard Becker/FLPA, **84** o., u. Nick Baker, **85** o. D. Kucharski K. Kucharska/SS, u. Richard Becker/FLPA, **86** o.r. Rosser1954 Roger Griffith/Wiki media, M. Martin Fowler/SS, u. Michael Chinery, **87** o. Erica Olsen/FLPA, u. Anatoli Dubkov/SS, **88** o.r. Elliott Neep/FLPA, u.l. Michael Callan/FLPA, u.r. Dieter Hopf/Imagebroker/FLPA, **89** o.l. John Watkins/FLPA, o.r. Peggy Heard/FLPA, u.r. Michael Lawrence, **90** o.l. Erica Olsen/FLPA, Mo David Dixon, M. Richard Davies, u. David Dixon, **91** o.r. IbajaUsap/SS, M.l. Rebecca Nason, M.r. ImageBroker/Imagebroker/FLPA, **92** o.l. John Hawkins/FLPA, M. Konrad Wothe/Minden Pictures/FLPA, **93** o. George Nystrand/FLPA, u.l. Betty Rizzotti, **94** o.M. Steve Byland/SS, M.l. Dietmar Nill/Minden Pictures/FLPA, **95** o.l. Paul Sawer/FLPA, M.r. ImageBroker/Imagebroker/FLPA, **96** o. Duncan Usher/Minden Pictures/FLPA, u. Florian Andronache/SS, Picture Credits, **97** o.l. Ron Bury, u. Derek Middleton/FLPA, **98** o. Arto Hakola/SS, u. Rebecca Nason, **99** o. CreativeNature.nl/SS, u. John Hawkins/FLPA, **100** o. Martin H Smith/FLPA, u. David Hosking/FLPA, **101** o. Nick Baker, u. Jackie Walton, **102** S Charlie Brown/FLPA, **103** o.r. Richard A. Evans/SS, Mo Sylvie Lebchek/SS, M.r. Wild Arctic Pictures/SS, u. Wouter Tolenaars/SS, **104** o. tarczas/SS, Mo Paul Sawer/FLPA, M. Nataliia Melnychuk/SS, u. Grigorii Pisotsckii/SS, **105** o. Florian Andronache, Mo, M, u. Rebecca Nason, **106** o. Nick Baker, u. Doug Matthews/SS, **107** o. BMJ/SS, M. Rebecca Nason, u. Chrislofotos/SS, **108** o.l. Micha Klootwijk/SS, o.r. Ann W. Kosche/SS, u. Graham Calow, **109** o. Rebecca Nason, M. mycteria/SS, u. Vishnevskiy Vasily/SS, **110** o. Alena Brozova/SS, u.l. David Hosking/FLPA, u.r. Roberto Cerruti/SS, **111** o. Alexander Chelmodeev/SS, M. Paulius Bacinskas/SS, u. Rebecca Nason, **112** o. John Hawkins/FLPA, u. Duncan Usher/Minden Pictures/FLPA, **113** o. Â© Biosphoto, J.-L. Klein & M.-/Biosphoto/FLPA, u. Roger Hosking/FLPA, **114** o. Ingo Arndt/Minden Pictures/FLPA, u. Nick Baker, **115** o. Feng Yu/SS, u. Vishnevskiy Vasily/SS, **116** David Dixon, **117** o. Nick Baker, u. Jim Lopes, **118** o. Nick Baker, M. 111106586/SS, **119** o. Nick Baker, M. David Dixon, u. Nick Baker, **120** o. Nick Baker, M, u.l., u.r. David Dixon, **121** o. Patryk Kosmider/SS, M. Nick Baker, u. Stephen Finn/SS, **122** M. Debbie Steinhausser/SS, u. marilyn barbone/SS, **123** o.l. David Dixon, o.r. Nick Baker, u.l. Torsten Lorenz/SS, u.r. Alexey Stiop/SS, **124** o.l. Neil Burton/SS, o.r. Maxim Kulko/SS, u.l. Vital Che/SS, u.r. mradlgruber/SS, **125** o.l. Christopher Elwell/SS, o.r., u.r. Nick Baker, **126** o.l. Erica Olsen/FLPA, M. Ian Rentoul/SS, u. David Dixon, **127** o. David Dixon, u. Nick Baker, **128** o.l. David Dixon, o.r. Nick Baker, u. David Dixon, **129** o. Nick Baker, u. Roger Tidman/FLPA, **130** o.l. Volodymyr Burdiak/SS, o.r. Nick Baker, u. Kurkul/SS, **131** o. David Dixon, u. Richard Costin/FLPA, **132** o. xpixel/SS, u. Mircea BEZERGHEANU/SS, **133** o. Alison Taylor, M. Menno Schaefer/SS, u. BMJ/SS, **134** o.l. Nick Baker, M. Sebastian Knight/SS, u. Gertjan Hooijer/SS, **135** M.l., M., M.r. Nick Baker, **136** o.l. David Dohnal/SS, M. IbajaUsap/SS, **137** Gary K Smith/FLPA, **138** o. woodygraphs/SS, u. Richard Becker/FLPA, **139** o.r. pzAxe/SS, M. Henrik Larsson/SS, u. Ed Phillips/SS, **140** o. vblinov/SS, u. Jeremy Early, **141** o. Hintau Aliaksei /SS, u. Derek Middleton/FLPA, **142** o., u. Nick Baker, 1**4**3 M. Nigel Cattlin/FLPA, u. xpixel/SS, **144** o.l. Rebecca Nason, M. Robin Chittenden/FLPA, u. Bogomaz/SS, **145** o.l. N Mrtgh/SS, o.r. Surachai/SS, u. Serg64/SS, **146** o. Julie Dando, u. Eric Isselee/SS, **147** o. Marek R. Swadzba/SS, M. Jane Bowman, u. Tony Emmett/SS, **148** u.l. Wendy Wilde, u.r. Nigel Cattlin/FLPA, **149** u.l. John Eveson/FLPA, u.r. Chris Manley, **150** M.l. Nick Baker, M.r. Nazzu/SS, **151** o. B. Borrell Casals/FLPA, u. Jeremy Early/FLPA, **152** o. Wiki media Auguste Le Roux, u. David Fenwick, **152** o.l. Nick Baker, o.r. Steve Trewhella/FLPA, **154** o. Erica Olsen/FLPA, u. D P Wilson/FLPA, **155** Mike Lane/FLPA, **156** Stephen Bonk/SS, **157** o.r. David Dixon, u.l. Nick Baker, **159** o. mlorenz/SS, u. Elena Elisseeva/SS, **160** o.l. BMJ/SS, Mo Nick Baker, M.r. Menno Schaefe/SS, u.l. Roberto Cerruti/SS, **161** o. David Hosking/FLPA, M. Dmitrijs Bindemanis/SS, u. Nick Baker, **162** o., u. Nick Baker, **163** o.r. Frederic Desmette/Biosphoto/FLPA, Mo hauhu/SS, M.r. Nick Baker, **164** Nick Baker, **165** o. David Dixon, u. Nick Baker, **166** o. kzww/SS, M. Nick Baker, u. Tyler Olson/SS, **167** o.r. Roger Tidman/FLPA, M. David Dixon, **168** o. Nick Baker, M. David Dixon, u. Jody./SS, **169** o.r. David Dixon, Mo Alan, M.r. Gunnar Pippel/SS, u.l. cristi180884/SS, **170** o. David Dixon, M.l., M.r. Nick Baker, u. Mary Selk, **171** o.l. Derek Crawley at Staffordshire Mammal Group, u. Marcus Webb/FLPA, **172** o. Nick Baker **173** o. Sandy Slaymaker, M.l. Sarah Gregg, M.r. Hannes E, u. Rebecca Nason, **174** o. Nick Baker, u.l. David Dixon, u.r. Nick Baker, **175** Nick Baker, M.r. Peter38/SS, **176** o.l. David Dixon, M.r. Nick Baker, u.l. Phil McLean/FLPA, **177** o.l., o.r. Nick Baker, M. Derek Whiteley, Sorby Mammal Group, u. Mike Mottram, **178** o. Nick Baker, M. Jody./SS, u. David Dixon, **179** o. Matt Jeppson/SS, M, u. Nick Baker, **180** David Dixon, **181** o.l. Henrik Larsson/SS, o.r. Hugh Lansdown/FLPA, u. Mau Horng/SS, **182** o. Nick Baker, u. Jane Bowman, **183** o. scubaluna/SS, M. Richard Andrei R. Sebastian, u. Dr Roger S. Key, **184** o.l. Matt Cole/FLPA, o.r. Nigel Cattlin/FLPA, **185** o., M, u. Michael Chinery, **186** o.r. Michael Chinery, M. © Biosphoto, Sylvain Cordier/Biosphoto/FLPA, u. Gary K Smith/FLPA, **187** David Hosking/FLPA, **188** Neil Bowman/FLPA, **189** o. Simon Litten/FLPA, u.r. Malcolm Schuyl/FLPA, **190** o. Dr. Morley Read/SS, u. Gary K Smith/FLPA, **191** o. David Dixon, u.l. Nick Baker, **192** o. Lassi Kalleinen & Risto Törnberg, u.l. Roger Tidman/FLPA, u.r. Dr. Morley Read/SS, **193** o.l. S.Cooper Digital/SS, o.r. Jean-Lou Zimmermann/Biosphoto/FLPA, u. Lassi Kalleinen & Risto Törnberg, **194** o. Lassi Kalleinen & Risto Törnberg, M. Rick Wylie, u. Roger Tidman/FLPA, **195** M.l., M, M.r., u.l., u.r. Lassi Kalleinen & Risto Törnberg, **196** o. Lassi Kalleinen & Risto Törnberg, M. Dickie Duckett/FLPA, u.l. Lassi Kalleinen & Risto Törnberg, **197** o.r. Monica Johnson, M. Roger Tidman/FLPA, u.r. Michael Thornton www.edinburghhawkwatch.org.uk, **198** o.l., o.r. Lassi Kalleinen & Risto Törnberg, M. Jason Sturner, u. Lassi Kalleinen & Risto Törnberg, **199** David Dixon, M.l. Nick Baker, **200** o. David Hosking/FLPA, u. Breffni Martin, **201** Tony Hamblin/FLPA, **202** David Dixon, **203** o.r. David T. Grewcock/FLPA, 2**0**4 Justin Crom, **205** David Trently, **206** o., M, u. Nick Baker, **207** o., M, u. Nick Baker, **208** Bjorn Heller/SS, **209** M.l. Rebecca Nason, r. David T. Grewcock/FLPA, **210** u. Paul Sawer/FLPA, **211** o.r. Nick Baker, u.r. Rebecca Nason, **212** o.l. Stanislav Duben/SS, u.l. Â© Biosphoto, Berndt Fischer/Biosphoto/FLPA, **213** o. Nick Baker, u.r. Rebecca Nason, **214** o.l. Terry Whittaker/FLPA, u.l. Fabrice Cahez/Biosphoto/FLPA, **215** o. Nick Baker, u. Michael Callan/FLPA, **216** u.l. /FLPA, u. Michael Callan/FLPA, **217** o., u. Nick Baker, **218** János Soproni www.sjfoto.hu, **219** o. Roger Wilmshurst/FLPA, u. Nick Baker, **220** o. TOMO/SS, M. Paul Hobson/FLPA, u. Nick Baker, **221** David Dohnal, **222** M. Erica Olsen/FLPA, u. Paul Hobson/FLPA, **223** M.l., M.r. Steve Trewhella/FLPA, **224** M. D P Wilson/FLPA, u. D P Wilson/FLPA, **225** o.r. David Fenwick, u.r. Roger Tidman/FLPA, **226** M, u. Nick Baker, **227** o.r. Martin H Smith/FLPA, u. Anneka/SS, **228** Richard Becker/FLPA, **229** u.l. Silvia Reiche/Minden Pictures/FLPA, u.r. Nigel Cattlin/FLPA, **230** Richard Becker/FLPA **231** o.l. Mike Lane/FLPA, M. Evgeni Stefanov/SS, u. Marcus Webb/FLPA, **232** mikeledray/SS, **233** M.l. David Dixon, M.r. poresh/SS, **234** Nick Spurling/FLPA, **235** Fedorov Oleksiy/SS, **236** Tomas Pavelka/SS, **237** John Stebbins/SS, **238** ImageBroker/Imagebroker/FLPA, **239** o.r. Natursports/SS, u.l. Michal Bellan/SS, **240** o. PhotoGraphyca/SS, Mo, M. redefine images, u.l. © Biosphoto, Fabien Bruggmann/Biosphoto/FLPA, u.r. photowind/SS, **241** o.r. Barry Blackburn, u.l. Chris & Tilde Stuart/FLPA, **242** M.l. Michael Durham/Minden Pictures/FLPA, u. Flip De Nooyer/FN/Minden/FLPA, 24**3** o.l. Bork/SS, o.r. David Dixon, u.r. Â© Biosphoto, Fabien Bruggmann/Biosphoto/FLPA, **244** o.l., o.r. David Dixon, **245** o.r. © Biosphoto, Fabien Bruggmann/Biosphoto/FLPA, u.r. Sean Fisher, **246** o.r. Paul Sawer/FLPA, M, u. The Quality Deer Management Association, www.QDMA.com, **247** o., m.o., m., u. The Quality Deer Management Association, www.QDMA.com, **248** o.r. Nick Baker, 00479588/SS, **249** o. Michael Lawrence, **250** Tinydevil/SS, **251** o.r. Derek Middleton/FLPA, u.r. Mike Lane/FLPA, **252** o. Natursports/SS, M.l., M.r., u.l., u.r. Nick Baker, **253** o.l. Nick Baker, M.l., M.r. Malcolm Schuyl/FLPA, u.l., u. Jos Mensen/Minden Pictures/FLPA, u.r. Malcolm Schuyl/FLPA, **254** Richard Becker/FLPA, **255** o.r. Rebecca Nason, u.l. Steve Trewhella/FLPA, **256** o.l. Malcolm Schuyl/FLPA, u.l., u.r. Nick Baker, **257** o.r. Loek Gerris/Minden Pictures/FLPA, u.r. Nigel Cattlin/FLPA, **258** o.r. Rebecca Nason, u.l. Nick Baker, **259** o. Nick Baker, u. Dave Nurney, **260** o.l., o.r., u.l. Nick Baker, **261** o.r. Diana Taliun/SS, u.l. Nick Baker, u.r. Derek Middleton/FLPA, **262** o.l. Nick Baker, o.r. Derek Middleton/FLPA, **263** o.l., o.r., u.l., u.r. Nick Baker, **264** o.r. Jaroslav Machacek/SS, u.l. Derek Middleton/FLPA, **265** o.l. G E Hyde/FLPA, M.r. chris2766/SS, **266** o.l. Nick Baker, o.r. Gucio_55/SS, u. Marcus Webb/FLPA, **267** o.r. Hans Lang/Imagebroker/FLPA, u.l. Henrik Larsson/SS, **268** o.l. Lisette Lewis/SS, u.l. Julie Dando, **269** o.r. Rebecca Nason, M.l. Steve Smith/SS, u.l. Nick Baker, u.r. Trevor and Dilys Pendleton, **270** o.l. B. Borrell Casals/FLPA, o.r. Fotografiecor.nl/SS, u.l. Willem Havenaar/SS, u.r. LFRabanedo/SS, **271** o.l. Joanna Maunder, u.r. Eiichi Shinkai/Minden Pictures/FLPA, **272** o.r., Nick Baker, M.l. Richard Becker/FLPA, **273** o.r. Nick Baker, u.l. MarkMirror/SS, **274** o.l. Nigel Cattlin/FLPA, o.r. Henrik Larsson/SS, u.l. Ilona Loser, **275** o.l. Jose Angel Astor Rocha/SS, o.r. G E Hyde/FLPA, M.l. dnnya17, u.r. Nigel Cattlin/FLPA, **276** o.l. /FLPA, M. OneSmallSquare/SS, **277** o.l. Neil Lang/SS, o.r. Steve Trewhella/FLPA, u.l. Ian Grainger/SS, **278** Stefan Huwiler/Imagebroker/FLPA, **279** o.l. Sponner, M.r. © Biosphoto, Muriel Hazan/Biosphoto/FLPA, u.l. Ray Hamilton, u.r. Rene Krekels/FN/Minden/FLPA, **280** o. Foto Natura Stock/FLPA, u. David Collins, **281** o. D P Wilson/FLPA, u. Claire-Shauna Saunders

Register

Kursive Seitenzahlen weisen auf Abbildungstexte hin.